Jürgen Kurz, Patrick Kurz, Marcel Miller

Erfolgreich digital zusammen arbeiten

Effiziente Teamarbeit mit Microsoft 365

Gewidmet allen Menschen,
die gemeinsam Großes erreichen wollen.

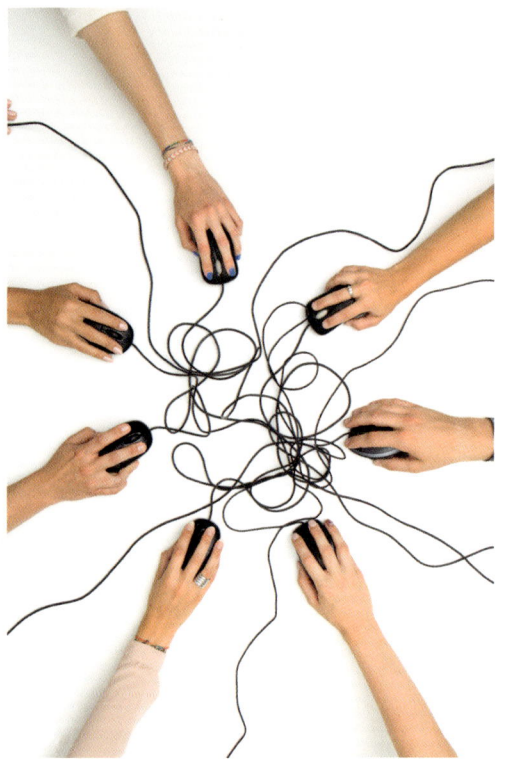

Jürgen Kurz, Patrick Kurz, Marcel Miller

Erfolgreich digital zusammen arbeiten

Effiziente Teamarbeit mit Microsoft 365

Zu diesem Buch gibt es eine Website: www.buero-kaizen.de/edza
Die im Buch beschriebene Software ändert sich. Wir beobachten diese Änderungen
und aktualisieren unsere Hinweise entsprechend nach bestem Wissen.
Über unsere Website haben Sie stets Zugriff auf die aktuellen Informationen.
Hier finden Sie zudem Gratis-Downloads und Videos zu den Buchkapiteln.

Bibliografische Information der Deutschen Nationalbibliothek

Die Deutsche Nationalbibliothek verzeichnet diese Publikation in der
Deutschen Nationalbibliografie; detaillierte bibliografische Daten sind
im Internet über http://dnb.d-nb.de abrufbar.

ISBN 978-3-96739-024-7

Projektmitarbeit: Felix Brodbeck, Oliver Gentina
Projektassistenz: Jonas Richel, Anika Schenk
Konzeption und Produktion: Frank-Michael Rommert, www.rommert.de
Umschlaggestaltung: Martin Zech Design, Bremen, www.martinzech.de
Druck: Buchdruck Zentrum, Tiergartenstraße 5, 54595 Prüm

Foto Buchtitel: fizkes/Shutterstock. *Fotos Innenteil:* David Švihovec (S. 28), Paweł Czer-
wiński (S. 29), Tyler Nix (S. 31), Bonneval Sebastien (S. 32), Doménica Chiriboga
(S. 34), Lisa Fotios (S. 35), nappy von Pexels (S. 36), Ian Schneider (S. 37), Nick
Morrison (S. 39), Tim Mossholder (S. 43), Austin Distel (S. 44), Massimo Botturi
(S. 51), TUBS (S. 52), Kelly Sikkema (S. 61), Taylor Vick (S. 64), Jo Szczepanska
(S. 112), 7shifts (S. 125), Kelly Sikkema (S. 136), Austin Distel (S. 157), Tdadamemd
(S. 163), You X Ventures (S. 164), Hannah Busing (S. 206), Chase Clark (S. 207), Jamie
Street (S. 207), Giulia May (S. 208), Bruce Mars (S. 210), Christin Hume (S. 220), Nick
Fewings (S. 227), Ocean Ng (S. 228), *Bier:* Patrick Kurz (S. 230), *Casual Friday:* Evan
Dvorkin (S. 230), *Pizza:* Alan Hardman (S. 230), Domenico Loia (S. 238), Ben White
(S. 248), Wilhelm Gunkel (S. 249); sonstige: Thomas Klaiber (thomasklaiber.com),
Felix Sander.

© 2020 GABAL Verlag GmbH, Offenbach
1. Auflage 2020

www.gabal-verlag.de
www.facebook.com/Gabalbuecher
www.twitter.com/gabalbuecher

Inhalt

Warum Büro-Kaizen®?
Warum dieses Buch?

„Jeder Einzelne ist großartig.
In der Zusammenarbeit mit anderen
kommt das voll zur Entfaltung."

Gemeinsam Erfolge erreichen

Das ist meine Beobachtung und sie beschreibt den Sinn dieses Buches: Wenn Menschen gemeinsam an Projekten arbeiten, jeder die Ziele kennt, über seine Aufgaben Bescheid weiß und ohne Störungen an diesen Aufgaben arbeiten kann, dann ist die Chance sehr groß, dass Ziele verwirklicht werden und Erfolg entsteht, den ein Einzelner allein nicht erreichen kann. Zugleich reduziert sich ungesunder Stress und die Freude an der Arbeit wächst.

Hochgenuss und Lebensfreude

Ich empfinde es als großes Privileg und bin sehr dankbar dafür, von wunderbar talentierten Menschen umgeben zu sein. Mit engagierten und motivierten Mitstreitern gemeinsam an großen und wichtigen Zielen zu arbeiten – das ist für mich ein Hochgenuss und Lebensfreude pur.

Viele Papiere, viel zu tun

Doch zunächst ein Blick zurück: Wenn mir jemand Mitte der 90er-Jahre gesagt hätte, dass ich mal Bücher zum Thema effizientes Arbeiten schreiben würde, hätte ich ihn wahrscheinlich ausgelacht und auf meinen Schreibtisch gezeigt. Der hatte zwei Besonderheiten: Er war erstens riesig und zweitens komplett mit mehreren Lagen Papier bedeckt. Ich hatte schließlich auch viel zu tun.

Ich war ein Getriebener

Ich, aber auch mein Team, wir waren ständig am „Feuerlöschen". Wir kümmerten uns jeden Tag eifrig um dringliche Aufgaben – und die wirklich *wichtigen* Dinge blieben liegen. Kaum hatten wir einen Brand gelöscht, züngelten an anderer Stelle neue Flammen, neue akute Probleme hoch. Ich war in dieser Zeit ein Getriebener.

Jürgen Kurz und sein Schreibtisch 1995

In unserem Fertigungsbetrieb haben wir damals Kaizen eingeführt – mit großem Erfolg. Alle Prozesse wurden unter die Lupe genommen. Wir haben sie dann grundlegend erneuert oder verbessert. Dieses Anwenden von Kaizen bedeutete stressfreiere und dabei erfolgreichere Arbeit für die Mitarbeiter. Daher wollte ich Kaizen auch im Büro betreiben.

Kaizen in der Produktion

Dann die Überraschung: Für das Büro gab es so etwas noch gar nicht! Also habe ich mich mit meinem Team daran gemacht, die Kaizen-Prinzipien auf Schreibtische und Ablagen zu übertragen. Büro-Kaizen® war geboren.

Die Geburt von Büro-Kaizen®

Die freien Schreibtische und unsere gelassen arbeitenden Mitarbeiter machten Besucher neugierig. Sie baten mich um Tipps und Kopien meiner Schulungsunterlagen. Da war es nur noch ein kleiner Schritt zu meinem ersten Buch, das 2007 erschien: „Für immer aufgeräumt".

Seither ist so viel passiert. Büro-Kaizen® ist zu einer richtigen Bewegung geworden:

- Es gab Auftritte im Fernsehen und Hunderte Presseartikel.
- Inzwischen gibt es über 100.000 aufgeräumte Arbeitsplätze.
- Mittlerweile kommen jährlich über 2.500.000 Menschen auf unsere Website www.buero-kaizen.de und holen sich dort die neuesten Tipps sowie Hilfestellungen per Downloads.

www.buero-kaizen.de

9

Bestseller Nr. 1
- Das Buch „So geht Büro heute!", das ich zusammen mit meinem Kollegen Marcel Miller schreiben durfte, schaffte es sogar bei Amazon auf Platz 1 von mehr als 28 Millionen lieferbaren Büchern.
- Aus Büro-Kaizen® wurde inzwischen eine eigene Beratungsfirma.

Ein Thema für alle
Die Entwicklungen und Zahlen zeigen: Verschwendung in der täglichen Büroarbeit zu vermeiden und mehr Zeit für die wirklich wichtigen Dinge zu gewinnen, ist ein Thema für alle! Daran hat – zumindest bisher – auch die zunehmende Digitalisierung nichts geändert.

Das Team wächst
Heute sind wir in unserem Unternehmen ein Team von über 25 Mitarbeitern und Beratern, und wir wachsen weiter – sehr schnell.

Unser Team in Giengen

Marcel Miller: „Mister Digital"
Marcel Miller ist mittlerweile „Mister Digital" geworden und hat auf seinem YouTube-Kanal „Büro-Kaizen® digital" weit über 1.000.000 Zugriffe. Digitaler Minimalismus und digitaler Workflow sind seine Lieblingsbegriffe. Seine größte Gabe ist es, diese Themen so zu vermitteln, dass jeder sie versteht und umsetzen kann.

Besonders stolz bin ich darauf, dass an diesem Buch auch mein Sohn Patrick mitgewirkt hat. Kaizen hat ihn sein ganzes Leben lang begleitet und digital ist seine Generation ja ohnehin. Geprägt haben ihn aber auch unsere gemeinsamen Reisen zu den innovativsten Firmen der Erde wie etwa im Silicon Valley. Schnelligkeit, Agilität, neue Wege gehen, unkonventionelle Lösungen finden – diese Dinge verbindet er in großartiger Weise mit der deutschen Mentalität der akkuraten Umsetzung.

Patrick Kurz: agil und akkurat

Seine E-Learning-Plattform „Büro-Kaizen®-Akademie" wächst schnell und im Forum coachen sich mittlerweile die Kunden sogar gegenseitig. Das erlebe ich als eine großartige Entwicklung und ich genieße es, miteinander und voneinander zu lernen.

E-Learning per Büro-Kaizen®-Akademie

Als ich „Für immer aufgeräumt" geschrieben habe, waren die Schreibtische noch voller Papierstapel. Diese Zeiten sind vorbei. Viele Menschen arbeiten inzwischen digital. Es ist nicht mehr unbedingt nötig, jeden Tag an seinem Schreibtisch im Büro der Firma zu sitzen. Im Gegenteil: Unternehmen, die in der Lage sind, mobil und dezentral zu arbeiten, können auch mit Krisen wie der Corona-Pandemie etwas besser umgehen. Mitarbeiter können als Teil ihrer Teams selbst dann an ihren Aufgaben arbeiten, wenn jeder an einem anderen Ort sitzt. Dafür gibt es mittlerweile leistungsfähige Werkzeuge – und wie Sie diese nutzen können, erfahren Sie in den kommenden Kapiteln.

Mobil und dezentral Aufgaben erledigen

Erfolgreich digital zusammen arbeiten und dadurch Zeit für die wirklich wichtigen Dinge im Leben gewinnen – darum geht es in diesem Buch und dafür arbeite ich jeden Tag.

Erfolgreich digital zusammen arbeiten

Ich verspreche Ihnen: Wir sind an Ihrer Seite und wir werden nicht ruhen, bis Sie dieses Ziel erreicht haben.

Ihr

Jürgen Kurz

So holen Sie aus diesem Buch am meisten heraus

Sollten Sie schon ein Buch von Jürgen Kurz gelesen haben, kennen Sie bereits unser Herangehen. Sie können in diesem Fall gleich zum nächsten Kapitel springen. Wenn dies Ihre erste Berührung mit der Welt von Büro-Kaizen® ist, dann finden Sie hier einige Hinweise, wie Sie am meisten aus dem Buch herausholen können.

Heraussuchen, was am besten passt
- Alle beschriebenen Ideen haben wir im eigenen Alltag erprobt. Wir haben sie auch dazu genutzt, um dieses Buch hier gemeinsam zu schreiben. Sie müssen dabei nicht alles Punkt für Punkt umsetzen. Im Gegenteil: Suchen Sie sich – wie bei einer *Speisekarte* im Restaurant – das heraus, was für Sie am besten passt.

Klein, aber nachhaltig wirksam
- Der Ansatz von Kaizen ist es, durch *kleine Verbesserungen* immer wieder ein Stückchen besser zu werden. Jeder einzelne Tipp aus diesem Buch kann und soll Ihnen Nutzen stiften. Bleiben Sie nicht beim Lesen stehen, sondern setzen Sie die Anregungen tatsächlich um. Dann werden Sie mit Veränderungen belohnt werden, die zwar klein sein mögen, dafür aber *nachhaltig wirksam* sind.

Nicht warten, sondern loslegen
- Warten Sie mit dem Umsetzen nicht, bis die Umstände perfekt sind. Denn das werden sie nie sein. Eine umgesetzte *80-Prozent-Lösung* ist besser als eine 100-Prozent-Lösung, die noch auf ihre Realisierung wartet.

Tipp für Tipp
- Haben Sie einen Tipp umgesetzt und sich an das neue Vorgehen gewöhnt, greifen Sie wieder zum Buch und wählen Sie den nächsten Tipp. Nehmen Sie den, der für Sie am vielversprechendsten ist.

Prinzipien sind wichtiger als Tools
- Wichtiger als Hard- und Software sind uns die *Prinzipien des Arbeitens* (S. 28f.). Erst wenn sie klar sind, können die Arbeitsmittel sinnvoll eingesetzt werden. Tools können zudem die Komplexität erhöhen und ganz schön ablenken. Das muss (und sollte) nicht sein.

- Es geht uns daher vor allem um das *Herangehen an die Arbeit* sowie um gemeinsam vereinbarte *Spielregeln,* die das Miteinander leichter machen.

- Manche Abläufe und Zusammenhänge lassen sich auch gut mit einem Video beschreiben. Daher finden Sie an den entsprechenden Stellen das YouTube-Symbol.

- Die Beschreibung zu vieler technischer Details würde den Umfang des Buches sprengen. Zudem sind diese Details Änderungen unterworfen. Wir haben eine Website zum Buch eingerichtet (www.buero-kaizen.de/edza). Wo Sie am Rand das Download-Symbol sehen, finden Sie Gratis-Downloads zum entsprechenden Thema.

- Ob in unseren Büchern, Seminaren, Vorträgen, Beratungen oder Umsetzungsbegleitungen: Unsere Einladung an Sie lautet, dass Sie experimentieren. Finden Sie Ihren eigenen Weg. *Gut ist, was Ihnen gut tut.*

Wenn Sie mehr zu unserem Verständnis von Büro-Kaizen® erfahren wollen oder Einblicke in unsere Beratungspraxis gewinnen möchten, finden Sie unter www.buero-kaizen.de weiterführende Informationen.

Effiziente Grüße senden

Ihr Patrick Kurz   Ihr Jürgen Kurz   Ihr Marcel Miller
p.kurz@buero-kaizen.de   *j.kurz@buero-kaizen.de*   *m.miller@buero-kaizen.de*

Finden Sie heraus, wo Sie stehen

Der folgende Selbsttest verschafft Ihnen einen ersten Eindruck darüber, wie weit Sie bereits im digitalen Zeitalter angekommen sind und wo Sie vielleicht noch Nachholbedarf haben. Neben jeder Frage sehen Sie, wo Sie Ansatzpunkte finden, um sich weiterzuentwickeln. *Bitte kreuzen Sie Ihre Antwort an.*

Microsoft 365

- Fragen Sie sich, welche Programme Sie für ein erfolgreiches Selbstmanagement mit Microsoft 365 brauchen? ☐ Ja ▶ **S. 23** ☐ Nein

- Möchten Sie wissen, welche Programme Sie für ein erfolgreiches Teammanagement mit Microsoft 365 brauchen? ☐ Ja ▶ **S. 23** ☐ Nein

- Fragen Sie sich, wofür Sie OneDrive nutzen in Abgrenzung zu SharePoint? ☐ Ja ▶ **S. 24f.** ☐ Nein

- Wollen Sie wissen, warum wir Microsoft Teams für die Zusammenarbeit empfehlen? ☐ Ja ▶ **S. 25f.** ☐ Nein

Microsoft Teams einrichten

- Möchten Sie wissen, worauf zu achten ist, wenn Sie Teams erstellen? ☐ Ja ▶ **S. 73** ☐ Nein

- Wollen Sie mehr darüber erfahren, wie ein Team aufgebaut ist und wann das Erstellen eines neuen Teams sinnvoll ist? ☐ Ja ▶ **S. 74ff.** ☐ Nein

- Fragen Sie sich, wie Sie ein Team erstellen können? ☐ Ja ▶ **S. 77ff.** ☐ Nein

- Wollen Sie wissen, worauf es ankommt, wenn Sie Mitglieder zu einem Team hinzufügen? ☐ Ja ▶ **S. 81ff.** ☐ Nein

- Fragen Sie sich, was wichtig ist, wenn Sie Kanäle anlegen? ☐ Ja ▶ **S. 88ff.** ☐ Nein

- Wollen Sie mehr darüber erfahren, welche nützlichen Einstellungen Sie für den Start festlegen können? ☐ Ja ▶ **S. 102f.** ☐ Nein

- Möchten Sie wissen, wie Sie unerwünschte Störungen verringern können? ☐ Ja ▶ **S. 103ff.** ☐ Nein

- Wollen Sie die Berechtigungen innerhalb der Teams differenziert ausgestalten? ☐ Ja ▶ **S. 106f.** ☐ Nein

Kommunizieren

- Möchten Sie wissen, wann Sie in Chats und wann in Kanälen kommunizieren? □ Ja ▶ **S. 114** □ Nein

- Wünschen Sie Tipps für das Vorbereiten einer Besprechung? □ Ja ▶ **S. 125f.** □ Nein

- Sie möchten wissen, wie Sie Ihren Bildschirm teilen? □ Ja ▶ **S. 128** □ Nein

- Sie wollen jemanden anrufen und wüssten gern, wie Sie mit einem Blick die Verfügbarkeit Ihres Gesprächspartners erkennen? □ Ja ▶ **S. 133f.** □ Nein

Dateien ablegen

- Würden Sie gern verstehen, was SharePoint ist und welche Vorteile diese Software bietet? □ Ja ▶ **S. 138f.** □ Nein

- Sie möchten Tipps, wie Sie Ihre Dateiablage gut strukturieren? □ Ja ▶ **S. 141ff.** □ Nein

- Wollen Sie wissen, wie Sie eine Datei für den Schnellzugriff bereitstellen können? □ Ja ▶ **S. 144** □ Nein

- Sie wollen verstehen, warum es vorteilhaft ist, zu Dateien zu verlinken statt sie zu kopieren? □ Ja ▶ **S. 147f.** □ Nein

Dokumentieren

- Möchten Sie erfahren, wie Sie Ihr Notizbuch aktivieren? □ Ja ▶ **S. 153f.** □ Nein

- Wollen Sie wissen, wie Sie Ihr Notizbuch strukturieren und sinnvoll füllen? □ Ja ▶ **S. 155ff.** □ Nein

- Sie möchten wissen, wie Sie OneNote auch offline nutzen können? □ Ja ▶ **S. 158** □ Nein

- Sie wollen erfahren, wie Sie Ihr OneNote-Notizbuch auch auf dem Tablet oder Smartphone nutzen? □ Ja ▶ **S. 159f.** □ Nein

Projekte planen

- Wünschen Sie Tipps zum Anlegen eines Projektplans? □ Ja ▶ **S. 166ff.** □ Nein

- Wollen Sie wissen, wie Sie die zu erledigenden Aufgaben anlegen? □ Ja ▶ **S. 170** □ Nein

- Möchten Sie verstehen, wie Sie die Übersicht über das gesamte Projekt behalten können? □ Ja ▶ **S. 172ff.** □ Nein

- Sie wollen Ihre eigenen Aufgaben im Blick behalten? □ Ja ▶ **S. 175ff.** □ Nein

Umfragen

- Wünschen Sie Informationen dazu, wie Sie innerhalb Ihres Teams eine einfache Umfrage machen? ☐ Ja ▶ **S. 179ff.** ☐ Nein

- Wollen Sie wissen, wie Sie eine komplexe Umfrage machen (auch über die Teamgrenzen hinaus)? ☐ Ja ▶ **S. 182ff.** ☐ Nein

- Fragen Sie sich, welche Schritte zu gehen sind, um eine Umfrage solide vorzubereiten, durchzuführen und auszuwerten? ☐ Ja ▶ **S. 183** ☐ Nein

- Möchten Sie wissen, welche verschiedenen Feldtypen Sie in Microsoft Forms für Ihre Umfragen nutzen können? ☐ Ja ▶ **S. 185ff.** ☐ Nein

Tipps und Tricks

- Fragen Sie sich, wie Sie die erweiterte Darstellung in Microsoft Teams nutzen können, um mehr Platz im Fenster zu haben? ☐ Ja ▶ **S. 192** ☐ Nein

- Haben Sie den Wunsch, zwei Monitore zu nutzen? ☐ Ja ▶ **S. 193** ☐ Nein

- Möchten Sie wissen, wie Sie übersichtlichere Links einsetzen können? ☐ Ja ▶ **S. 194f.** ☐ Nein

- Wollen Sie einige nützliche Tastaturkürzel kennenlernen? ☐ Ja ▶ **S. 195** ☐ Nein

- Haben Sie den Wunsch, Microsoft Teams mit mehreren Microsoft-Konten gleichzeitig zu nutzen? ☐ Ja ▶ **S. 196** ☐ Nein

- Fragen Sie sich, wie Sie die Suchfunktion von Microsoft Teams nutzen können? ☐ Ja ▶ **S. 197** ☐ Nein

- Möchten Sie wissen, wie Sie den Schnellzugriff auf wichtige Funktionen nutzen können? ☐ Ja ▶ **S. 198** ☐ Nein

Teamarbeit im Alltag

- Fragen Sie sich, worauf Sie als Außendienstler achten sollten, um effizient digital zu arbeiten? ☐ Ja ▶ **S. 210ff.** ☐ Nein

- Haben Sie den Wunsch, Tipps für die Tätigkeit als Projektmitarbeiter zu erfahren? ☐ Ja ▶ **S. 216ff.** ☐ Nein

- Sie sind Führungskraft und möchten wissen, welche Herausforderungen es im digitalen Zeitalter gibt und wie Sie mit ihnen souverän umgehen? ☐ Ja ▶ **S. 222ff.** ☐ Nein

- Sie wurden dazu eingeladen, als Gast in Microsoft Teams mitzuarbeiten und wollen dafür Tipps? ☐ Ja ▶ **S. 232ff.** ☐ Nein

- Sie arbeiten viel im Homeoffice und wünschen Tipps, damit das besser klappt? ☐ Ja ▶ **S. 238ff.** ☐ Nein

Auswertung

Dieser Selbsttest gibt Ihnen erste Hinweise auf die Frage, wo Sie stehen. Durch die jeweiligen Antworten haben Sie zugleich markiert, wo sich Ihre Erkenntnispotenziale befinden: Überall, wo Sie „Ja" angekreuzt haben, wartet eine Chance auf Sie.

Hinweise auf Potenziale

Wie oft haben Sie „Ja" angekreuzt?

45-mal
Sie haben sich verzählt :-)

38- bis 44-mal
Glückwunsch! Sie haben das meiste Potenzial! Befassen Sie sich mit den Ideen dieses Buches und setzen Sie die Ratschläge mit wachen Sinnen um. Sie werden staunen, welche grandiosen Verbesserungen in Ihrem Arbeitsleben möglich sind.

29- bis 37-mal
Glückwunsch! Wie bei vielen Menschen und in vielen Büros gibt es auch bei Ihnen bestimmte Themen, mit denen Sie sich eingehender befassen sollten. Sie werden dabei sehen, dass es noch eine ganze Reihe von Möglichkeiten gibt, die Sie nutzen können. Dieses Buch wird Ihnen dabei helfen, einen deutlichen Zuwachs an Effizienz und Arbeitsfreude zu erleben.

18- bis 28-mal
Glückwunsch! Sie wissen bereits einiges darüber, wie Sie die digitalen Möglichkeiten für ein erfolgreiches Arbeiten nutzen. Wenn Sie dieses Buch aufmerksam durcharbeiten, werden Sie zahlreiche Anregungen erhalten, die Sie spürbar voranbringen.

0- bis 17-mal
Glückwunsch! Sie sind offenbar bereits im digitalen Zeitalter angekommen und wissen schon sehr viel darüber, wie man heutzutage erfolgreich arbeitet. Vermutlich werden aber selbst Sie einige Tipps finden, die Ihnen das Arbeiten noch weiter vereinfachen.

Willst du schnell gehen, dann gehe alleine. Willst du weit kommen, dann musst du mit anderen zusammen gehen.

Aus Afrika

Erfolgreich digital zusammen arbeiten

Ob in formalen Projektgruppen oder nur in losen Verbindungen – wir alle arbeiten den Großteil unserer Zeit mit anderen internen und externen Personen zusammen. Und wir alle haben schon gespürt, wie es ist, wenn alle an einem Strang ziehen und das auch noch in die gleiche Richtung: Erfolg entsteht und Freude macht es auch noch.

Zusammenarbeit kann Erfolg und Freude bringen …

Viele haben aber auch schon gegenteilige Erfahrungen machen müssen: Unklare Absprachen und schwammige Ziele führen zu Doppelarbeit, Stress, Hektik, Streit und Unzufriedenheit. Ob das gewünschte Ziel dann überhaupt erreicht wird, ist fraglich. Doch das muss nicht sein.

… oder Stress und Streit

Die Digitalisierung – und insbesondere Microsoft Teams – eröffnet großartige Möglichkeiten, erfolgreich zusammenzuarbeiten. In diesem Buch werden wir Ihnen diese Möglichkeiten aufzeigen. Dabei geht es uns nicht nur darum, Ihnen den Umgang mit der Technik darzustellen. Sondern wir erklären auch, worauf es ankommt, um die Technik für eine gelingende Zusammenarbeit gezielt zu nutzen, ohne sich in der Fülle der vorhandenen Funktionen zu verlieren.

Das Buch zeigt, worauf es ankommt

Im Sport gibt es den Spruch „die Mannschaft ist der Star". Auch wenn es großartige Einzelspieler sind, ist der Erfolg dann am Größten, wenn alle ihr Potenzial im Dienst der Mannschaft voll einbringen. Ichbezogene Superstars schaffen zwar möglicherweise mal kurze lichte Momente, in denen sie glänzen. Teamerfolg ist aber dauerhaft nur durch die ausdauernde Verbindung der Talente aller Mitglieder möglich.

Wie Teamerfolg entsteht

Das gilt im Büro genauso: Oft sind die Ergebnisse eines Teammitgliedes nämlich die Ausgangsbasis für die Tätigkeit eines

Alle Glieder stärken

anderen Mitglieds. Und nur dann, wenn der eine Mitarbeiter seine Aufgabe richtig und rechtzeitig erledigt, kann der andere seine Aufgabe erfüllen. Sie kennen sicher das Sprichwort: Die Kette ist nur so stark, wie das schwächste Glied. Was wir in diesem Buch beschreiben, soll alle Glieder stärken.

Im Team lässt sich gut lernen

Teamarbeit ist auch ideal, um schwächere Teammitglieder von stärkeren lernen zu lassen. Im realen Leben zu sehen, wie die Profis arbeiten und mit ihnen gemeinsam die Dinge zu tun, ist das beste Training, das man sich vorstellen kann.

Teamarbeit erlernen und gestalten

Die gute Nachricht ist, dass man erfolgreiche Teamarbeit erlernen und gestalten kann:

- Klare, gemeinsam vereinbarte *Spielregeln* und eine leistungsfähige *Software* sind die eine Hälfte, die es dazu braucht.
- Engagierte und motivierte *Mitarbeiter* sind die andere Hälfte.

Hochleistungsteams formen und erhalten

Erfolgreiche Teamarbeit gibt einen Rahmen vor. Sie lässt dabei jedem Teammitglied genügend Freiraum, um Ideen und die eigene Kreativität einzubringen. Wo dies gegeben ist, entstehen Hochleistungsteams. In Zeiten zunehmenden Wettbewerbsdrucks und unendlicher Chancen am Markt werden diejenigen Unternehmen erfolgreich sein, denen es am besten gelingt, solche Hochleistungsteams zu formen und zu erhalten.

Grundsätzliche Gedanken

Bevor wir die Frage beantworten, wie Teams aufgesetzt werden und wie Kommunikation, Dateiablage, Projektplanung sowie die Spielregeln im Umgang damit aussehen können, stellen wir auf den folgenden Seiten einige grundsätzliche Gedanken zur Teamarbeit und der Arbeit mit Microsoft Teams vor:

- Welche von den zahlreichen *Möglichkeiten von Microsoft 365* brauchen wir eigentlich?
- Wie helfen uns die *Kaizen-Prinzipien* bei erfolgreicher Teamarbeit?
- Wie kann digitale Teamarbeit dazu beitragen, *aktuelle Trends* zu nutzen?
- Warum ist *Microsoft Teams* aus unserer Sicht ein sehr gutes Werkzeug, das eine effiziente Zusammenarbeit unterstützt?

■ Microsoft 365 kann einen verwirren – muss es aber nicht

Microsofts Office-Pakete gibt es schon seit mehr als 30 Jahren und über all diese Jahre hinweg waren wir das gleiche Schema gewohnt: In regelmäßigen Zyklen von drei, vier, vielleicht fünf Jahren meldete sich die IT-Abteilung und kündigte ein neues Update der Office-Programme an.

So lief es viele Jahre lang

Nach der Installation wurden die Neuerungen unter die Lupe genommen:
- Die Benutzeroberfläche sah nun etwas moderner aus.
- Es kamen einige neue Funktionen dazu.
- Manchmal änderte sich auch nur die Anordnung der wichtigsten Befehle in der Menüleiste.

Neuerungen unter der Lupe

Bis man sich an die ein oder andere Umstellung gewöhnt hatte und mit den Programmen wieder genauso produktiv arbeitete wie vorher (manchmal auch etwas produktiver), dauerte es ein paar Wochen.

Wochen der Gewöhnung

Outlook
Excel
Word
PowerPoint
OneNote

Es waren ja auch nicht allzu viele Tools – Outlook, Excel, Word, PowerPoint, OneNote. Einige wenige nutzten daneben auch noch Publisher und Access. Und nach dieser Phase der Umgewöhnung war man für die kommenden Jahre erstmal sicher vor neuen Änderungen.

Nicht zu viele Tools

Damit machte Microsoft Schluss! Das klassische Office-Paket, wie wir es lange Jahre kannten, wurde zum Auslaufmodell. Microsoft revolutionierte sein Office-Paket und das Ergebnis heißt Microsoft 365. Doch was bedeutet das konkret?

Dann kam Microsoft 365

Früher Kaufpaket, jetzt Mietmodell

Das Modell von Microsoft 365 nennt sich „Software as a Service" (SaaS); die Lizenz für die Nutzung von Microsoft 365 wird also gemietet und nicht mehr gekauft. Mit den regelmäßigen Zahlungen gehen permanente Updates einher. Die klassischen Versionssprünge von Office 2010 auf 2013, 2016, 2019 etc. entfallen damit. Wir als Nutzer bekommen neue Funktionen in kleinen, leicht verdaulichen Häppchen. Das macht die Eingewöhnung an Neuerungen deutlich einfacher; die Übergänge von Änderung zu Änderung sind fließend.

Ein Kasten voller Werkzeuge

Noch deutlicher fällt auf, dass sich Microsoft 365 bei Weitem nicht mehr nur auf die bisherigen Programme des Office-Pakets konzentriert. Microsoft 365 erweitert die Zahl der Programme auf etwa 30 einzelne Anwendungen:

Vielfalt der Microsoft-Programme

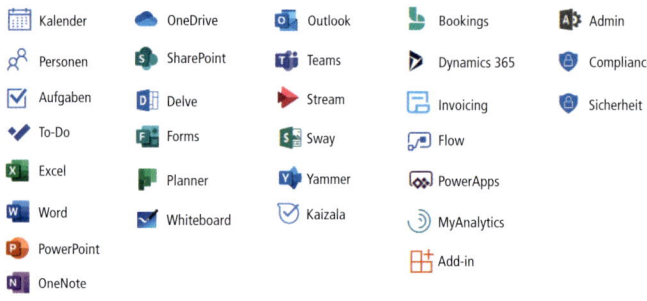

Es kommen Fragen

In diesem Dschungel geht schnell mal der Überblick verloren. Es drängen sich Fragen auf wie: *„Wer soll denn bitte alle diese Programme verstehen und verwenden?"* oder: *„Welche dieser Tools brauche ich denn wirklich?"*

Machete für das digitale Dickicht

Fragen wie diese stellen viele Unternehmen vor eine Herausforderung. Damit Sie einen Weg durch dieses digitale Dickicht finden, leihen wir Ihnen gerne unsere Machete: Basierend auf unserem bewährten Microsoft 365-Workflow zeigt Ihnen dieses Buch, mit welchen Tools Sie Ihr persönliches Selbstmanagement sowie die Organisation Ihres Teams mit Microsoft 365 erfolgreich gestalten.

Erfolgreiches Selbst- und Teammanagement mit Microsoft 365

Für die normale Arbeit im Büro reicht es aus, wenn Sie sich auf die folgenden Programme beschränken:

Das reicht aus

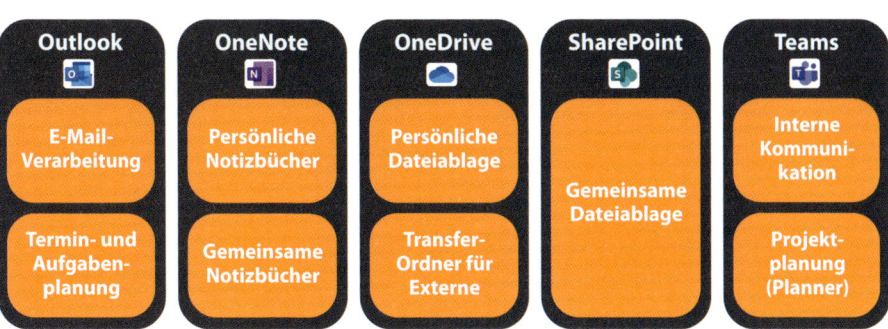

Für Ihr *persönliches Selbstmanagement* nutzen Sie die drei Programme Outlook, OneNote und OneDrive. Damit decken Sie die folgenden Funktionen ab:

Selbstmanagement mit Microsoft 365

- E-Mail-Verarbeitung sowie die persönliche Planung Ihrer Termine und Aufgaben erfolgt in *Outlook*.
- Die digitale Dokumentation Ihrer persönlichen Projekte, Termine, Meetings etc. geschieht in *OneNote*.
- Für die Ablage persönlicher Dateien nutzen Sie *OneDrive*.

Für die *Zusammenarbeit im Team* erweitern Sie die drei Systeme für das Selbstmanagement noch um die beiden Tools Microsoft Teams und SharePoint. Diese decken dabei die folgenden Funktionen ab:

Teammanagement mit Microsoft 365

- Die Ablage gemeinsam genutzter Dateien erfolgt per *Share-Point*.
- Projektbezogene Kommunikation in Form von schriftlichen Nachrichten, Anrufen und Videokonferenzen (virtuellen Meetings) geschieht innerhalb von *Microsoft Teams*.
- Ergänzend kann *Planner* in Microsoft Teams eingebunden werden, um mit diesem Tool die gemeinsame Aufgabensteuerung im Team zu organisieren.

Etwas genauer

Schauen wir uns das ein wenig genauer an und beginnen wieder mit dem Thema Selbstmanagement. Die persönliche Organisation kann nach wie vor am effizientesten mit den drei Programmen Outlook, OneNote und OneDrive gestaltet werden.

Outlook

Einige Tipps zum Verarbeiten von E-Mails finden Sie als Gratis-Download auf der Website zum Buch unter: www.buero-kaizen.de/edza

Über Outlook erledigen Sie nach wie vor das Verarbeiten Ihrer E-Mails. Das Programm stellt auch weiterhin den persönlichen Kalender sowie Ihre persönliche Aufgabenliste bereit. Damit haben Sie Ihre E-Mails, Termine und Aufgaben im Griff. Unsere Tipps dazu haben wir im Buch *„So geht Büro heute!"* bereits beschrieben.

OneNote

Einige Tipps zum Arbeiten mit OneNote finden Sie als Gratis-Download auf der Website zum Buch unter: www.buero-kaizen.de/edza

Die digitalen Notizbücher in OneNote sind auch weiterhin bestens für jegliche Form digitaler Dokumentation geeignet – sei es für das Festhalten bestimmter Informationen, Entscheidungen oder Ergebnisse für persönliche Projekte, die Vorbereitung von Terminen, die persönlichen Protokolle von Gesprächen oder auch das eigene Wissensmanagement. Auch hierzu finden Sie in *„So geht Büro heute!"* unsere Tipps.

OneNote in Microsoft Teams integrieren

OneNote ist der Ort für das, was früher auf Papier notiert wurde. Das gilt für persönliche Notizen. Und auch für die Zusammenarbeit im Team bleibt OneNote wichtig: Für das Team werden die geteilten Notizbücher zur zentralen Dokumentationsplattform. Sie lassen sich als eine der weiter unten erwähnten Hub-Anwendungen leicht in Microsoft Teams integrieren (siehe S. 26).

SharePoint und OneDrive

Zwei Möglichkeiten

Microsoft 365 bietet zwei cloudbasierte Speichermöglichkeiten, nämlich *SharePoint* und *OneDrive.* Somit stellt sich die Frage: Wann nutzen Sie welches Tool?

Wir empfehlen folgende Unterscheidung:

- *SharePoint* stellt die digitalen Aktenschränke für die *gemeinsam* genutzten Dokumente dar, die im Laufe der Zusammenarbeit entstehen.

- *OneDrive* dagegen ist der *persönliche* Cloudspeicher für jeden einzelnen Mitarbeiter.

Der Grundsatz von *OneDrive* ist: Auf Daten, die in OneDrive gespeichert liegen, haben nur Sie *persönlich* Zugriff – außer Sie teilen bestimmte Dateien oder Ordner ganz bewusst mit anderen Personen. Hier ist daher der richtige Platz für Ihre persönlichen Dokumente – in OneDrive gehört alles, was irrelevant für die gemeinsamen Projekte ist und daher seinen Platz nicht in SharePoint findet.

OneDrive: Persönliche Daten

SharePoint wird also für die *gemeinsame* Dateiablage während der Zusammenarbeit genutzt. Damit stellt SharePoint die cloudbasierte Alternative zu den klassischen File-Servern dar, die wohl in den meisten Unternehmen für die gemeinsame Dateiablage verwendet wurden und auch heute vielfach noch eingesetzt werden.

SharePoint: Gemeinsam genutzte Daten

SharePoint ist dabei eng mit Microsoft Teams verwoben und automatisch in alle dort erstellten Teams und Kanäle integriert. Das bedeutet: Wer mit Microsoft Teams arbeitet, der nutzt SharePoint bereits automatisch.

In Teams integriert

Per SharePoint (wie übrigens auch per OneDrive) kann auf alle Dokumente standort- und geräteunabhängig jederzeit zugegriffen werden (vorausgesetzt, es besteht eine Internetanbindung). Dokumente und Ordner können mit anderen Personen geteilt und Microsoft-365-Dokumente wie etwa Worddateien sogar zeitgleich gemeinsam mit anderen Personen bearbeitet werden.

Vorteile des Speicherns in der Cloud

Microsoft Teams

Das Programm Microsoft Teams ist definitiv das Herzstück für die Organisation der Zusammenarbeit mittels Microsoft 365. Das hat vor allem zwei Gründe:

Microsoft Teams ist das Herzstück

1. Durch die verschiedenen Möglichkeiten digitaler Kommunikation erleichtert es Microsoft Teams Gruppen, miteinander zu arbeiten, auch wenn sich die einzelnen Mitglieder der

Virtuelles Teambüro

Gruppen an völlig verschiedenen Orten befinden. Sowohl Chatnachrichten zwischen einzelnen Mitarbeitern als auch die Kommunikation ganzer Teams in Kanälen sind möglich – sowohl schriftlich als auch per (Video-)Telefonie. Microsoft Teams ist damit eine Art virtuelles Teambüro, in dem die Zusammenarbeit stattfindet.

Microsoft Teams kann vieles integrieren

2. Microsoft Teams ist eine sogenannte Hub-Anwendung. Dies bedeutet, dass das Programm Microsoft Teams zusätzlich zu seinen Grundfunktionen um Funktionalitäten anderer Programme erweitert werden kann. Wie bei einem Puzzle werden diese Funktionen modular in die Benutzeroberfläche von Microsoft Teams integriert. Das macht es möglich, sie aus Microsoft Teams heraus zu bedienen.

Bei Bedarf können so zum Beispiel gemeinsame OneNote-Notizbücher oder auch eine Planner-Aufgabenübersicht für die gemeinsame Steuerung von Projekten integriert werden. Damit wird Microsoft Teams zur zentralen Klammer, welche die verschiedenen Microsoft 365-Tools für eine möglichst einfache Nutzung innerhalb *einer* Oberfläche bündelt.

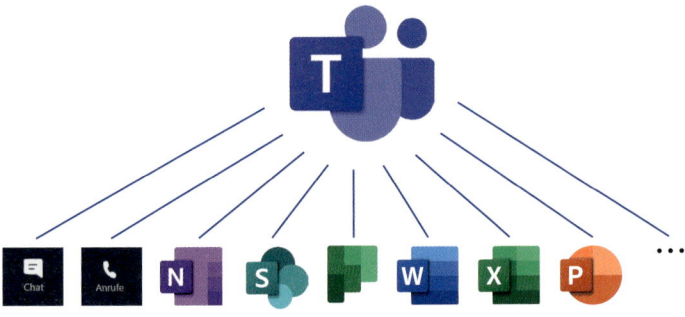

Auf unserem YouTube-Kanal finden Sie ein Kurzporträt zu Microsoft Teams, das die Ausführungen dieses Buches ergänzt. Sie finden den Link zu diesem Video auf der Website zum Buch unter: www.buero-kaizen.de/edza

Ein guter Mix für den Start

Die skizzierten fünf Tools – Outlook, OneNote, SharePoint, OneDrive und Microsoft Teams – bilden aus unserer Sicht die sinnvollen Säulen für eine erfolgreiche (Zusammen-)Arbeit mit Microsoft 365. Dieser Toolmix hat sich nicht nur in unserer eigenen Praxis, sondern auch in vielen Beratungsprojekten als sinnvoller Start für das Nutzen der Möglichkeiten von Microsoft 365 bewährt.

Fünf Säulen reichen für den Start

Während wir in *„So geht Büro heute!"* beschrieben haben, wie Sie vor allem Ihr *Selbstmanagement* mithilfe der digitalen Möglichkeiten erleichtern, liefert Ihnen das vorliegende Buch Hilfestellungen dafür, wie Sie Microsoft Teams im Zusammenspiel etwa mit SharePoint, OneNote und Planner nutzen – Schwerpunkt ist hier also das *gemeinsame Arbeiten im Team.*

Im Laufe der Arbeit kann der oben beschriebene Toolmix selbstverständlich noch punktuell um andere Microsoft 365-Tools erweitert werden, etwa um *Forms* für Umfragen oder *Microsoft To Do* für die Kombination der persönlichen Aufgaben aus Outlook mit den eigenen Aufgaben aus den einzelnen Planner-Hubs. Auch diese Themen werden Sie in diesem Buch finden. Bei Bedarf kann der Mix auch um weitere Anwendungen wie CRM- oder ERP-Programme ergänzt werden.

Später punktuell erweitern

Im Bereich des digitalen Arbeitens gilt für uns seit Jahren ein Mantra: „Keep *it* simple". Mit Blick auf die EDV könnte man auch schreiben: „Keep *IT* simple". Mit anderen Worten: Lassen Sie sich von den zahlreichen Tools, die Microsoft 365 mit sich bringt, nicht verwirren. Konzentrieren Sie sich auf die genannten fünf Säulen.

Keep IT simple

Der Fokus auf die fünf genannten Tools, die untereinander perfekt harmonieren, machen die Selbst- und Teamorganisation mit Microsoft 365 für alle Beteiligten klar und verständlich. Mit diesem 5-Säulen-Workflow können auch Sie mit Ihrem Team garantiert erfolgreich digital zusammen arbeiten.

Klar und verständlich

■ Gelingende Teamarbeit aus Sicht der Büro-Kaizen®-Prinzipien

Prinzipien geben Orientierung

Das Wort „Prinzipien" klingt in heutiger Zeit etwas angestaubt. Prinzipien sind aber Leitplanken, die uns sehr helfen können: Prinzipien geben Orientierung und unterstützen uns beim Treffen von Entscheidungen.

Prinzipien und Spielregeln

Die Büro-Kaizen®-Prinzipien sind wie allgemeingültige Gesetzmäßigkeiten, die für alle gelten. Umgesetzt werden die Prinzipien in Form von Spielregeln. Spielregeln sind konkrete Handlungsanleitungen, die individuell im Unternehmen vereinbart werden und speziell für Sie und Ihr Team gelten. Andere Teams können eigene, ganz andere Spielregeln haben.

Beipiel: Platz für Brille und Handy

Der Zusammenhang zwischen Prinzipien und Spielregeln lässt sich an einem einfachen Beispiel beschreiben. Wie hilfreich das Prinzip *„Geben Sie allen Dingen eine Heimat"* ist, weiß jeder, der schon einmal die Brille oder das Handy gesucht hat. Um dieses Prinzip umzusetzen, kann man jetzt die Spielregel definieren, dass diese Gegenstände immer auf einem Sideboard und damit an einem bestimmten Platz abgelegt werden. Der Nutzen besteht dann in kürzeren Aufräum- und Suchzeiten bzw. entfallen diese Zeiten im Idealfall sogar vollständig.

Einfach, aber kraftvoll

Die Büro-Kaizen®-Prinzipien klingen vielleicht simpel. Werden sie aber umgesetzt und im Alltag mit Leben gefüllt, entfalten sie eine große Kraft. Das gilt besonders für die Zusammenarbeit im Team.

Lassen Sie die Prinzipien auf sich wirken. Wählen Sie die aus, die Ihnen helfen. Ganz im Sinne von Kaizen, das heißt der schrittweisen Verbesserung.

Prinzip 1: Nutzen Sie Spielregeln

Spielregeln sind gerade für ein gelingendes Miteinander im Team wichtig. Daher werden Sie in diesem Buch Spielregeln für das Setup und das Arbeiten mit Microsoft Teams kennenlernen.

Gerade für Teams wichtig

Wie wichtig Spielregeln sind, verdeutlichen wir in unseren Seminaren gerne am Beispiel des Briefträgers. Die unausgesprochene Spielregel zwischen Ihnen und Ihrem Briefträger lautet, dass er Ihre private Post in Ihren Briefkasten wirft. Wenn Sie nach Hause kommen, schauen Sie nur in *Ihren* Briefkasten. Ist dieser leer, gehen Sie davon aus, dass Sie keine Post haben.

Beispiel: Briefträger

Stellen Sie sich bitte vor, Sie hätten einen kreativen Briefträger: Mal legt er Ihre Post unter die Fußmatte, mal versteckt er sie im Garten oder wirft sie beim Nachbarn ein. Klingt unglaublich?

Ersetzen Sie nun bitte mal das Wort „Post" durch „Information" und denken Sie an Ihr Unternehmen. Wie bekommen Sie Informationen in Ihrem Unternehmen und in Ihren Teams? Meist gibt es keine Spielregel, die so klar ist wie bei Ihrem Briefträger. Daher ist es nötig, festzulegen, wo welche Informationen abgelegt werden und welcher Umgang aufseiten des Empfängers erwartet wird: Wie häufig wird in die „Briefkästen" geschaut? Welche Zeitspanne steht für eine Antwort zur Verfügung?

Informationen im Unternehmen

Im Kapitel „Als Team kommunizieren" werden Sie kennenlernen, dass Ihre digitale Post in Microsoft Teams auf mehrere themenbezogene „Briefkästen" aufgeteilt wird (Chats: s. S. 115ff., Kanäle s. S. 119ff.). Das ist, wie wenn Sie zuhause einen Briefkasten für Versicherungen, einen für Schreiben vom Finanzamt etc. hätten. Der Vorteil ist, dass Ihre Post schon an der richtigen Stelle liegt und Sie diese nicht mehr thematisch zuordnen müssen. Damit das auch klappt, ist es wichtig, durch geeignete Spielregeln eine effiziente Zusammenarbeit sicherzustellen.

Digitale Post in Microsoft Teams

Doch sind Spielregeln nicht nur hier wichtig – der Umgang mit Informationen ist nur ein Beispiel. Auch für andere Aspekte der Teamarbeit lohnt es sich, Spielregeln zu vereinbaren.

Auch für andere Aspekte wichtig

Prinzip 2: Machen Sie Betroffene zu Beteiligten

Was falsch ist Fragt man mit Blick auf die Zusammenarbeit danach, welches Vorgehen zu wählen ist, dann gibt es oft keine Antworten, die generell falsch oder richtig sind. Falsch ist aber auf jeden Fall, wenn im Team jeder einen *anderen* Weg geht. Oft ist es sogar schon kritisch, wenn *Einzelne* andere Wege gehen. Sie wissen ja: Eine Kette ist nur so stark wie das schwächste Glied.

Gemeinsam entscheiden In der Kurz Büro-Kaizen GmbH haben wir einen Spruch, der unser Verständnis für die Zusammenarbeit beschreibt: Wenn du wissen willst, wie hoch der Staudamm werden soll, dann frage die Menschen, die am Fluss wohnen. Das bedeutet: Wir diskutieren im Team das geplante Vorgehen und entscheiden gemeinsam.

Auch für Sie sinnvoll Auch in unseren Umsetzungsbegleitungen haben wir gute Erfahrungen damit gemacht, dass wir Spielregeln gemeinsam diskutieren und dann so modifizieren, dass sie für die jeweilige Gruppe passen. Das sollten Sie auch in Ihren Teams tun.

Hart im Einfordern Ich, Jürgen Kurz, versuche immer alle mitzunehmen und diskutiere lieber so lange, bis alle ihr Ja zum Vorgehen haben. Ich bin dann aber sehr hart im Einfordern dessen, was wir gemeinsam entschieden ha-  ben. Denn nur dann, wenn alle sich an gemeinsam vereinbarte Spielregeln und Pläne halten, kann sich der gewünschte Erfolg einstellen.

Nicht für alle Zeit Das heißt übrigens nicht, dass man diese Dinge für unbegrenzte Zeit genau so weitermacht. Wenn sich Rahmenbedingungen ändern oder es neue Erkenntnisse gibt, dann sollte man das natürlich berücksichtigen. Für Änderungen gelten aber die gleichen Spielregeln: Die Betroffenen müssen „an den Tisch" und entscheiden gemeinsam.

Prinzip 3: Schaffen Sie Nutzen für alle Beteiligten

Das Ziel von Büro-Kaizen® besteht darin, *schneller, besser* und gleichzeitig *entspannter* zu arbeiten, um dadurch Zeit für die Dinge zu gewinnen, die Ihnen wichtig sind. Was wir an Kaizen so lieben, ist die Tatsache, dass diese Ergebnisse gleichzeitig möglich sind. Wenn wir unsere Prozesse in Ordnung haben, dann gibt es weniger Rückfragen und Fehler. Wir können daher schneller und somit effizienter arbeiten, bessere Qualität produzieren und obendrein Stress vermeiden.

Gleichzeitig schneller, besser und entspannter

Damit geht einher, dass Kaizen immer *allen* Beteiligten nutzt. Wenn Teammitglieder schneller, besser und entspannter arbeiten, dann kommt das gesamte Team besser voran und die Zusammenarbeit „flutscht". Der Nutzen entsteht aber nicht nur im Team: Auch für Kollegen außerhalb des Teams, das Unternehmen, die Kunden und sogar für die Familien entsteht Nutzen, wenn Teammitglieder effizient arbeiten, gut gelaunt sind und auch mal früher nach Hause kommen.

Nutzen geht über das Team hinaus

Das ist übrigens die beste Erläuterung für den Begriff „Workflow": Wenn wir uns mit unserer Arbeit („work") in einem Flowzustand befinden und alles fast wie von allein vorangeht, dann wird richtig produktiv gearbeitet.

„Work" im „Flow"

Wenn Sie Ihre Planungen in den Teams vornehmen, sollten Sie darauf achten, dass Sie sich für Vorgehensweisen entscheiden, die *allen* nutzen. Diese Wege gibt es immer. Suchen Sie bitte so lange, bis Sie sie gefunden haben. Win-win-Situationen sind die einzigen Konstellationen, die dauerhaft funktionieren – und zwar in jeder Form menschlichen Zusammenlebens (Arbeitgeber – Arbeitnehmer, Verkäufer – Käufer, Vermieter – Mieter, Ehepaare, …).

Nur Win-Win funktioniert dauerhaft

Prinzip 4: Fragen Sie nach der Bedeutung für den Erfolg

Erfolg entsteht durch Konzentration

Es gilt: *Erfolg entsteht durch Konzentration!* Schon für jeden Einzelnen ist es schwierig, aus den hundert Möglichkeiten, die man angehen könnte, die richtigen auszuwählen. Auch im Team ist es deshalb wichtig, immer wieder gemeinsam *das* Ziel festzulegen, das mit Blick auf den gewünschten Erfolg die beste Hebelwirkung verspricht.

Auf systematische Weise nachhaltig

Dieses Prinzip kann durch regelmäßige Meetings umgesetzt werden. Es funktioniert sowohl mit Präsenz- als auch mit virtuellen Meetings. Bei diesen Treffen wird dann die Frage gestellt: Was ist die eine Sache, die jeder Einzelne und das Team bis zum nächsten Meeting tun kann, um bestmöglich in Richtung der Teamziele voranzukommen? Hier geht es um die *Auswahl der richtigen Aufgaben (Effektivität)*. Wie oft diese Meetings stattfinden (etwa täglich oder wöchentlich oder monatlich), hängt vom Projekt ab und kann nicht pauschal beantwortet werden.

Virtuelle Möglichkeiten

Microsoft Teams ermöglicht es, sich zu virtuellen Meetings zu treffen (s. S. 124ff.). Wird der Planner eingebunden, ist auch die Arbeit mit digitalen Kanban-Tafeln möglich (s. S. 168f.).

Fokussiert arbeiten

Wurde im Meeting das Ziel bestimmt, das aktuell den größten Beitrag zum Erfolg leistet, dann besteht die Herausforderung anschließend „nur" noch darin, fokussiert und gemeinsam an diesen Zielen zu arbeiten – jeder an seinem Platz. Hier geht es dann darum, *die Dinge richtig zu tun (Effizienz)*.

Prinzip 5: Schaffen Sie nachhaltige Verbesserungen

Bei unseren Seminaren und Vorträgen machen wir eine interessante Erfahrung: Fragt man die Zuhörer, wer schon einmal seinen Keller aufgeräumt hat, gehen alle Hände nach oben – und die Zuhörer lächeln. Sie lächeln vermutlich deshalb, weil es sich richtig gut anfühlt, wenn man aufgeräumt hat.

Der aufgeräumte Keller

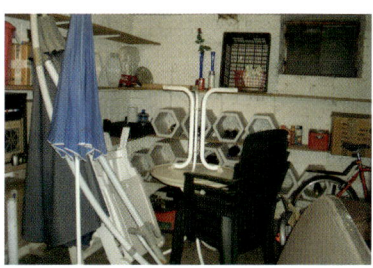

Fragen wir dann als Nächstes, bei wem der Keller immer noch so aufgeräumt ist, geht fast keine Hand nach oben – und das Lächeln verschwindet. Offensichtlich bleibt Ordnung nicht automatisch dauerhaft erhalten. Man muss also wiederholt Zeit und Kraft investieren, um Ordnung zu erhalten. Das heißt, man muss immer wieder den Keller aufräumen.

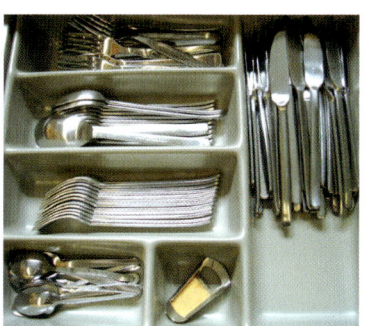

Hingegen ist die Besteckschublade immer aufgeräumt, denn sie hat ein System. Das *„System Besteckeinsatz"* ist so einfach und klar, dass sogar selbst ernannte Chaoten die Spielregel einhalten, Besteck in das entsprechende Fach zu legen.

Systeme helfen, automatisch Ordnung zu halten

Arbeiten Sie mit solchen Systemen, werden Verbesserungen nachhaltig. In Ihrem Team können Sie dieses Prinzip umsetzen, indem Sie gemeinsam Spielregeln für die Zusammenarbeit festlegen. Spielregeln sind dazu da, ein gutes und zielführendes Miteinander auf systematische Weise nachhaltig zu machen.

Auf systematische Weise nachhaltig

Spielregeln sind etwa für die Ablage von Dateien und für die Kommunikation untereinander wertvoll. Solche Spielregeln können Sie mit leichten Anpassungen später übrigens immer wieder verwenden – auch bei neuen Teams. Das spart viel Zeit beim Setup neuer Arbeitsgruppen.

Spielregeln wiederverwenden

Prinzip 6: Das Ziel ist Verbesserung, nicht Perfektion

Veränderung zum Guten

„Kai" heißt Veränderung und „Zen" zum Guten bzw. zum Besseren. Übersetzt heißt Kaizen also, einen Prozess der kontinuierlichen Verbesserung in Gang zu setzen.

Die Dinge immer weiter verbessern

Ausgangspunkt von Kaizen ist dabei die Annahme, dass nichts so gut ist, dass man es nicht weiter verbessern kann. Wichtig: Das heißt nicht, dass das bisherige Vorgehen schlecht war. Es geht vielmehr um eine Kultur, bei der es Spaß macht, gemeinsam die Dinge weiter zu verbessern – zum Wohle aller. Bei Büro-Kaizen® sind Sie daher dazu eingeladen, mit Ihrem Team eine solche Kultur zu schaffen.

Kleine Schritte statt Perfektion

Viel zu häufig wird bei Projekten mindestens die Rettung der Welt versprochen – oft genug mit dem Ergebnis, dass viel Zeit

und Kraft in *eine* große und möglichst perfekte Veränderung investiert wird, aber hinterher wenig oder nichts dabei herauskommt. Nachhaltige Verbesserungen im Sinne von Kaizen bedeuten dagegen, dass Sie in *vielen* kleinen Schritten immer besser werden – und dass Sie die Verbesserungen dauerhaft erhalten können.

Der Schlüssel zum Mittragen

In unseren Umsetzungsbegleitungen ist das übrigens der Schlüssel zum Mittragen aller: Menschen sind gerne zur Mitarbeit bereit, wenn die Veränderung überschaubar ist und sich die eingesetzte Mühe in Form eingesparter Zeit dauerhaft auszahlt.

Gemeinsam die Talente einbringen

Kaizen passt auch aus einem weiteren Grund sehr gut zur Teamarbeit. Eine Seminarteilnehmerin, die als Hobby Kampfsport betreibt, hat uns mal erklärt, dass Kaizen neben der Bezeichnung der ständigen Verbesserung auch „große Zusammenkunft" bedeutet. Kampfsportler treffen sich, um gemeinsam ihre Kunst zu feiern. Das ist doch auch ein schönes Bild für Teamarbeit im Unternehmen! Mitarbeiter kommen zusammen, um ihre Talente einzubringen.

Prinzip 7: Geben Sie allen Dingen eine Heimat

Wie bereits eingangs erwähnt, ist dieses Prinzip hilfreich für alle, die gelegentlich etwas suchen – seien es Brille, Handy, Autoschlüssel oder Unterlagen und Dateien. Definierte Ablageorte erleichtern das Suchen, aber auch das Aufräumen, denn wenn alles (s)eine Heimat hat, dann muss man sich nicht mehr fragen, wohin die Dinge denn gehören. Das reduziert Stress und spart viel Zeit. Wir sagen daher gern: Alles hat *einen* Platz, alles hat *seinen* Platz.

Suchen und Aufräumen werden leichter

Der Nutzen potenziert sich, wenn es um die Zusammenarbeit im Team geht. Unsere Einladung lautet daher: Seien Sie sensibel, wenn aus dem Team Fragen nach dem Zugang zu Unterlagen und Dateien gestellt werden. Wann immer solche Fragen kommen, sollten Sie gemeinsam Regelungen treffen, wo und wie Sie diese verfügbar machen wollen.

Im Team noch wichtiger

Ablagespielregeln für Dateien in Microsoft Teams gehören zu den zentralen Fragen, die zu Beginn der Zusammenarbeit zu klären sind – insbesondere dann, wenn Teammitglieder nicht am gleichen Ort arbeiten.

Eine der zentralen Fragen

Denken Sie bitte speziell in diesem Fall auch daran, wer außerhalb Ihres Teams Interesse an *Ihren* Dateien haben könnte. Wenn Sie beispielsweise Checklisten erarbeiten, die auch für andere nützlich sein können, dann sollten Sie diese möglicherweise nicht im persönlichen Bereich, sondern an einer zentralen Stelle speichern.

Interesse an den eigenen Dateien

Prinzip 8: Akzeptieren Sie Vielfalt

Freiheit und ihre Grenzen

Wenn es um Einzelarbeitsplätze geht, dann sind wir große Freunde davon, dass sich jeder Mitarbeiter seinen Arbeitsplatz so einrichtet, wie es ihm am besten gefällt. Die Grenze dieser Freiheit verläuft dort, wo sie Auswirkungen auf das Umfeld hat. Duftkerzen und laute Musik lieben nicht alle. Das gilt in ähnlicher Weise für die Zusammenarbeit in Teams: Die Freiheit des Einzelnen endet dort, wo der Teamerfolg in Gefahr ist.

Mehr Freiheit und Vielfalt sind möglich

Im Zeitalter des digitalen Arbeitens sind die Freiheitsgrade und damit die Möglichkeiten für Vielfalt stark gewachsen. So ist häufig nicht mehr nötig, für seine Arbeit jeden Tag ins Büro zu kommen. Viele Aufgaben lassen sich auch von unterwegs aus sowie aus dem Homeoffice erledigen. Und auch mit Blick auf die technische Ausstattung ist heute Vielfalt möglich. Bei uns im Haus ist beispielsweise Patrick Kurz ein großer Fan von Apple-Geräten. Das ist kein Problem, denn er hat dort die Microsoft-Software im Einsatz, mit der wir im Team arbeiten.

Moderne Zusammenarbeit

Dies ist zugleich auch ein schönes Beispiel für das Prinzip 3 „Schaffen Sie Nutzen für alle Beteiligten" (S. 31): Patrick kann mit den Geräten arbeiten, die er liebt. Und weil Microsoft Teams auf dem Mac dieselben Funktionen hat wie in der Windows-Welt, profitieren diejenigen unserer Kunden, die Apple nutzen. Patrick kann ihnen nämlich zeigen, wie man Microsoft 365 mit Apple-Geräten richtig einsetzt. Diese systemübergreifende Einsetzbarkeit der Software ist in Verbindung mit dem cloudbasierten Speichern der Daten die Basis für eine unkomplizierte und moderne Zusammenarbeit im Team.

Seien Sie also tolerant und akzeptieren Sie es, dass andere anders sind. Gerade die Vielfalt ist es doch, die Ergebnisse in Teams besser machen, als das, was jeder im Alleingang erreichen könnte. Vielleicht haben Sie ja auch einige „Macken" oder wie wir es nennen würden „special effects".

Prinzip 9: Feiern Sie kleine Erfolge

Eine Kundin hat uns von einem Experiment berichtet, das offensichtlich vor längerer Zeit durchgeführt wurde: In das Geldrückgabefach öffentlicher Münzfernsprecher wurden Münzen gelegt. Personen, die zum Telefonieren in die Telefonzelle kamen, fanden diese kleinen Beträge und freuten sich darüber. Beim Verlassen der Telefonzelle trafen sie eine Person mit einer Einkaufstüte. Die Tasche war so präpariert, dass der Inhalt zu Boden fiel, als die Testperson kam. Das überraschende Ergebnis des Experiments war, dass die Menschen, die gerade das Glück hatten, Geld zu finden, um 60 Prozent hilfsbereiter waren und geholfen haben, die Einkäufe aufzusammeln.

Glück und Hilfsbereitschaft

Was heißt das? *Erfolgserlebnisse und Glücksgefühle sind gut für die Zusammenarbeit!* Das sollten wir uns auch in unserer Teamarbeit zunutze machen.

Gut für die Zusammenarbeit

Wenn Sie beispielsweise einen wichtigen Meilenstein Ihres Projektes erreichen, dann feiern Sie das gemeinsam. Ich, Jürgen Kurz, erinnere mich da an meine Zeit als Ferienarbeiter auf dem Bau. Das Ziel war es immer, freitags die nächste Decke zu betonieren. Gefeiert wurde das damals immer mit dem sogenannten Decken-Bier.

Meilensteine gemeinsam feiern

Prinzip 10: Es gibt nichts Gutes, außer: Man tut es

Mein Lieblingszitat Ich, Jürgen Kurz, habe ein Lieblingszitat. Es stammt von Erich Kästner und wir führen es hier auf, auch wenn es eigentlich kein Kaizen-Prinzip ist:

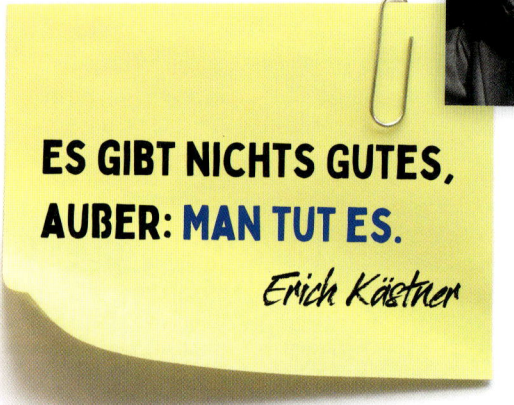

Das Tun entscheidet Das Tun entscheidet über den Erfolg generell und natürlich auch über den Erfolg von Teams. Es ist daher wichtig, dass jeder und jede einzelne im Team seine und ihre Aufgaben rechtzeitig, vollständig und richtig erledigt. Nur dann ist der Teamerfolg sichergestellt.

„Team" heißt: „Tolle Erfolge aller miteinander" Vielleicht haben Sie auch schon gehört, wofür die Bezeichnung „Team" stehen kann: *„Toll, ein anderer machts"*. Wir mögen lieber die Bedeutung: *„Tolle Erfolge aller miteinander"*. Und die entstehen eben nicht allein durch gute Absichten, sondern erst durch konkretes Tun.

■ Aktuelle Trends und digitale Teamarbeit

Schon immer stand die Art und Weise des Arbeitens im Bezug zu gesellschaftlichen Entwicklungen und ihren Megatrends. Das ist auch heute so. Die Veränderungen gehen einerseits von Unternehmen aus, die neue Wege gehen, um effizienter zusammenzuarbeiten. Viele Trends wurzeln aber auch im Wunsch der jungen Generation nach mehr Freiheit und Individualität.

Interessante Wechselwirkungen

Unternehmen müssen sich heute mit diesen Trends auseinandersetzen, um die Mitarbeiter zu gewinnen, die sie benötigen. Der gezielte Einsatz von Microsoft 365 und Microsoft Teams kann viele der Trends aufgreifen und Formen der Zusammenarbeit möglich machen, die vor zum Beispiel zwanzig Jahren noch nicht praktikabel bzw. unrealistisch waren.

Inzwischen ist vieles möglich

Unser eigener Blick auf die Entwicklungen ist dabei stark von den Unternehmer-Reisen beeinflusst, die unsere Firma tempus seit vielen Jahren für Unternehmer und Führungskräfte organisiert. Die Reisen führen uns unter anderem ins Silicon Valley und nach China (vor allem Shanghai, Shenzhen und Hong-

Von Unternehmen lernen, die die Welt verändern

kong). Wir besuchen dabei diejenigen Unternehmen, die mit ihren Produkten – und eben auch mit ihrer Arbeitsweise – die ganze Welt verändern.

Von überall aus arbeiten

Jeder einzelne Besuch vor Ort bei Unternehmen wie Google, Microsoft und Co. zeigt etwa, dass es möglich ist, von überall aus zu arbeiten – ob auf dem Campus, im Bus aus San Francisco oder von zu Hause aus. Die Mitglieder eines Teams befinden sich nicht in einem Raum – und sind doch eng miteinander verbunden. Und das funktioniert mit großem Erfolg!

Patrick Kurz mit Eric Yuan, dem Gründer von Zoom Video Communications beim Besuch der Unternehmenszentrale in San Jose, Kalifornien. Der Erfolg digitaler Teamarbeit spiegelt sich auch in Zahlen wider: Zum Zeitpunkt der Aufnahme war Eric Yuan mehrfacher Milliardär …

Interessante Wechselwirkungen

Werfen wir einen kurzen Blick auf aktuelle Entwicklungen und ihre Wechselwirkungen mit digitaler Teamarbeit. Dies kann bei der Frage danach helfen, wie stark Sie sich eigentlich auf die Möglichkeiten digitaler Zusammenarbeit einlassen wollen.

1. Fachkräftemangel

Die geburtenstarken Jahrgänge (Babyboomer) gehen nach und nach in Rente. Junge und talentierte Mitarbeiter kommen ins Berufsleben. Insgesamt ist der Saldo allerdings negativ. Infolge dieses demografischen Wandels haben wir ein wachsendes Defizit an Fachkräften.

Demografischer Wandel

Eine digitale Teamarbeit hat gleich an mehreren Stellen Bezüge zu dieser Entwicklung (wir nennen dabei Microsoft 365 bzw. Microsoft Teams, weil wir uns in diesem Buch auf diese Programme konzentrieren. Ähnliche digitale Technologien werden auch von anderen Unternehmen angeboten):

- Microsoft 365 ermöglicht orts- und zeitunabhängiges Arbeiten. Dadurch entstehen ganz neue Möglichkeiten, Top-Leute ins Unternehmen einzubinden – unabhängig von deren Aufenthaltsort.

Top-Leute einbinden

- Jüngere Mitarbeiter haben oft einen ganz anderen Rhythmus als die 8 – 17 Uhr-Arbeitstage, wie sie für die Boomer-Generation noch normal waren. Durch Microsoft Teams kann zeitungebundener als bisher gearbeitet werden.

Gestern 22:18
Danke, Olli! Marcel schrieb mir vo
Teile durchsehen kannst, wäre da
Pipeline dann wieder prima gefül
haben.

- Die Verbindung von Orts- und Zeitunabhängigkeit schafft ganz neue Möglichkeiten. So können etwa Eltern in der Babypause oder Menschen, die Angehörige pflegen, partiell mitarbeiten, indem sie die Arbeitszeit ihren Gegebenheiten anpassen.

Oliver Gentina 04:39
Hallo Frank-Michael, Kapitel 2.2 (
Kapitel sind in Arbeit heute werd
kommt das dann unmittelbar na
und sollten das im kleinen Kreis (

- Ein Megatrend ist das Thema Internationalisierung. Durch Microsoft 365 können Mitarbeiter, die im Ausland sitzen, problemlos eingebunden werden. Das bietet auch neue Chancen für gut ausgebildete Mitarbeiter, bei Unternehmen beschäftigt zu sein, die ihren Firmensitz in einem anderen Land oder auf einem anderen Kontinent haben.

Mitarbeiter im Ausland einbinden

Kurz: Mit Microsoft Teams ist es möglich, die Arbeit den Bedürfnissen der Menschen anzupassen. Das hilft Unternehmen dabei, Talente zu gewinnen und einzubinden.

Arbeit den Bedürfnissen der Menschen anpassen

2. Schnelligkeit und Agilität

Wichtige Wettbewerbsfaktoren

Schnelligkeit und Agilität sind wichtige Wettbewerbsfaktoren – und ihre Bedeutung nimmt weiter zu. Sie sind heute oft viel relevanter als Größe, Kapitalstärke oder Tradition. So verblüfft Tesla als kalifornischer Hersteller von Elektroautos und Batterien nicht nur alteingesessene Unternehmen der Autobranche.

Chancen und Schnelligkeit

Chancen werden dort erfolgreich genutzt, wo es Unternehmen gelingt, sich in bislang ungekannter Schnelligkeit auf neue Herausforderungen einzustellen. Festgefahrene Unternehmensstrukturen und Abteilungen sind dabei hinderlich.

Schneller und agiler werden

Mittels digitaler Teamarbeit kann ein Unternehmen schneller und agiler werden:

- In Microsoft Teams können projektbezogen sehr schnell und problemlos immer wieder neue Teams sowie Kanäle entstehen und damit die Zusammenarbeit der Beteiligten ermöglichen und unterstützen.
- Ein großer Vorteil von Microsoft 365 besteht in der Möglichkeit, parallel an den gleichen Dateien zu arbeiten. Diese Funktion unterstützt ebenfalls den Faktor Schnelligkeit.
- Durch entsprechend definierte Spielregeln können Teams autonomer, flexibler und selbstbestimmter arbeiten. Das fördert die Kreativität und das proaktive Denken. Klare Prozesse senken die Kosten und reduzieren Fehler. Vor allem wird ein schnelles und agiles Arbeiten in den Teams gefördert.
- Managementebenen erweisen sich oft als Bremsfaktoren. Flache Hierarchien bringen Geschwindigkeit. Microsoft Teams bietet für die Arbeit mit flachen Hierarchien gute Voraussetzungen.

Führung und Ziele bleiben wichtig

Führung anhand von glasklaren Zielen bleibt dabei wichtig. Nur der Rhythmus, mit dem die Maßnahmen festgelegt, besprochen und umgesetzt werden, wird flexibler und der Takt schneller: Morgen könnte eine Maßnahme von heute bereits veraltet sein. Nach wie vor sind es aber die langfristigen, großen Ziele, die durch kleine, agile gestaltete Projekte per digitalem Arbeiten erreicht werden.

3. Anpassungsfähigkeit

Um schnell Chancen ergreifen und Risiken minimieren zu können, müssen Teams dazu in der Lage sein, ihre Maßnahmen bei Bedarf rasch anzupassen. Auch hier hilft Microsoft 365 durch die Möglichkeit, sich schnell auszutauschen und das angepasste Vorgehen zu kommunizieren.

Rasch anpassen

Kaizen bedeutet beständig besser zu werden. Dazu gehört auch, von den Besten zu lernen. Anpassungen im Sinne von Verbesserungen in einem Projektteam können per Microsoft Teams schnell an alle Teammitglieder kommuniziert und im Team umgesetzt werden.

Ständig besser werden

Da die Vorgehensweisen in anderen Teams innerhalb eines Unternehmens oft ähnlich sind, können Innovationen auch übertragen und unternehmensweit nutzbar gemacht werden. Das betrifft etwa die Ausgestaltung von und den Umgang mit:

Innovationen unternehmensweit nutzen

- Ablagespielregeln
- Kommunikationsregeln
- Checklisten
- Umfragen etc.

Wo Teams voneinander lernen, erhöht sich die Verbesserungsdynamik und werden Ziele schneller erreicht.

4. Innovation durch Kooperation

Kooperation statt Konkurrenz
Wo früher konkurriert wurde, wird heute stärker kooperiert – auch das erkennen wir als einen Trend. Microsoft Teams macht es möglich, Externe, die überall auf der Welt leben können, in Projekte einzubinden. Diese Möglichkeit fördert eine Kultur der Innovation durch Kooperation.

Wertschöpfung durch Wertschätzung
Im Silicon Valley lässt sich eine sehr starke Kultur der Kooperation erleben: Sei großzügig! Gib weiter! Biete einen Nutzen – ohne die Erwartung einer Gegenleistung! Wertschöpfung entsteht durch Wertschätzung und nicht durch Verteilungskämpfe und Konkurrenz. Weil andere genauso ticken, ist es ein ständiges Geben und Nehmen, zum Wohle aller.

5. Erfolgreiche Firmen sind datengetriebene Firmen

Daten sind die Währung des 21. Jahrhunderts. Und durch die Digitalisierung in allen Bereichen wird eine nie dagewesene Form der Transparenz durch Daten möglich.

Wird Microsoft Teams entsprechend genutzt, liegen die Daten genau an der Stelle, an der sie gebraucht werden – nämlich in den betreffenden Teams.

6. Bedeutung von Kultur

New Work bedeutet auch, dass in einer ganz anderen Form miteinander umgegangen wird. Schlagworte sind:

Anderer Umgang miteinander

- Netzwerk statt Hierarchie
- Direkte Kommunikation
- Totale Transparenz

Im Kampf um die besten Talente entscheidet sich der Bewerber oft aufgrund der Frage, ob er auf eine Unternehmenskultur trifft, die Sinn bietet und Heimat gibt. Unternehmen und ihre organisatorischen Einheiten müssen also künftig und auch schon heute mehr bieten als einen sicheren Arbeitsplatz. Sie müssen eine Art geistiges Zuhause liefern. Es gilt das Motto *„Culture eats Strategy for Breakfast".*

Eine Art geistiges Zuhause

Die Arbeit in Arbeitsgruppen und mit Microsoft Teams muss diesen Dingen Rechnung tragen. Der Charakter der Kommunikation untereinander wird weniger formal. Der Einsatz von Smileys und Gifs wird zunehmen.

Weniger formal

Anika Schenk   Gestern 09:00

Wer diese Entwicklungen und ihren Einfluss auf die Unternehmenskultur begreift, der versteht auch, dass das Arbeiten mit Microsoft 365 nur am Rande ein IT-Thema ist. Damit die Potenziale einer Software wie Microsoft Teams überhaupt genutzt werden können, ist oftmals zunächst ein Umdenken nötig, etwa mit Blick auf die Führung, auf die Aufteilung der Kompetenzen sowie mit Blick auf Transparenz, die im Zuge der Zusammenarbeit entsteht. Es ist nicht damit getan, dass man Microsoft 365 einführt, Großraumbüros locker einrichtet, einen Kicker besorgt und dann denkt, man sei nun agil und „Start-up-like". Ohne ein verändertes Mindset bleibt alles beim Alten – auch wenn es noch so cool aussieht.

Eine Art geistiges Zuhause

■ Warum Microsoft Teams? Zehn gute Gründe

Grund 1: Alles ist unter einer Oberfläche beheimatet

Teams ermöglicht die konsequente Umsetzung des Kaizen-Prinzips „Alles hat *einen* Platz, alles hat *seinen* Platz."

Ein Programm für alles, was gebraucht wird

Unter *einer* Oberfläche findet alles statt, was für die digitale Teamarbeit wichtig ist – zum Beispiel:

- *Kommunikation* (Chats, Beiträge in Kanälen, Anrufe, Videokonferenzen)
- Gemeinsame *Dateiablage* für Dokumente aller Art, die sogar gleichzeitig bearbeitet werden können
- *Projektdokumentation* per OneNote
- *Aufgaben- und Projektverwaltung* per Planner-Tafeln

Vorteile

Das hat mehrere Vorteile:

- Sie brauchen für die einzelnen Funktionen keine Insellösungen mehr in Gestalt vieler verschiedener Programme.
- Unterschiedliche Login-Daten sind nicht mehr notwendig.
- Die einzelnen Funktionen von Teams harmonieren perfekt. Das reduziert technisch bedingte Schnittstellenprobleme.

Integration in Microsoft 365

Hinzu kommt: Microsoft Teams ist komplett in Microsoft 365 integriert. Andere weit verbreitete Microsoft-Programme wie etwa Outlook, Word, Excel, OneNote, OneDrive, Planner und SharePoint sind mit Microsoft Teams über Schnittstellen sehr gut verknüpft. Und selbst Programme von Drittanbietern wie etwa CRM-Systeme können Sie in die Microsoft Teams einbinden. Das ermöglicht ein einfaches Zusammenwirken der einzelnen Anwendungen. Die Synchronisation erfolgt über die verschiedenen Anwendungen hinweg und sorgt für einen aktuellen Datenbestand.

Möglichkeiten genau prüfen

Theoretisch könnten Sie hundert verschiedene Anwendungen unter dem gemeinsamen Dach von Microsoft Teams zusammenführen. Das ist aber nicht unbedingt sinnvoll. Auch hier gilt im Sinne eines digitalen Minimalismus der bekannte Satz: „Weniger ist mehr".

Grund 2: Microsoft Teams ermöglicht die Zusammenarbeit mit sehr vielen Geräten, Betriebssystemen, Mobilgeräten und Tools – auch mit denen von Drittanbietern

Microsoft Teams kann geräteunabhängig genutzt werden:

Egal, welches Gerät

- Die App gibt es für Windows PCs und Macs genauso wie für Android.
- Die Anwendung läuft auf stationären Computern ebenso wie auf Tablets und Smartphones.
- Eine Browser-Version ermöglicht die Nutzung von Microsoft Teams sogar dann, wenn das Programm auf dem Gerät gar nicht installiert ist. Dies ermöglicht die Arbeit an fremden Computern wie etwa in einem Internetcafé.

Dadurch wird das Kaizen-Prinzip „Akzeptieren Sie Vielfalt" gelebt.

Grund 3: Microsoft Teams bedeutet direktere Kommunikation und eine höhere Geschwindigkeit

Fokus auf das Ergebnis In den Kanälen und Chats von Microsoft Teams können nur diejenigen miteinander in Kontakt treten, die dem betreffenden Team zugeordnet wurden. Die Begrenzung auf den relevanten Personenkreis hat zur Folge, dass die Kommunikation ergebnisfokussierter ist; sie ufert weniger aus.

Vorteile direkter Kommunikation Die Möglichkeit der direkten Kommunikation der Teammitglieder untereinander hat mehrere Vorteile:

- Hierarchien werden flacher.
- Die Potenziale der jeweiligen Mitarbeiter können besser genutzt werden.
- Gleichzeitig wird Leistung sichtbarer.
- Die Führung der einzelnen Mitarbeiter und der Teams wird leichter.

Nutzen für alle Beteiligten

Die Kommunikation in den Projektgruppen eines Unternehmens wird mit Microsoft Teams nicht nur direkter, sondern auch schneller und projektspezifischer. Eine solche Praxis entspricht dem Kaizen-Prinzip, Nutzen für alle Beteiligten zu schaffen: Wenn Kommunikation schneller und mit weniger Rückfragen sowie weniger Fehlern passiert, dann nutzt dies nicht nur dem Unternehmen, sondern auch jedem einzelnen Teammitglied.

Kommunikation erfolgt da, wo sie hingehört

Gleich an der richtigen Stelle Der Großteil der Kommunikation in Microsoft Teams erfolgt innerhalb der themenspezifischen Kanäle und ist damit immer kontextbezogen. Den Posteingang, in dem alle Nachrichten und Unterlagen chaotisch landen und manuell und zeitaufwendig zugeordnet werden müssen, gibt es in Microsoft Teams nicht. Die Informationen werden gleich im richtigen Team und Kanal abgelegt (mehr dazu sehen Sie ab Seite 119).

Dateien haben ihren Platz

Weniger Fehler beim Ablegen Dass Informationen gleich im richtigen Team und passenden Kanal abgelegt werden, gilt nicht nur für Textbeiträge, sondern

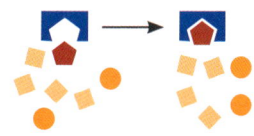

auch für Dateien. Jeder Kanal hat einen eigenen Ordner (s. S. 66). Das reduziert Fehler beim Ablegen: Durch die themenbezogene Ablage landen die Daten immer an der passenden Stelle – und werden dort auch schnell gefunden. Im Sinne von Poka Yoke werden somit Fehler vermieden, bevor sie entstehen. Zugleich wird mit der themenbezogenen Ablage von Dateien das Kaizen-Prinzip „Alles hat *einen* Platz, alles hat *seinen* Platz" gelebt.

Die Dateien werden dabei automatisch per SharePoint gespeichert. Dadurch sind die Dateien immer und überall verfügbar. Das schafft Ordnung, sichert kurze Zugriffszeiten und verhindert Frust bei den Mitarbeitern. Dass Daten auf einer Festplatte innerhalb eines Unternehmens liegen und man von unterwegs oder vom Homeoffice nicht an sie herankommt, gehört damit der Vergangenheit an.

Immer und überall verfügbar

Arbeiten Sie innerhalb von Teams mit Planner, können Sie Dateien auch an Aufgaben hängen (s. S. 171). Wenn die Zeit gekommen ist, um die Aufgabe zu bearbeiten, reicht ein Klick – und die Datei wird geöffnet. Der Bearbeiter muss auf diese Weise nie mehr nach einer Datei suchen und genießt den Geschwindigkeitsgewinn.

Dateien mit Aufgaben verknüpfen

Teammitglieder werden schnell integriert

Wenn es klare Spielregeln, Abläufe und Vorlagen gibt, führt dies dazu, dass sich auch Personen schnell zurechtfinden, die neu zum Team hinzustoßen. Das gilt nicht nur für Mitarbeiter aus der eigenen Organisation: Ein großer Vorteil von Microsoft Teams besteht darin, dass auch Externe integriert werden können. Auftraggeber, Kunden oder freie Mitarbeiter können in Meetings oder in einen Teams-Kanal eingeladen werden. Es ist auf diese Weise möglich, über die Unternehmensgrenzen hinweg Gesamtprozesse abzubilden und zu optimieren.

Auch Externe können eingebunden werden

Weil die technischen und organisatorischen Rahmenbedingungen weitestgehend durch den bzw. die Team-Besitzer vorgegeben sind, kann für die Mitglieder des Teams die effiziente Zusammenarbeit im Vordergrund stehen.

Effiziente Zusammenarbeit

Grund 4: Microsoft Teams und SharePoint ermöglichen ein simultanes Bearbeiten von Dateien

Versionierung entfällt   Aufgrund der SharePoint-Technologie können mehrere Personen in Microsoft Teams Dokumente gleichzeitig bearbeiten. Damit entfällt das altbekannte Problem der Versionierung – denn es ist nur noch eine einzige Datei nötig.

Beispiel: Buchprojekt   Dass Dateien parallel bearbeitet werden können, ist in vielen Prozessen ein Vorteil. So können mehrere Autoren zeitgleich an einem Text arbeiten – beim Schreiben dieses Buches haben wir diesen Vorteil genutzt.

Gleichzeitig ergänzt und kommentiert   Wir teilten uns auf, wer welches Kapitel schreibt. War ein Kapitel fertig, konnten die anderen es zeitgleich lesen und mit ihren Ergänzungen und Kommentaren versehen. Jeder nutzte dabei eine eigene Farbe, sodass klar war, wer was geschrieben hatte und wen man bei Rückfragen ansprechen konnte. Früher mussten wir dagegen warten, bis ein Bearbeiter fertig war und die Datei wieder geschlossen hatte. Erst dann konnte sie vom nächsten Bearbeiter geöffnet werden.

Beispiel: Essensliste   Eine praktische (wenn auch triviale) Anwendung ist, die Essensliste bei Veranstaltungen: Alle können ihren Wunsch gleichzeitig eintragen.

Chance, um Prozesse zu optimieren   Das bedeutet: Bei der Einführung von Microsoft Teams sollten Sie Prozesse nicht einfach 1 zu 1 übertragen. Ein schlechter Prozess bleibt ein schlechter Prozess, auch wenn er digitalisiert wird. Die Einführung von Microsoft Teams bietet die Chance, Prozesse zu durchleuchten und sie digital zu optimieren.

Auch hier: Nutzen für alle Beteiligten   Auch dieser Vorteil von Microsoft Teams unterstützt das Kaizen-Prinzip, Nutzen für alle Beteiligten zu schaffen: Mitarbeiter können ihre Arbeit parallel erledigen. Keiner muss mehr auf den anderen warten oder nachfragen, wo sich die aktuelle Datei befindet. Das nützt sowohl den Mitarbeitern als auch dem Unternehmen.

Grund 5: Die Arbeit mit Microsoft Teams ist günstig

Einen eigenen Server zum Speichern von Dokumenten und zum Ermöglichen von Kommunikation braucht man heute nicht mehr.

Der Einsatz von Microsoft Teams führt zu Kostenvorteilen:

- Ein großer Einspareffekt entsteht bei Microsoft 365 dadurch, dass *keine eigenen Server* mehr nötig sind. Das Speichern der Daten erfolgt in der Cloud. Bei deutschen Unternehmen liegen die Daten in Deutschland. Die Problematik entfällt, dass eigene Server zu warten sind und ständig der Speicherplatz knapp wird. **Keine eigenen Server**

- Die *IT-Kosten werden planbarer;* wenn Sie dagegen individuell programmierte bzw. angepasste Software nutzen, tauchen immer wieder ungeplante Leistungen auf, die erbracht und bezahlt werden müssen. **Kosten werden planbarer**

- Durch digitales Arbeiten nimmt der *Papierverbrauch* ab. Damit sinkt auch der *Möbel- sowie Raumbedarf,* der nötig ist, um Papierunterlagen zu lagern.

- Die *Zahl der Reisen wird minimiert.* Die Teammitglieder verbringen weniger Zeit unterwegs und haben mehr Zeit für die wesentlichen Dinge. Das schont zudem die Umwelt. **Weniger Reisen**

Für Microsoft Teams gilt allerdings, was schon bei E-Mails wichtig war: Findet die Kommunikation ausschließlich auf schriftlichem Weg statt, kann das auf Dauer zu einem Erkalten der Beziehungen zwischen den Personen führen. Für das Miteinander im Team sind deshalb Präsenztreffen nach wie vor wichtig. Microsoft Teams ermöglicht es aber, die Zahl zu reduzieren. Schon die Möglichkeit, die Stimme des Gegenübers zu hören und seine Gestik und Mimik zu sehen, schafft mehr Nähe, als dies mit E-Mails möglich wäre. **Präsenztreffen bleiben wichtig**

Grund 6: Mit Microsoft Teams wird die Zusammenarbeit komplett digital und damit ortsunabhängig

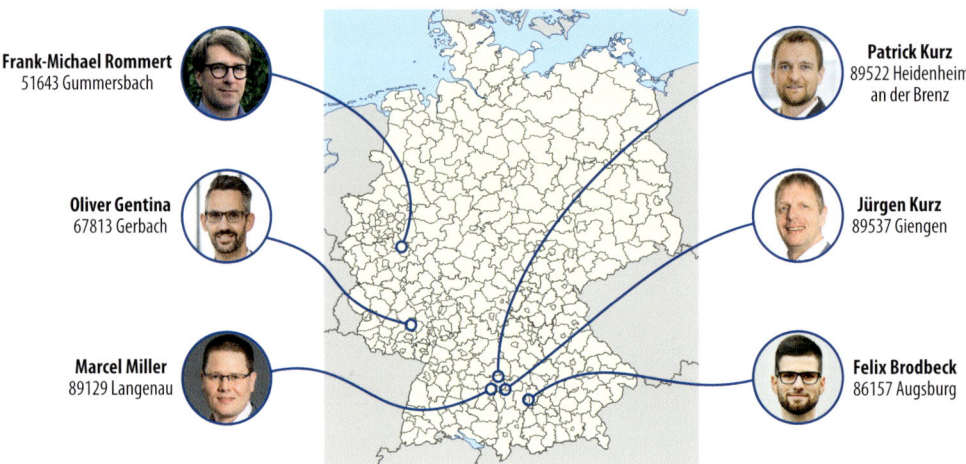

Frank-Michael Rommert
51643 Gummersbach

Oliver Gentina
67813 Gerbach

Marcel Miller
89129 Langenau

Patrick Kurz
89522 Heidenheim
an der Brenz

Jürgen Kurz
89537 Giengen

Felix Brodbeck
86157 Augsburg

Digital und effizient Dank Microsoft Teams können Personen ortsunabhängig zusammenarbeiten. Das Miteinander erfolgt digital und effizient. Möglich wird das durch die gemeinsame Dateiablage in der Cloud und durch die per Microsoft Teams eröffneten Kommunikationswege.

**Orts- und zeit-
unabhängig arbeiten** Die Teammitglieder können dabei selbst entscheiden, wo sie ihre Aufgaben erledigen – sei es im Homeoffice, unterwegs im Außendienst, auf Dienstreisen oder während eines Workation-Aufenthalts an einem schönen Ort. Auch über den Zeitpunkt können sie weitgehend frei entscheiden.

**Zusammenarbeit
wird vereinfacht** Sie können Mitarbeiter in Ihr Unternehmen einbinden, die an einem völlig anderen Standort sitzen. Das ist besonders in ländlichen Gegenden hilfreich. Davon profitieren auch wir mit unserer Kurz Büro-Kaizen GmbH, die mit Fachleuten in ganz Deutschland zusammenarbeitet. Auch die länder- und zeitzonenübergreifende Zusammenarbeit wird vereinfacht. Das hilft dabei, die Chancen der Internationalisierung zu nutzen.

Auch Grund 6 nutzt den Mitarbeitern wie dem Unternehmen.

Grund 7: Der Schulungsaufwand ist überschaubar

Microsoft Teams ist zwar funktionsbedingt etwas anders aufgebaut als gängige Microsoftprogramme wie Word oder Excel. Aber der Umgang mit dem „Look and Feel" von Teams lässt sich schnell erlernen. Und wenn etwa Textdokumente oder Tabellen eingebunden werden, so sind diese Teile bereits bekannt.

Teile bereits bekannt

Das hat mehrere Vorteile:

Vorteile

- Die Einarbeitungszeit neuer Mitarbeiter verkürzt sich.
- Der Schulungsaufwand ist nicht besonders groß.
- Auch Externe können mit minimalem Schulungsaufwand integriert werden und mit Microsoft Teams arbeiten.
- Es treten weniger „Anfängerfehler" auf als bei einer Software, deren Bestandteile komplett neu und unvertraut sind.

Bei unseren Seminaren fragen wir die Teilnehmer regelmäßig, wie viel Prozent des Potenzials einer Software wie etwa Outlook sie nutzen. Die typischen Antworten liegen zwischen zehn und zwanzig Prozent. Dank der Möglichkeit, über die Kommunikationswege von Microsoft Teams auf unkomplizierte Weise *mit*einander und *von*einander zu lernen, steigt dieser Prozentsatz bei Microsoft Teams schnell und signifikant an.

Miteinander und voneinander lernen

Ein positiver Nebeneffekt: Microsoft Teams ist ein wichtiger Schritt in Richtung Digitalisierung. Wo Mitarbeiter mit Microsoft Teams arbeiten, dort werden sie automatisch fit darin, die Herausforderungen der Digitalisierung zu meistern.

Fit für die Digitalisierung

Ein Büro, zwei Arbeitsplätze: Rechts wird schon mit Microsoft Teams gearbeitet. Papierunterlagen sind so gut wie nicht mehr nötig. Eine Telefonfunktion ist in Teams integriert. Der Umgang mit dem Programm ist schnell erlernt.

Grund 8: Microsoft Teams ist unkompliziert und innovativ

Support durch Microsoft Da Microsoft (kostenlosen) technischen Support leistet, ist der Einsatz von Microsoft Teams im Alltag entsprechend *unkompliziert* – die Unterstützung durch eigene IT-Experten ist nicht mehr nötig. Statt Zeit mit der Einrichtung und Pflege der Software zu verbringen, können sich diese auf andere Aufgaben konzentrieren.

Werden Sie produktiver mit Microsoft 365

Ihr zentraler Ort für Teamarbeit

Microsoft Teams bündelt alle Gruppen und Ressourcen an einem Ort.

Weitere Informationen ›

1 TB Onlinespeicher für Dateispeicherung und -freigabe

Bleiben Sie mit Dateien, Projekten und anderen wichtigen Dingen verbunden – praktisch überall und auf dem Gerät Ihrer Wahl.

Weitere Informationen ›

Kostenloser technischer Support

Noch Fragen? Erhalten Sie telefonisch oder per Chat rund um die Uhr Unterstützung von Microsoft 365-Experten.

Weitere Informationen ›

Sehr leistungsfähig Schon mit dem aktuellen Stand ist die Software sehr leistungsfähig und erleichtert die Zusammenarbeit massiv. Vor allem der Fakt, dass Microsoft Teams auf unterschiedlichen Geräten und Betriebssystemen genutzt werden kann, bedeutet eine große Innovation, die vieles vereinfacht (siehe S. 47).

Permanente Weiterentwicklung Doch wird Teams permanent weiterentwickelt und um innovative Funktionen ergänzt. Es gilt daher, diese Funktionen für die Abläufe im eigenen Unternehmen sinnvoll zu nutzen. Wie Sie das angehen und worauf Sie sich dabei konzentrieren können, zeigt Ihnen dieses Buch.

▶ **YouTube** Auf unserem YouTube-Kanal stellen wir Ihnen in aktuellen Videos Funktionen vor, die in Microsoft 365 sowie Microsoft Teams neu sind. Sie finden unseren Kanal unter der Adresse www.youtube.com/BüroKaizendigital

Grund 9: Microsoft Teams verbessert die Meetingkultur

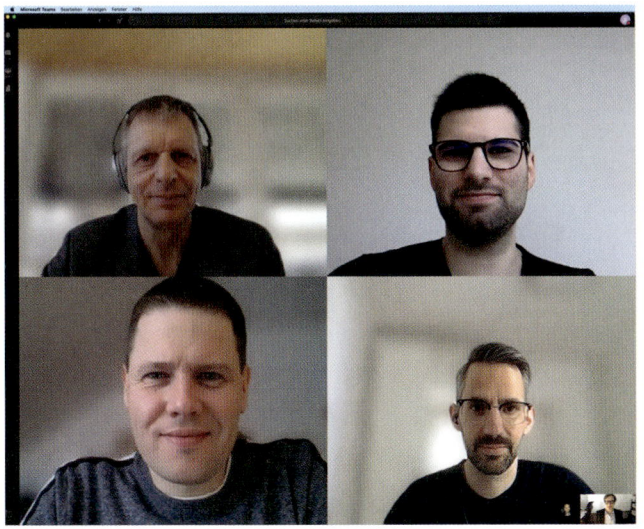

Auch bei der Arbeit an diesem Buch nutzten wir die Möglichkeit von Microsoft Teams, uns am Bildschirm zu anstehenden Fragen abzustimmen. Der Screenshot zeigt (von links oben, im Uhrzeigersinn) Jürgen Kurz, Felix Brodbeck, Oliver Gentina, Marcel Miller und unten rechts (klein) Patrick Kurz sowie Frank-Michael Rommert.

Meetings etwa per Skype oder Zoom gehören für viele Menschen schon seit Langem zum Alltag. Microsoft Teams setzt bei solchen virtuellen Meetings ganz neue Maßstäbe. **Neue Maßstäbe**

In den Online-Konferenzen ist es möglich, **Viele Möglichkeiten**
- PowerPoint-Vorträge zu halten,
- Präsentationen gemeinsam zu bearbeiten,
- alle digitalen Unterlagen gemeinsam zu nutzen.

Zu einer guten Vorbereitung gehört die Tagesordnung. Sie kann während des Treffens auf dem Bildschirm angezeigt werden. Deren Inhalte lassen sich konzentriert abarbeiten. **Tagesordnung auf dem Bildschirm**

Schon während der Besprechung kann das Protokoll entstehen. Da es von allen Beteiligten live eingesehen und bei entsprechenden Vereinbarungen sogar parallel bearbeitet werden kann, sind Ergänzungen sofort möglich. **Sofort-Protokoll**

Wie Sie eine virtuelle Besprechung vorbereiten und durchführen, lesen Sie ab Seite 124.

Grund 10: Microsoft Teams hilft dabei, die Arbeitsabläufe – den Workflow – in den Blick zu nehmen

Gedanken zum Vorgehen Wer Microsoft Teams nutzen möchte, muss sich zunächst einige Gedanken zum Vorgehen machen. Je besser das Vorgehen durchdacht ist, desto größer ist die Kraft, mit der Microsoft Teams Ihr Unternehmen stärkt.

Spielregeln So sind etwa Spielregeln zu finden für:

- das *Setup* – welche Teams und welche Kanäle werden angelegt? Welche Mitglieder werden wo hinzugefügt?
- die *Zusammenarbeit* – wann wird der Chat genutzt, wann ein Kanal, ein Anruf, eine Onlinekonferenz?
- die *Ablage* – welche Ordner werden genutzt? Werden Dateien direkt in Unterhaltungen und Aufgaben eingefügt, damit sie schneller zugänglich sind?
- die *Dokumentation der Ergebnisse* – wer dokumentiert und wo sind die Ergebnisse zu finden?
- den Umgang mit *Aufgaben* – wer darf eine neue Aufgabe anlegen? Wer weist Bearbeiter zu? Wer wechselt wann den Status einer Aufgabe?

Der Workflow im Fokus Durch Fragen wie diese steht im Unternehmen der Workflow im Fokus. Er wird – möglicherweise zum ersten Mal bewusst – hinterfragt und kann beim Übertragen der Arbeitsabläufe auf Microsoft Teams optimiert werden. Das Ergebnis: Die Mitglieder in einem Team können leichter zielorientiert sowie effizient zusammenarbeiten. Anregungen zum Finden von Antworten auf Fragen wie die oben genannten liefert Ihnen dieses Buch.

Optimierungen auch für andere nutzbar Aufgrund der klaren Strukturen sind Prozessoptimierungen jederzeit möglich. Sind Prozesse in unterschiedlichen Teams ähnlich, können Optimierungen beim Workflow eines Teams auch leicht auf andere Teams übertragen und somit unternehmensweit nutzbar gemacht werden.

10 gute Gründe für Microsoft Teams

1 Alles ist unter einer Oberfläche beheimatet.

2 Microsoft Teams ermöglicht die Zusammenarbeit mit sehr vielen Geräten, Betriebssystemen, Mobilgeräten und Tools – auch mit denen von Drittanbietern.

3 Microsoft Teams bedeutet direktere Kommunikation und eine höhere Geschwindigkeit.

4 Microsoft Teams und SharePoint ermöglichen ein simultanes Bearbeiten von Dateien.

5 Die Arbeit mit Microsoft Teams ist günstig.

6 Mit Microsoft Teams wird die Zusammenarbeit komplett digital und damit ortsunabhängig.

7 Der Schulungsaufwand ist überschaubar.

8 Microsoft Teams ist unkompliziert und innovativ.

9 Microsoft Teams verbessert die Meetingkultur.

10 Microsoft Teams hilft dabei, die Arbeitsabläufe – den Workflow – in den Blick zu nehmen.

Keine ultimative Wunderwaffe

Sie haben nun zehn gute Gründe dafür kennengelernt, warum Microsoft Teams ein sinnvolles Werkzeug für die erfolgreiche digitale Zusammenarbeit ist. Allerdings ist diese Software keine ultimative Wunderwaffe. Jede Software hat ihre Daseinsberechtigung und für bestimmte Zwecke sind andere Systeme besser geeignet. Microsoft Teams wird zum Beispiel Outlook nicht ersetzen – Outlook bleibt ein wichtiges Instrument.

Geeignet für Arbeitsgruppen

Geht es jedoch darum, Projekte innerhalb einer Arbeitsgruppe effizient voranzubringen und zum Erfolg zu führen, dann ist Microsoft Teams das geeignete Werkzeug.

Gar nicht so schwer

Wie bei allen Instrumenten gilt es auch hier, den Umgang zu erlernen und einzuüben. Das ist gar nicht so schwer. Im folgenden Kapitel gehen wir gemeinsam die Fragen und Schritte durch, die nötig sind, damit der Start gelingt.

Ziele gemeinsam mit anderen zu erreichen, ist der Hochgenuss des Lebens.

Jürgen Kurz

So gelingt der Start

Die Art der Arbeit mit Microsoft Teams ist eine ganz andere im Vergleich zu dem, was wir bisher kannten und praktizierten. Das ist gar nicht negativ gemeint – im Gegenteil. Der Fokus auf die Zusammenarbeit eröffnet viele Potenziale. In diesem Kapitel werden Sie erleben, was wir im Alltag täglich spüren und auch beim Schreiben dieses Buches erfahren haben: Die digitale Zusammenarbeit mithilfe von Microsoft Teams kann einfach sein und viel Freude machen.

Lassen Sie uns das, was gleich kommen wird, besser verstehen, indem wir einen Schritt zurückgehen und reflektieren, wie die bisherige Zusammenarbeit aussah:

Bisherige Zusammenarbeit

- Können Sie sich noch erinnern? Es gab eine Zeit, zu der mit Briefen aus echtem Papier (!) kommuniziert wurde. Die durchschnittliche akzeptierte Reaktionszeit auf Nachrichten lag damals bei etwa *einer Woche.*

  Briefe auf Papier

- Als dann das Fax-Gerät folgte, reduzierte sich diese Zeit und betrug nur noch *zwei Tage.*

  Fax

- Die E-Mail hat die Kommunikation nochmals beschleunigt und die Antwortzeiten auf *24 Stunden* verringert.

  E-Mail

- Und in Zeiten von Instant Messaging-Diensten zur Sofort-kommunikation wie etwa WhatsApp und Co. werden die Antwortzeiten gefühlt *immer kürzer und kürzer.*

  Instant Messaging

Die immer größer gewordene Geschwindigkeit bringt zwar Vorteile, da Projekte schneller vorangehen können. Zugleich wächst aber auch der Druck, mehr und mehr Programme und Geräte im Auge zu behalten, um nichts Wichtiges zu verpassen.

Druck, nichts Wichtiges zu verpassen

Hier kommt Microsoft Teams ins Spiel! Denn das Programm bündelt verschiedene Formen der Kommunikation unter einem Dach. Die Software ermöglicht es dabei, innerhalb bestehender Strukturen in Gestalt von Teams und Kanälen Informationen an diejenigen Personen zu senden, die sie betreffen.

Kommunikation unter einem Dach

Neue Möglichkeiten Mit Microsoft 365 und speziell mit Microsoft Teams wird es möglich, dass jede relevante Information eines Projektes zu jeder Zeit an jedem Ort auf jedem Gerät mit Internetzugang an der richtigen Stelle zur Verfügung steht und mit jeder berechtigten Person geteilt und gemeinsam bearbeitet werden kann.

Mehr Produktivität und Gelassenheit Damit wird die Zusammenarbeit auf eine natürliche Weise beschleunigt, ohne dass zwangsläufig der Druck für die einzelnen Bearbeiter steigt. Flankiert von den richtigen Spielregeln sorgt Microsoft Teams für mehr Produktivität *und* Gelassenheit!

Typische Startschwierigkeiten Auf den folgenden Seiten erfahren Sie alles Wichtige, das Sie für Ihren Start mit Microsoft Teams wissen müssen. Dabei kommt es in erster Linie gar nicht auf konkrete technische Zusammenhänge an. In unseren Beratungsprojekten treffen wir immer wieder auf Situationen, die durch folgende Schwierigkeiten gekennzeichnet sind:

- Zu Beginn wurden strategische Überlegungen zu sehr außer Acht gelassen.
- Es wurde nicht von Anfang an klar durchdacht, welche Strukturen es gibt und welche davon in Microsoft Teams abgebildet und gestärkt werden sollen.
- In der Folge werden oft zu viele Teams mit zu vielen Kanälen angelegt.
- Den Kanälen werden Mitarbeiter hinzugefügt, auch wenn sie nicht zwangsläufig benötigt werden.
- Es wird sofort mit der Arbeit losgelegt, statt zunächst gemeinsam Spielregeln für das Miteinander innerhalb von Microsoft Teams festzulegen.

Aufwendige Nacharbeit Für die betroffenen Unternehmen bedeutet das oft aufwendige Nacharbeit; die Strukturen sind zu korrigieren. Vielleicht noch wichtiger: Frustrierte Mitarbeiter sind neu davon zu überzeugen, dass sich die Arbeit mit Microsoft Teams wirklich lohnt.

Teams zum Laufen bringen Damit Sie sich dies sparen, geben wir Ihnen das Know-how an die Hand, mit dem der Start gelingt und mit dem Sie Microsoft Teams auf systematische Weise zum Laufen bringen.

1.1 Alles beginnt mit strategischen Fragen

Bevor Sie mit der Einrichtung von Microsoft Teams beginnen, raten wir dazu, über grundlegende Fragen nachzudenken.

Diese Fragen lauten:

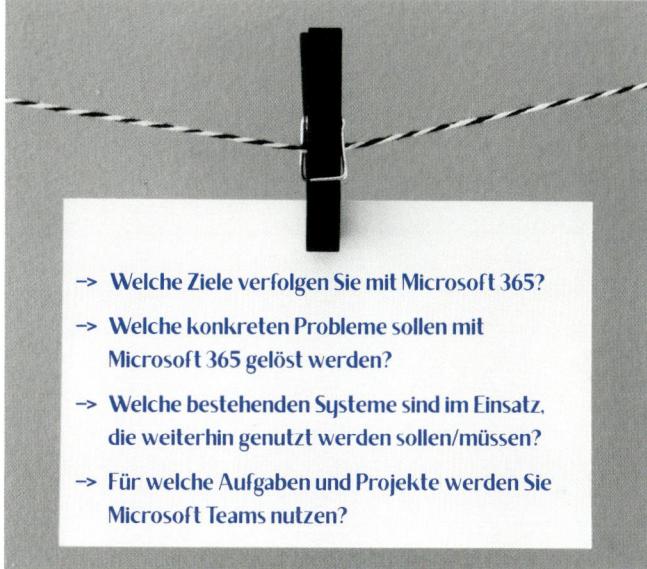

Grundlegende Fragen

→ Welche Ziele verfolgen Sie mit Microsoft 365?

→ Welche konkreten Probleme sollen mit Microsoft 365 gelöst werden?

→ Welche bestehenden Systeme sind im Einsatz, die weiterhin genutzt werden sollen/müssen?

→ Für welche Aufgaben und Projekte werden Sie Microsoft Teams nutzen?

Je besser Sie diese Fragen im Vorfeld durchdenken, desto geringer fällt im Nachhinein der Korrekturaufwand aus. Klären Sie diese Fragen daher am besten noch vor dem Start in die Arbeit mit Microsoft Teams.

Vor dem Start klären

Doch auch dann, wenn Sie die Tools von Microsoft 365 schon einsetzen, ist es zu empfehlen, diese Fragen gemeinsam zu reflektieren und zu prüfen, ob der Einsatz der Programme strategisch sinnvoll und zielführend ist. Diese Überlegungen sind sowohl auf Unternehmensebene im Führungskreis als auch auf Teamebene mit allen Teammitgliedern sinnvoll.

Prüfung auch im Einsatz sinnvoll

Schauen wir uns diese Fragen daher nun etwas genauer an.

Welche Ziele verfolgen Sie mit Microsoft 365?

Legen Sie zu Beginn in Ihrem Team (bzw. im Führungskreis für das ganze Unternehmen) fest, welche Ziele Sie mit der Einführung und Nutzung von Microsoft 365 und im Speziellen auch mit Microsoft Teams verfolgen.

Mögliche Themen   Hierbei kann es um Themen gehen wie zum Beispiel:

- Sollen Ihre Abläufe papierlos werden?
- Sollen die Mitarbeiter in die Lage versetzt werden, auch von unterwegs aus sowie im Homeoffice arbeiten zu können?
- Soll das Zusammenspiel mit externen Partnern leichter werden?
- Sollen die internen Server abgeschafft und durch eine cloudbasierte Dateiablage ersetzt werden?
- Sollen Projekte, an denen Mitarbeiter von verschiedenen Standorten aus arbeiten, effektiver organisiert werden?

Aus den Zielen ergeben sich die Tools   Allgemein gilt: Sind die Ziele klar, dann lässt sich anschließend über die Schritte und Werkzeuge sprechen, mit denen diese Ziele erreicht werden können. Für unseren Zusammenhang bedeutet das: Ist klar, welche Ziele Sie mit Microsoft 365 verfolgen, dann können Sie anschließend leichter entscheiden, welche Tools von Microsoft 365 Sie dafür verwenden.

Weniger ist mehr   Orientieren Sie sich dabei an unserem Leitsatz „Weniger ist mehr". Es ist in keinem Fall sinnvoll, möglichst viele Tools von Microsoft 365 parallel zu nutzen.

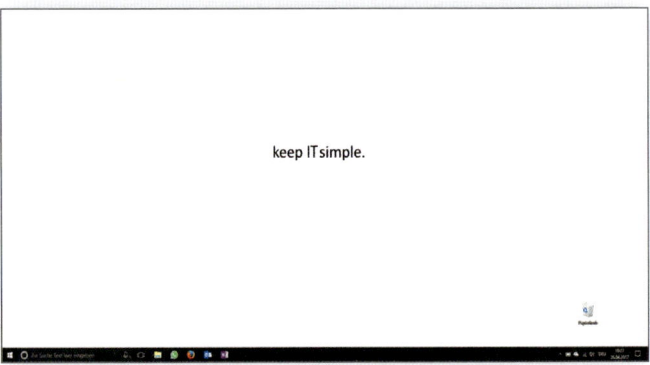

keep IT simple.

Welche konkreten Probleme sollen mit Microsoft 365 gelöst werden?

Sollen in einem Unternehmen Microsoft 365 und Microsoft Teams eingesetzt werden, dann steht diese Entscheidung meist in Bezug zu Problemen oder Engpässen, die man beseitigen möchte. Doch um welche Probleme oder Engpässe handelt es sich dabei *wirklich*? Es lohnt sich, hier etwas genauer hinzuschauen.

Bezug zu Problemen oder Engpässen

Ein Beispiel: Es gibt Unternehmen, in denen die Mitarbeiter stark unter der E-Mail-Flut leiden. Sie erhalten zu viele Nachrichten und kommen mit dem Verarbeiten kaum oder gar nicht mehr hinterher.

Beispiel: E-Mail-Flut

In unserem Beratungsalltag haben wir manchmal den Eindruck, dass Unternehmen zu sehr auf neue Systeme setzen, um Probleme wie dieses zu lösen. Überspitzt formuliert, lautet die Vorstellung: „Wir haben zwar unsere Kommunikation mit E-Mails nicht im Griff, aber Microsoft Teams wird alles besser machen."

Falsche Vorstellungen

Für eine erfolgreiche digitale Zusammenarbeit sind aber nicht allein die richtigen Tools wichtig. Erfolgsentscheidend sind die Prinzipien und die Methoden der Arbeit. Probleme, die man allein mit Technik unmöglich bewältigen kann, werden durch das Bearbeiten von Fragen gelöst wie:

Beispiel: E-Mail-Flut

- Reduzieren wir konsequent Störungsquellen?
- Haben wir uns auf Antwortzeiten geeinigt, die für alle gelten?
- Für welche Art von Kommunikation nutzen wir welches Medium?

Systeme wie Microsoft Teams dürfen am Ende des Tages nur noch die *Werkzeuge* sein, mit denen Sie Ihre Arbeit effizient verrichten. Die *Art und Weise,* wie diese Werkzeuge für die Zusammenarbeit genutzt werden, ist und bleibt eine Frage der Organisation im Team. Leitend sind dabei im Idealfall die Kaizenprinzipien und daraus abgeleitete klare Spielregeln.

Microsoft Teams ist nur ein Werkzeug

Welche bestehenden Systeme sind im Einsatz, die weiterhin genutzt werden sollen/müssen?

Frage nach dem „führenden System"

Ziel dieser Frage ist es nicht, alles über Bord zu werfen. Ziel ist es, Bewährtes beizubehalten und Problemfelder anzugehen. Die Arbeit mit Microsoft 365 und Programmen wie Microsoft Teams bedeutet daher auch, gewachsene Abläufe zu prüfen und bei Bedarf neu festzulegen. Im Büro-Kaizen®-Sprachgebrauch stellen wir an dieser Stelle die Frage nach dem „führenden System". Damit ist gemeint: Es muss für alle Beteiligten zu jeder Zeit eindeutig klar sein, wann sie für welche Aufgabe welches Programm bzw. System verwenden. Denn nur dann, wenn alle im Team die Frage nach dem jeweils führenden System gleich beantworten, kann die digitale Zusammenarbeit erfolgreich sein.

Aktuelle digitale Infrastruktur

Eine der wichtigsten strategischen Überlegungen besteht daher in der Betrachtung der gegenwärtigen digitalen Infrastruktur des Unternehmens:

- Welche bestehenden Systeme gibt es?
- Welche davon sollen oder müssen weiterhin genutzt werden?
- Welche Server sind im Einsatz und welche Daten liegen dort?

Viele Unternehmen haben zusätzlich zu den Produktivitäts-Tools der Microsoft 365-Welt noch CRM- oder ERP-Systeme im Einsatz. In manchen Branchen – etwa der Baubranche – wird oft noch spezifische Branchensoftware für Kalkulationen oder das Angebots- und Rechnungswesen genutzt. Hier ist es wichtig, genau festzulegen, welche der bestehenden Systeme auch weiterhin eingesetzt werden sollen und für welche Daten und Informationen diese Systeme eine Rolle spielen.

Branchensoftware

Spätestens an dieser Stelle wird die eben erwähnte Frage nach den führenden Systemen ganz praktisch. Denn wenn Microsoft Teams eingesetzt wird, bedeutet dies, dass Daten nun auch per SharePoint gespeichert werden. Es muss daher geklärt werden, wann wo welche Daten abgelegt werden:

Wann werden wo welche Daten abgelegt?

- Ist ein System für das Angebots- und Rechnungswesen im Einsatz und soll es auch weiterhin genutzt werden, gehören die dort gespeicherten Informationen nicht in die Microsoft 365-Ablage in SharePoint oder OneDrive.

Angebots- und Rechnungswesen

- Sollen unternehmensinterne Fileserver weiterhin die führenden Systeme für die langfristige Dateiablage sein, dann darf die fest in Microsoft Teams integrierte SharePoint-Dateiablage nur *temporär* genutzt werden. Die dort abgelegten Dokumente müssen nach Abschluss eines Projektes auf die internen Server des Unternehmens verschoben und dort archiviert werden. Die SharePoint-Ablage wird aufgelöst, um eine Doppelablage zu vermeiden.

Langfristige Dateiablage

Diese Klärung ist wichtig und darf nicht übersprungen werden. Daher schauen wir an dieser Stelle genauer hin und helfen Ihnen dabei, die Funktionsweise von SharePoint sowie das Zusammenspiel von SharePoint mit Microsoft Teams zu verstehen.

Klärung ist wichtig

SharePoint ist eine cloudbasierte Webanwendung von Microsoft, die verschiedene Aufgabengebiete abdeckt. Für unseren Zusammenhang ist dabei vor allem die Möglichkeit relevant, Dateien und Ordner zu speichern, die für die Arbeit der jeweiligen Gruppen wichtig sind und die über Microsoft Teams zugänglich gemacht werden.

SharePoint speichert Dateien und Ordner

Aufbau von SharePoint Vom Grundsatz her ist SharePoint aufgebaut wie ein klassischer Fileserver:

- An einen Server können mehrere Netzlaufwerke angeschlossen sein. Jedes Netzlaufwerk kann mit Ordnern und Unterordnern strukturiert und mit Dateien befüllt werden.
- SharePoint (= Fileserver) ist unterteilt in einzelne Websites (= Netzlaufwerke). Diese lassen sich wieder mit einzelnen Ordnern und Unterordnern strukturieren und mit Dateien befüllen.

Microsoft Teams und SharePoint Es ist nun entscheidend, dass Ihnen der folgende Zusammenhang deutlich ist:

- Die Strukturen von Microsoft Teams und SharePoint sind eng miteinander verwoben.
- Für jedes Team, das Sie in Microsoft Teams erstellen, wird eine dazugehörige SharePoint-Website für die Dateiablage dieses Teams erstellt.
- Für jeden Kanal, den Sie im Team erstellen, wird in dieser SharePoint-Website ein Ordner angelegt. Dieser trägt den gleichen Namen wie der Kanal.
- Diese Aufgaben erledigt Microsoft 365 automatisch im Hintergrund.

Struktur von Microsoft Teams ...

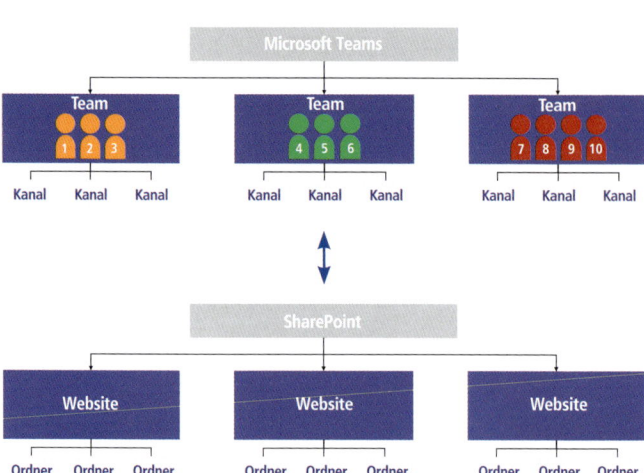

... entspricht der Struktur von SharePoint

Soll SharePoint das führende System für die gemeinsame Datei-ablage werden, empfehlen wir, sich zuerst Gedanken über die Ablagestruktur im Ganzen zu machen:

- Welche Dateien fallen typischerweise an?
- In welchen Ordnern und Unterordnern werden sie abgelegt?
- Wer benötigt Zugriff?

Gedanken über die Ablagestruktur

Erst wenn Fragen wie diese eine Antwort haben, sollten die einzelnen Teams und Kanäle erstellt werden. Das ist vor allem bei Teams wichtig, die pro Abteilung bzw. Funktionsbereich angelegt werden. Steht die SharePoint-Grundstruktur, ergeben sich daraus im Regelfall die anzulegenden Teams und Kanäle in Microsoft Teams von alleine. Und die Ablagestruktur, die damit im Hintergrund entsteht, wird auch langfristig funktionieren.

Erst die Struktur, dann die Teams und Kanäle

Tipp: Wird hauptsächlich mit temporär angelegten projekt-bezogenen Teams gearbeitet, dann werden diese nach Projekt-ende wieder aufgelöst. Die für die Arbeit in Microsoft Teams genutzte SharePoint-Dateiablage sollte dann in ein dauerhaftes Archiv verschoben werden.

Temporäre Ablage archivieren

Für welche Aufgaben und Projekte werden Sie Teams nutzen?

In unseren Beratungsprojekten werden wir häufig gefragt, in welchen Gegebenheiten Microsoft Teams überhaupt Vorteile bringt und wie man eine gute Struktur der einzelnen Teams aufbaut. Diese Fragen lassen sich sehr gut mit einem einfachen Prüfschema beantworten.

Einfaches Prüfschema

Microsoft Teams ist die richtige Wahl, wenn:

- ein konstanter Personenkreis
- an langfristigen Themen oder Projekten
- multifunktional zusammenarbeitet.

Drei Aspekte

Was ist gemeint?

Ein *konstanter Personenkreis* bedeutet, dass ein personell fest zusammengesetztes Team an gemeinsamen Themen arbeitet. Würden die Ansprechpartner permanent und für jeden Arbeits-

Aspekt 1: Konstanter Personenkreis

schritt wechseln, wäre die Arbeit mit Microsoft Teams nur schwer zu organisieren.

Aspekt 2: Langfristigkeit · *Langfristige Themen oder Projekte* müssen nicht zwangsläufig viele Monate oder Jahre andauern. Sie sollten aber mindestens eine Bearbeitungszeit von einer Woche oder mehr umfassen, damit sich die Arbeit in einem Team bzw. Kanal auszahlt. Für kürzere Aufgaben reicht ein einfacher Austausch über E-Mails oder alternativ die Chatfunktion in Microsoft Teams meist vollkommen aus.

Aspekt 3: Multifunktionalität · Mit dem Begriff *multifunktional* ist gemeint, dass für das zu bearbeitende Projekt mehrere Programmfunktionen zum Einsatz kommen. So kann es bei einem Projekt erforderlich sein, dass

- die Teammitglieder untereinander *Nachrichten* austauschen,
- im Team gemeinsam *Dokumente* bearbeitet und abgespeichert werden,
- die Steuerung der zu erledigenden *Aufgaben* für alle Beteiligten transparent organisiert werden soll,
- gemeinsames *Wissen* zentral im Team dokumentiert werden soll.

Alle Funktionen kombiniert nutzen · In diesem Fall lassen sich alle benötigten Funktionen aus den verschiedenen Microsoft 365-Anwendungen perfekt unter dem Dach von Microsoft Teams kombinieren.

Einzelne Funktionen ohne Microsoft Teams nutzbar · Der Einsatz von Microsoft Teams ergibt also immer dann Sinn, wenn mehrere Funktionalitäten für die Zusammenarbeit genutzt werden sollen. Wird dagegen nur *eine* der Funktionen benötigt, dann geht dies auch ohne Microsoft Teams:

- Sie brauchen lediglich eine gemeinsame Aufgabenliste? Dann können Sie diese auch direkt über den Planner einrichten und verwalten.
- Soll lediglich eine gemeinsame Dateiablage genutzt werden? Dann ist es möglich und sinnvoll, diese ohne Microsoft Teams direkt in SharePoint zu organisieren.

Diese drei Prüffragen eignen sich nicht nur, um potenzielle Einsatzgebiete für Microsoft Teams zu erkennen. Sie helfen darüber hinaus auch bei der Erarbeitung der optimalen Teamstruktur:

Erarbeitung der Teamstruktur

1. Welche Teams sollen innerhalb von Microsoft Teams überhaupt erstellt werden? Diese Antwort ergibt sich, wenn Sie schauen, welche Personenkreise konstant zusammen arbeiten.

Personenkreise in einem Unternehmen

Wenn die digitalen Möglichkeiten für diese Personenkreise sinnvoll sind, dann lohnt es, für sie ein Team anzulegen.

Teams anlegen

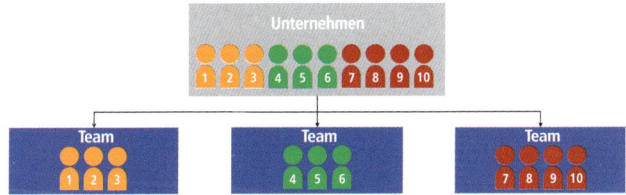

2. Die Kanäle innerhalb eines Teams stellen die (langfristigen) Themen bzw. Projekte dar, an denen das personell konstante Team gemeinsam arbeitet.

Kanäle eines Teams

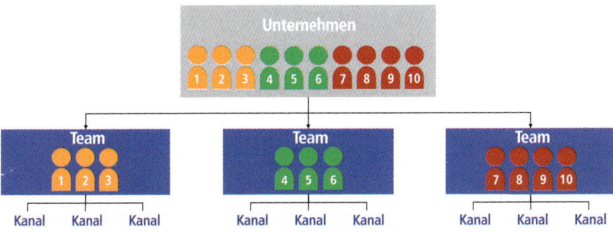

Genutzte Funktionen

3. Und wird an diesen Projekten auch noch mit mehreren Programmfunktionalitäten gearbeitet, dann ist Microsoft Teams
   der perfekte Ort, um diese Zusammenarbeit zu organisieren!

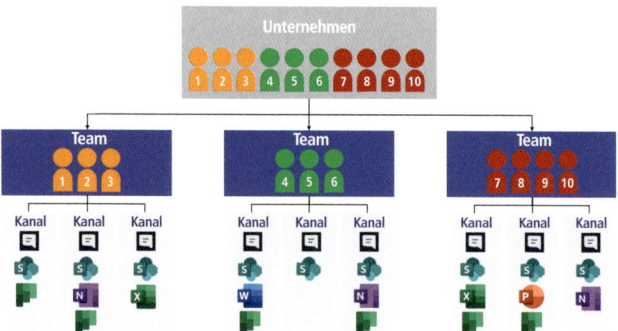

Halten Sie Ihre Antworten schriftlich fest

Grundlage für die Spielregeln

Sie haben nun über grundlegende Fragen nachgedacht, bevor Sie
mit dem Einrichten von Microsoft Teams beginnen. Halten Sie
die Antworten, die Sie gefunden haben, schriftlich fest. Sie bilden
eine gute Grundlage für die Spielregeln, die Sie im Rahmen des
Teams-Setups gemeinsam festlegen. Mehr dazu lesen Sie im Abschnitt „Ratschläge zum Setup von Microsoft Teams" ab S. 102.

Ein tragfähiges Fundament

Haben Sie die genannten strategisch wichtigen Punkte berück-
sichtigt und umgesetzt, dann haben Sie damit das Fundament
für eine langfristig erfolgreiche Zusammenarbeit in Microsoft
Teams gelegt. Sind während der strategischen Überlegungen
Fehler entstanden, dann zu einem Zeitpunkt, an dem sie sich
noch recht unproblematisch und schnell korrigieren lassen.

Gute Folgen

Die Erarbeitung der Antworten auf die Fragen hat gute Folgen:

- Für alle Beteiligten ist klar, welche konkreten *Ziele* erreicht
  und welche *Engpässe* beseitigt werden sollen – dadurch ziehen alle Teammitglieder an einem Strang.
- Bestehende und weiterhin genutzte *Systeme* werden in einem
  harmonischen Workflow mit den neuen Microsoft 365-Tools
  integriert.

- Sie beginnen die Arbeit mit Microsoft Teams von Anfang an in einer gut durchdachten *Struktur,* die auch langfristig übersichtlich und effizient bleibt.
- Durch gemeinsam festgelegte Spielregeln haben und leben alle Teammitglieder ein *einheitliches Verständnis.*

Unser Tipp für die Einführung von Microsoft Teams

Auf wenige Zeilen gebracht, lautet unsere Empfehlung also: Führen Sie Microsoft Teams in zwei Phasen ein:

Zwei Phasen

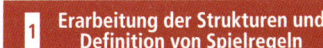

1. *Erarbeitung der Strukturen und Definition von Spielregeln*
   - Erarbeiten Sie in einem ersten Schritt die grundlegenden Strukturen für das Arbeiten mit Microsoft Teams, an denen sich später alle Mitarbeiter orientieren können. Es kann dabei sinnvoll sein, Microsoft Teams zunächst in einem kleinen Benutzerkreis für einen begrenzten Zeitraum zu testen und kennenzulernen.
   - Halten Sie die Strukturen in Spielregeln für die Zusammenarbeit fest. Diese Spielregeln stellen dann für die gesamte Organisation wertvolle Leitplanken dar, die sicherstellen, dass das Programm von Anfang an von allen Mitarbeitern auf die gleiche Art genutzt wird. Für das Erarbeiten der Strukturen und Spielregeln haben sich Projektteams bewährt, die heterogen zusammengesetzt sind. Der Schlüssel für das Gelingen besteht in einer Mischung aus Beteiligten verschiedener Bereiche und Hierarchieebenen in Kombination mit einer guten Moderation.

Strukturen und Spielregeln

2. *Rollout*
   Erst danach startet Microsoft Teams in den Produktivbetrieb. Jetzt sind alle nötigen Vorbereitungen erfolgreich absolviert, die für eine effiziente Zusammenarbeit von Anfang an wichtig sind. Der Erfolg der Einführung hängt von der Fitness der einzelnen Mitarbeiter ab. Denken Sie daher daran, Ihre Mitarbeiter in der effizienten Anwendung der Programme zu schulen und ihre Fitness entsprechend zu stärken.

Rollout

1.2 So richten Sie Microsoft Teams ein

Auf den folgenden Seiten klären wir nun, worauf es beim Start mit Microsoft Teams ankommt.

Die eigentliche Hürde ist nicht die Technik

Microsoft 365 steht für eine einfach zu bedienende IT-Infrastruktur. Die technische Anwendung der einzelnen Tools ist für Unternehmen und ihre Mitarbeiter daher meist keine Hürde. Herausfordernder ist es, die Zusammenarbeit unter dem Dach von Microsoft Teams von Anfang an so zu organisieren, dass die Strukturen für alle Mitarbeiter leicht verständlich sind und die Zusammenarbeit im Vergleich zum früheren Vorgehen tatsächlich als effizienter erfahren wird. Dieses Kapitel wird Sie dabei unterstützen, diese Herausforderung zu bewältigen.

Themen dieses Kapitels

Auf den folgenden Seiten geht es daher um folgende Themen:

- Wie richten Sie ein *Team* in Microsoft Teams ein und worauf ist dabei zu achten?
- Nach welchen Kriterien sind *Personen* für die Zusammenarbeit in einem Team hinzuzufügen und wie wird das Ganze verwaltet?
- Wie und vor allem zu welchem Zweck werden *Kanäle* in Microsoft Teams erstellt und welche Optionen gibt es dafür?
- Welche sinnvollen *Einstellmöglichkeiten* sollten Sie beim Setup kennen?

Spätere Änderung der Struktur kaum möglich

Es zahlt sich aus, das Setup bewusst zu gestalten und nicht dem Zufall zu überlassen, nur um schneller starten zu können. Denn Microsoft Teams bietet kaum Möglichkeiten, bereits angelegte Strukturen später zu verändern. Da die einzelnen Teams und Kanäle stets mit dazugehörigen SharePoint-Websites verbunden sind, ist etwa ein Verschieben von Teams und Kanälen technisch teilweise nicht möglich und in jedem Fall mit weitreichenden Auswirkungen verbunden.

Struktur per Mindmap skizzieren

In vielen Fällen hat es sich bewährt, die Struktur – welche Teams mit welchen Kanälen und welchen Mitarbeitern soll es geben? – zunächst auf Papier zu skizzieren, etwa in Form einer Mindmap.

Worauf Sie achten, wenn Sie Teams erstellen

Wenn Sie beginnen, mit Microsoft Teams zu arbeiten, dann ist der Bereich „Teams" – und damit das Herzstück des Programms – noch leer. Damit Sie diesen Bereich für die Zusammenarbeit nutzen können, müssen dort zunächst die einzelnen Teams erstellt werden.

Am Anfang noch leer

Die mehrfache Nutzung des Begriffs „Teams" mag auf den ersten Blick verwirrend klingen. Immerhin sprechen wir hier vom Programm Microsoft Teams, in dem sich der Bereich „Teams" befindet (siehe Screenshot). In diesem Bereich können Sie verschiedene Teams erstellen (darum geht es in diesem Kapitel). Haben Sie das getan, dann gibt es anschließend aus mehreren Personen bestehende Teams, die innerhalb ihrer Teams mit den zugehörigen Kanälen im Bereich Teams im Programm Teams zusammen arbeiten. Alles klar? 😊

Der Begriff „Teams"

  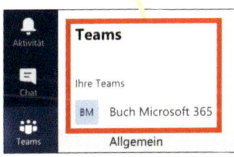 

In unseren Beratungsprojekten unterstützen wir Unternehmen und ihre Mitarbeiter dabei, die Effizienz ihrer Zusammenarbeit zu steigern. Dabei fällt uns auf, dass die technische Seite des Umgangs mit Programmen wie Microsoft Teams nicht mehr die entscheidende Rolle spielt. Die Benutzeroberfläche eines Programms wie Microsoft Teams ist mittlerweile aufgeräumt und auf ein Minimum an Buttons reduziert. Das macht vieles einfach. Die größere Herausforderung besteht darin, eine sinnvolle Struktur der anzulegenden Teams zu schaffen, in denen innerhalb von Microsoft Teams die Zusammenarbeit stattfindet. Daher konzentrieren wir uns auf den folgenden Seiten auf dieses Thema.

Sinnvolle Strukturen schaffen

Wie ist ein Team aufgebaut und wann ist das Erstellen eines Teams sinnvoll?

In Microsoft Teams ist ein Team folgendermaßen aufgebaut:

Ein Team besteht aus Personen

- Jedes Team besteht aus mehreren *Personen,* die diesem Team hinzugefügt wurden (oder von sich aus einem öffentlichen Team innerhalb Ihrer Organisation beigetreten sind – auch das ist je nach Einstellung möglich).

Im Team sind Kanäle

- Jedes Team kann verschiedene *Kanäle* nutzen. Manchmal reicht sogar schon ein einziger Kanal. Dieser hat dann den Namen „Allgemein". Er wird automatisch angelegt, wenn Sie ein neues Team erstellen.

Ein Kanal bekommt Funktionen

- Jeder Kanal kann mit unterschiedlichen *Funktionen* ausgestattet werden.

Bevor Sie ein neues Team erstellen

Um zu prüfen, für welche Zwecke ein Team sinnvoll ist, schauen Sie auf diese drei Ebenen. Bevor Sie ein neues Team erstellen, hinterfragen Sie jedes Mal zunächst die drei Punkte, so wie Sie es beim Prüfschema ab Seite 67 kennengelernt haben:

1. Ist der Personenkreis, der hier zusammenarbeiten soll, konstant? Würde sich die personelle Besetzung laufend verändern, ist die Organisation der Zusammenarbeit in einem Team eher schwierig.

2. Arbeitet dieser Personenkreis an einem oder mehreren längerfristigen Themen oder Projekten? Wenn die bearbeiteten Vorgänge bereits nach wenigen Tagen abgeschlossen sind, ergibt es auch hier kaum Sinn, die Arbeit extra in einem Team in Microsoft Teams zu organisieren.

3. Sind für die Zusammenarbeit pro Projekt oder Thema auch mehrere digitale Funktionen (Kommunikation, Dateiablage etc.) notwendig? Braucht das Team lediglich einen Platz, um gemeinsame Dokumente abzulegen, reicht auch eine gemeinsame SharePoint-Website aus.

Drei Ebenen

Diese drei Prüffragen machen deutlich, wie die einzelnen Ebenen zu verwenden sind:

Personelle Ebene

1. Die Ebene des Teams stellt die *personelle Ebene* dar. Hier wird festgelegt, welche Mitglieder in dieser virtuellen Umgebung zusammen arbeiten können.

2. Die Ebene der Kanäle stellt die *fachliche* Ebene dar. Für die einzelnen Projekte und Themenbereiche werden die entsprechenden Kanäle angelegt.

Fachliche Ebene

3. Die Ebene der Registerkarten (Apps) in einem Kanal stellt die *funktionale* Ebene dar. Hier wird festgelegt, welche digitalen Funktionen für die Zusammenarbeit pro Projekt, also pro Kanal, notwendig sind.

Funktionale Ebene

Welcher (konstante) **Personenkreis** …

… arbeitet an welchen (langfristigen) **Themen bzw. Projekten** …

… mit welchen **Funktionen?**

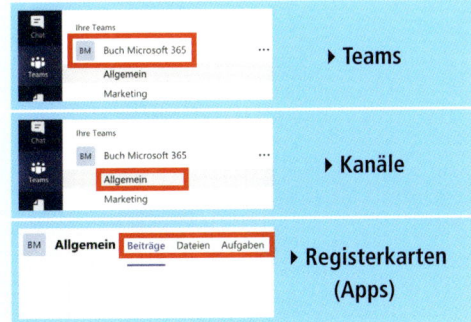

▸ **Teams**

▸ **Kanäle**

▸ **Registerkarten (Apps)**

In der Praxis sehen wir oft, dass Nutzer von Microsoft Teams Schwierigkeiten damit haben, die anzulegenden Teams von den zu erstellenden Kanälen zu unterscheiden. Oft werden Teams mit einem *fachlichen* Bezug erstellt und benannt, obwohl dies eigentlich auf der Ebene der Kanäle hätte passieren müssen. Das hat dann zur Folge, dass es sehr viele Teams gibt, die jeweils nur einen einzigen Kanal enthalten. Das passiert dann, wenn das Team nicht für den Personenkreis, sondern für das Projekt bzw. für das zu bearbeitende Thema erstellt wurde. Damit die Übersicht erhalten bleibt, sollte die Zahl der Teams aber so gering wie möglich gehalten werden. Gehen Sie daher am besten so vor, wie hier von uns empfohlen.

Eine vermeidbare Schwierigkeit

Bevor Sie ein neues Team erstellen, prüfen Sie außerdem am besten zunächst einmal, ob es für den vorgesehenen Personenkreis schon ein Team gibt. Ist das der Fall, sollten Sie dieses Team einfach um einen neuen Kanal ergänzen, um dort das gewünschte Thema zu bearbeiten.

Gibt es bereits ein passendes Team?

Zwei Arten von Teams   Prinzipiell unterscheiden wir zwei Arten von Teams:

1. *Teams für die Zusammenarbeit innerhalb einer klassischen Abteilung.*
   - Diese Teams enthalten oft viele Kanäle, in denen dann jeweils die verschiedenen Projekte der Abteilung bearbeitet werden.
   - Solche Teams bestehen in der Regel dauerhaft; Änderungen gibt es lediglich auf der Ebene der Kanäle.

2. *Projektteams,* deren Mitglieder abteilungsübergreifend an bestimmten Vorgängen arbeiten.
   - Projektteams entstehen in der Regel punktuell für einzelne Projekte.
   - Projektteams enthalten daher auch oft nur wenige Kanäle oder sogar nur einen einzigen Kanal.
   - Sie bestehen nur temporär und werden nach Projektende wieder aufgelöst.

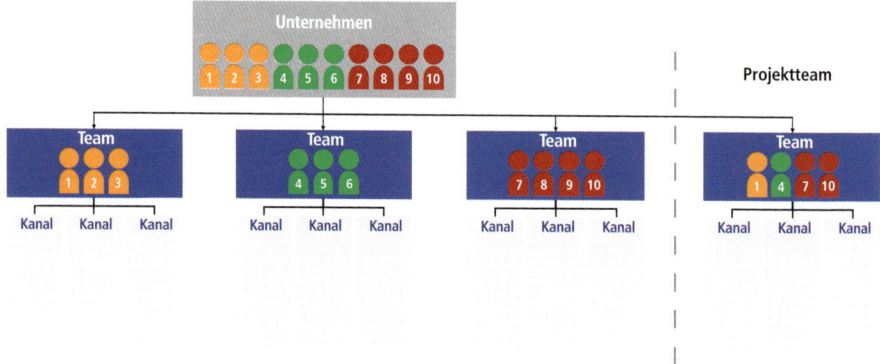

Vieles geht auch sofort   Viele Funktionen in Microsoft Teams wie zum Beispiel der Chat-Bereich oder auch die Anruf- und Videokonferenz-Funktionen können von Beginn an genutzt werden – auch ohne, dass Teams und Kanäle angelegt wurden. Doch die eigentliche Kraft entfaltet Microsoft Teams erst dann, wenn der Bereich Teams mit Leben erfüllt wird. Daher geht es nun darum, Teams zu erstellen.

So erstellen Sie ein Team

Um ein neues Team zu erstellen, klicken Sie zunächst in der linken Navigations-Spalte auf den Bereich Teams (1) und anschließend ganz unten links auf den Befehl „Team beitreten oder erstellen" (2).

Ein Team erstellen

Danach erscheinen in der rechten Programmhälfte die beiden Möglichkeiten „Team erstellen" und „Einem Team mit einem Code beitreten". Außerdem werden Ihnen hier auch alle öffentlichen Teams Ihrer Organisation angezeigt, denen Sie hier beitreten können. Zum Anlegen eines neuen Teams klicken Sie hier auf den blauen Button „Team erstellen".

„Team erstellen"

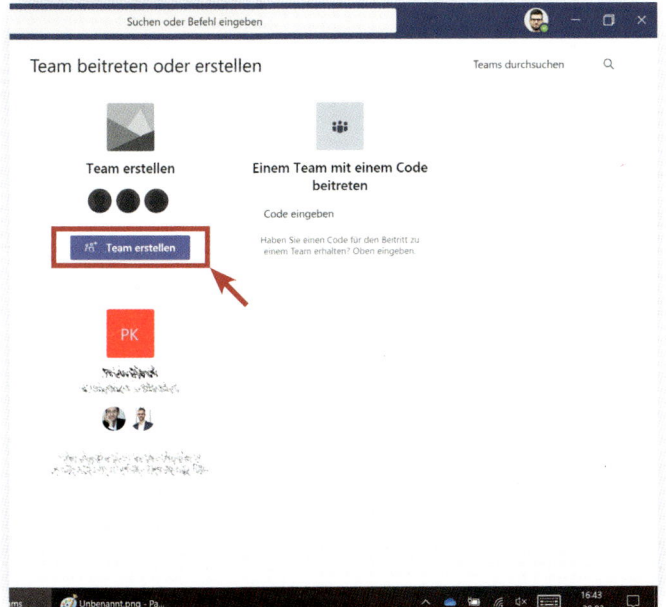

Auswahlmöglichkeiten

Download

Wie Sie die Funktion nutzen „Einem Team mit einem Code beitreten", zeigen wir Ihnen in einem Gratis-Download, den wir für Sie vorbereitet haben.
Sie finden ihn auf der Website zum Buch unter:
www.buero-kaizen.de/edza

Neues oder bestehendes Team? Im nächsten Fenster können Sie nun entscheiden, ob Sie ein Team völlig neu erstellen möchten oder ein Team aus einer bestehenden Microsoft 365-Gruppe oder einem bestehenden Team erstellen möchten.

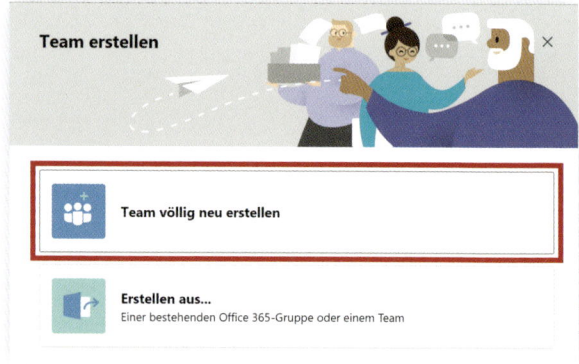

Download ⬇

„Erstellen aus …" – diese Funktion erklären wir Ihnen in einem Gratis-Download. Sie finden ihn auf der Website zum Buch unter: www.buero-kaizen.de/edza

Für den (Normal-)Fall, dass Sie ein Team für einen Personenkreis erstellen möchten, für den es bisher weder ein bestehendes Team noch eine bestehende Microsoft 365-Gruppe gibt, klicken Sie hier auf den Button „Team völlig neu erstellen".

Als Nächstes legen Sie fest, was für eine Art von Team erstellt werden soll. Sie können zwischen drei Varianten entscheiden:

Privat ■ *Privat:* Die Team-Form für die gängigste Art der Zusammenarbeit heißt „Privat". Privat bedeutet, dass nur die Personen im Team mitarbeiten können, die von einem Team-Besitzer für die gemeinsame Arbeit eingeladen wurden. Dieses Team ist außerdem auch nur für die Personen sichtbar, die als Mitglieder eingeladen wurden.

Öffentlich ■ *Öffentlich:* Einem öffentlichen Team können alle Mitarbeiter der eigenen Organisation durch eigene Initiative beitreten. Alle öffentlichen Teams einer Organisation werden in der Ansicht „Einem Team beitreten oder erstellen" aufgelistet. Diese Team-Form sollte nur gewählt werden, wenn die darin enthaltenen Themen auch prinzipiell von allen Mitarbeitern des Unternehmens eingesehen werden dürfen. Achtung: Zu viele öffentliche Teams können für Verwirrung sorgen.

■ *Organisationsweit:* Ein organisationsweites Team umfasst automatisch alle Mitarbeiter des gesamten Unternehmens als Teilnehmer. Daher sollte es auch nur in den seltensten Fällen angelegt werden – etwa, um alle Unternehmensangehörigen mit Mitteilungen der Geschäftsleitung erreichen zu können. Um Informationsflut und Chaos vorzubeugen, empfehlen wir hier unbedingt eine Einschränkung der Personen, die in diesen organisationsweiten Teams neue Beiträge erstellen dürfen.

Organisationsweit

Im nächsten Fenster können Sie Ihr Team benennen und mit einer kurzen Beschreibung versehen. Denken Sie daran, dass das Team immer den Personenkreis darstellt und die fachlichen Themen erst auf der Ebene der Kanäle dazukommen. Das sollte sich im besten Fall bereits in der Namensgebung widerspiegeln.

Name und Beschreibung

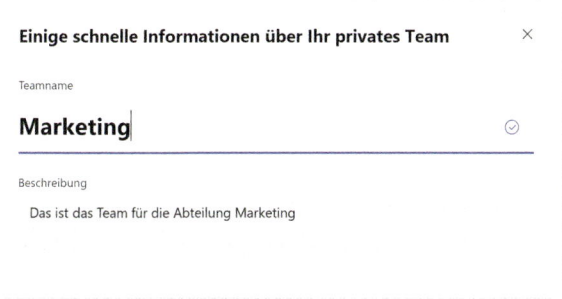

79

Vorher miteinander sprechen
Unsere Empfehlung lautet: Sprechen Sie mit allen Personen, die in dem neuen Team mitwirken sollen, bevor Sie ein neues Team erstellen.

Aspekte, die passen sollten
Das neue Team erstellen Sie am besten erst dann, wenn folgende Aspekte für alle passen:
- die personelle Zusammensetzung
- der Teamname sowie die Teambeschreibung
- die Binnenstruktur (die zu erstellenden Kanäle)
- die Funktionen, mit denen die Kanäle ausgestattet werden sollen.

Gute, vorherige Absprachen mit allen Beteiligten und die Berücksichtigung der drei Prüffragen für einen sinnvollen Aufbau der einzelnen Teams sind das A und O.

Klick auf „Erstellen"
Im Fenster mit dem Namen und der Beschreibung gibt es unten rechts den Button „Erstellen". Wenn Sie dort klicken, wird das Team dem Bereich Teams hinzugefügt.

Typische Schwierigkeiten werden vermieden
Berücksichtigen Sie diese Tipps, dann stellen Sie damit sicher, dass alle Teammitglieder von Anfang an in einer gut durchdachten und sinnvollen Teamstruktur arbeiten können. Durch eine effiziente Struktur vermeiden Sie unter anderem die folgenden Schwierigkeiten, die häufig in der Praxis vorkommen:
- hoher Aufwand der Reorganisation, wenn klar wird, dass die bisherige Struktur nicht durchdacht war
- Mitarbeiter werden mit zu vielen, teils redundanten Teams konfrontiert
- Akzeptanz der Mitarbeiter für die Arbeit mit Microsoft Teams sinkt, weil durch inneffiziente Strukturen kaum Nutzen entstehen kann

Worauf es ankommt, wenn Sie Mitglieder hinzufügen

Bevor Sie nun damit beginnen, Personen dem Team hinzuzufügen, bedenken Sie bitte:

- Auch wenn die Zusammenarbeit durch die nahezu uneingeschränkten Möglichkeiten von Microsoft 365 in vielen Teilen immer digitaler, dezentraler und mobiler wird, ist es nach wie vor eine Zusammenarbeit zwischen Menschen. Gerade dann, wenn Sie dezentral arbeiten, ist es wichtig, darauf zu achten, wie Sie mit den Personen aus Ihren Teams umgehen. Die einzelnen Personen dürfen in unserer Wahrnehmung nicht zu digitalen Ressourcen werden.

Es bleibt eine Zusammenarbeit zwischen Menschen

- Denken Sie daran, dass die Mitarbeit in einem Team alle Beteiligten viel Zeit kosten wird. Wenn zu viel Zeit für die Verarbeitung der Kommunikation eingesetzt werden muss, kann die Mitarbeit in den Teams im schlimmsten Fall unproduktiv werden. Laden Sie daher stets nur so wenige Personen wie nötig in ein neues Team ein. Starten Sie lieber schlank und ergänzen Sie bei Bedarf weitere Personen – denn selbstverständlich können auch nachträglich noch weitere Personen dem Team hinzugefügt werden.

So wenige Personen wie möglich

- Alle Teammitglieder sollten vorher darüber informiert sein, dass ein neues Team erstellt wird und dass diese ein Teil davon sein werden. Wenn Sie auf diese Information verzichten, kann das Irritationen auslösen. Diese wiederum kommen bei Ihnen in Gestalt unnötig vieler Rückfragen an. Das muss nicht sein. Klären Sie daher vorab,

Vorab klären und informieren

  - zu welchem Zweck ein Team erstellt wird,
  - ob für diesen Zweck wirklich ein neues Team erstellt werden muss oder ob alle nötigen Personen bereits ein bestehendes Team bilden, das der Einfachheit halber um einen zusätzlichen (ggf. privaten) Kanal ergänzt werden kann,
  - warum die einzelnen Personen zu diesem Team eingeladen werden,
  - was von den Personen mit Blick auf die Zusammenarbeit in diesem Team erwartet wird,
  - wie innerhalb des Teams die Struktur aussehen soll, denn ein jedes Teammitglied muss wissen, wo welche Information hingehört und gefunden werden kann.

Teammitglieder hinzufügen

Teammitglieder hinzufügen Haben Sie sich mit den Personen entsprechend abgestimmt, steht nun das Hinzufügen der Teammitglieder in Microsoft Teams an. Geben Sie dazu die ersten Buchstaben der Namen der Personen, die Sie dem Team hinzufügen möchten, in das betreffende Feld ein. Ihnen werden dann alle passenden Vorschläge von Personen aus Ihrer Organisation angezeigt.

Unternehmensexterne Gäste einladen Sie können einem Team nicht nur Personen Ihrer eigenen Organisation hinzufügen. Auch unternehmensexterne Gäste können in Ihren Teams mitwirken. Um als Gast in einem Team mitarbeiten zu können, benötigt dieser einen Microsoft-Account. Das kann ein kostenpflichtiger Microsoft 365-Account sein; ein kostenloser Account bei Outlook.com reicht aber auch aus.

Gäste finden und passend benennen Wenn Sie Gäste in das Team einladen, müssen Sie die E-Mail-Adresse der Gast-Personen eintippen, bis Ihnen der Account der Gast-Personen vorgeschlagen wird. Achtung: Gäste werden dem Team oft nicht mit dem richtigen Namen hinzugefügt. Ändern Sie daher den Anzeigenamen der Gäste am besten direkt beim Einladen der Personen. Klicken Sie dazu auf das Stift-Symbol und tragen Sie den richtigen Vor- und Nachnamen der Person ein. Später geht das nicht mehr.

Möchten Sie eine Person nachträglich in ein Team einladen, klicken Sie rechts neben dem Team-Namen auf das Symbol mit den drei Punkten und anschließend auf „Team verwalten".

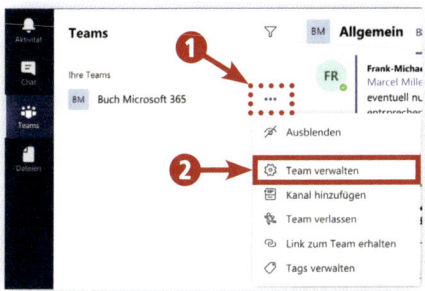

Über das sich öffnende Feld „Nach Mitgliedern suchen" können Sie die gewünschte Person auswählen. Klicken Sie anschließend auf den Button „Mitglied hinzufügen", um die ausgewählte Person in das Team hineinzuholen.

Die Rollen eines Teams

Innerhalb von Microsoft Teams ist jedem Teammitglied eine Rolle zugewiesen. Diese entscheidet darüber, was ein Teammitglied tun darf – und was nicht.

Es gibt drei Rollen:

- Besitzer
- Mitglied
- Gast

Schauen wir uns diese drei Rollen etwas genauer an:

- *Besitzer:* Wer diese Rolle hat, darf nicht nur uneingeschränkt im Team mitarbeiten, sondern darüber hinaus auch alle Einstellungen für das betreffende Team verwalten. Ein Besitzer kann zum Beispiel neue Personen zum Team einladen oder auch bestehende Teammitglieder aus dem Team entfernen. Außerdem kann der Besitzer festlegen, was die mitarbeitenden Mitglieder oder Gäste im Team dürfen. Besitzer ist automatisch immer der Ersteller eines Teams. Interne Kollegen können ebenfalls zu einem Besitzer ernannt werden.

Mitglied

- *Mitglied:* Unternehmensinterne Teammitglieder nehmen zunächst immer die Rolle „Mitglied" an. Damit können sie uneingeschränkt im Team mitarbeiten. Mitglieder dürfen zudem bestimmte Einstellungen im Team vornehmen und beispielsweise Kanäle anlegen, verändern oder löschen, neue Registerkarten in einem Kanal erstellen und dergleichen. Mitglieder dürfen jedoch keine Veränderungen am Team vornehmen. Das Steuern wie Personenberechtigungen, das Löschen eines Teams und ähnliche Eingriffe ist Mitgliedern nicht möglich.

Gast

- *Gast:* Die Rolle des Gastes tritt nur dann in Erscheinung, wenn zum Team auch unternehmensexterne Personen eingeladen werden. Diese externen Teilnehmer können nur die Rolle des Gastes einnehmen und nicht zum „Mitglied" oder „Besitzer" ernannt werden. Ein Gast kann lediglich *im* Team mitarbeiten (zum Gast siehe auch Seite 232ff.).

Mitglieder und ihre Rollen

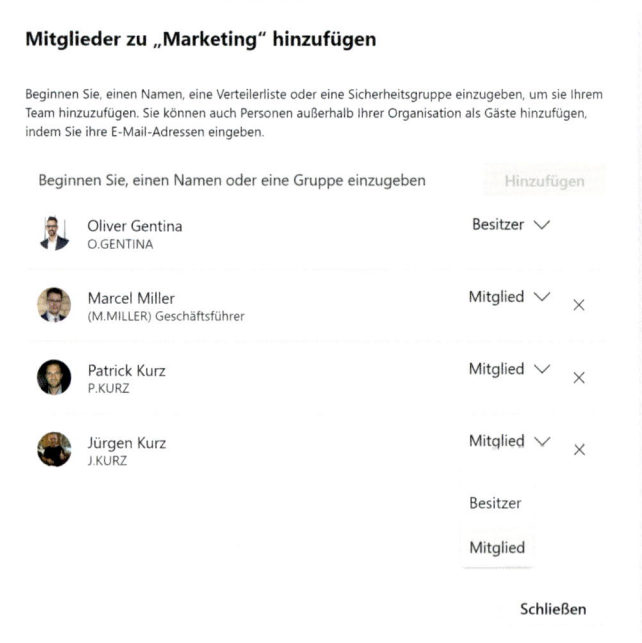

Mitglieder zu „Marketing" hinzufügen

Beginnen Sie, einen Namen, eine Verteilerliste oder eine Sicherheitsgruppe einzugeben, um sie Ihrem Team hinzuzufügen. Sie können auch Personen außerhalb Ihrer Organisation als Gäste hinzufügen, indem Sie ihre E-Mail-Adressen eingeben.

Beginnen Sie, einen Namen oder eine Gruppe einzugeben — Hinzufügen

Oliver Gentina
O.GENTINA — Besitzer ⌄

Marcel Miller
(M.MILLER) Geschäftsführer — Mitglied ⌄ ✕

Patrick Kurz
P.KURZ — Mitglied ⌄ ✕

Jürgen Kurz
J.KURZ — Mitglied ⌄ ✕

Besitzer

Mitglied

Schließen

Empfehlung: Achten Sie darauf, dass der Ersteller des Teams **mindestens einen zweiten Besitzer** einrichtet. Dann ist sichergestellt, dass es einen Vertreter gibt und das Team bei notwendigen Einstellungen auch bei Abwesenheit des Erstellers immer in vollem Umfang arbeitsfähig bleibt.

Haben Sie alle gewünschten Mitglieder hinzugefügt, ist Ihr neues Team einsatzbereit. Es wird Ihnen und allen eingeladenen Mitgliedern in der Teams-Spalte angezeigt:

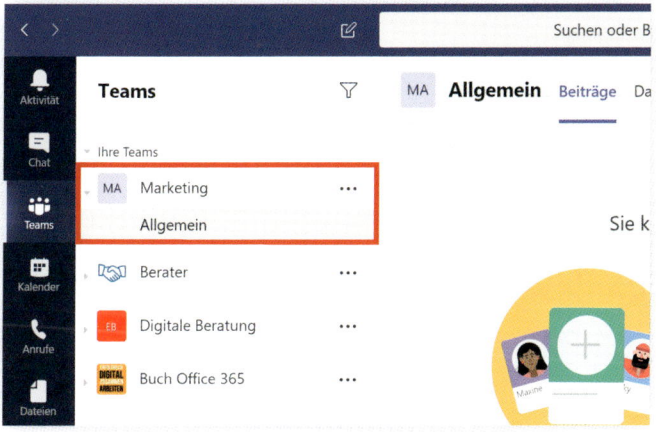

Teammitglieder anschauen

Nehmen wir an, Sie wurden einem Team hinzugefügt. Dann möchten Sie vermutlich wissen, welche internen und externen Personen in dem Team mitarbeiten, denn diese können sehen, was in diesem Team publiziert wird.

Im Idealfall wurden Sie bereits im Vorfeld über die Zusammensetzung des Teams informiert. Sie können sich aber auch selbst jederzeit einen Überblick über alle Teilnehmer eines Teams verschaffen. Klicken Sie dazu – wie in der Abbildung auf Seite 83 gezeigt – rechts neben dem Teamnamen auf das Symbol mit den drei Punkten und danach auf „Team verwalten". Anschließend

werden Ihnen alle Personen angezeigt, die zu diesem Team gehören – aufgeteilt in die Berechtigungsstufen „Besitzer" sowie
„Mitglieder und Gäste".

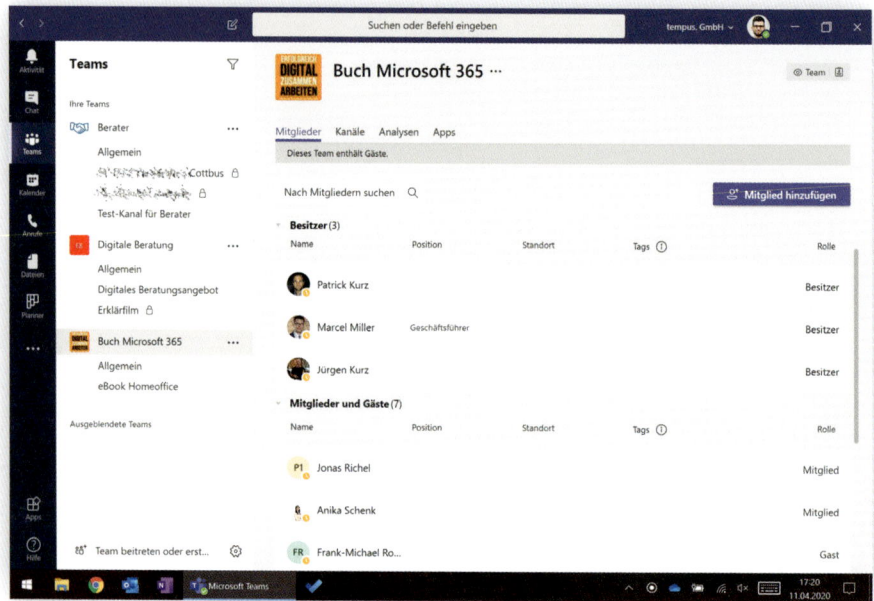

Haben Sie die Rolle „Besitzer", dann können Sie hier die Rollen
von internen Teammitgliedern von „Mitglied" zu „Besitzer"
und umgekehrt ändern.

Ein Team verlassen

Mitarbeit beenden Besitzer eines Teams haben hier die Möglichkeit, Personen aus
dem Team zu entfernen. Die Mitgliedschaft in einem Team
kann aber nicht allein von Team-Besitzern gesteuert werden.
Auch als Teilnehmer haben Sie die Möglichkeit, Ihre Mitarbeit
in einem Team zu beenden. So können Sie von sich aus ein
Team verlassen, wenn Ihre Teilnahme nicht mehr erforderlich
ist oder Sie nichts mehr zur Zusammenarbeit beitragen können.
Wenn Sie dies tun, schonen Sie Ihre Zeit und die Zeit der restlichen Teammitglieder.

Um aus einem Team aus-
zutreten, klicken Sie rechts
neben dem Namen des
Teams auf das Symbol mit
den drei Punkten und an-
schließend auf „Team ver-
lassen".

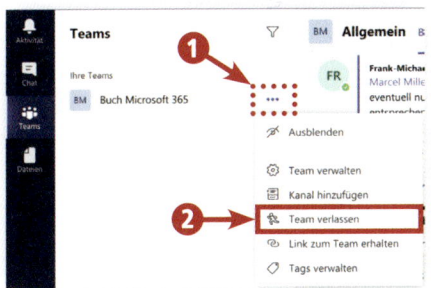

Unsere Empfehlung lautet: Verlassen Sie ein Team nur mit vor-   **Nur mit vorheriger**
heriger Absprache mit den restlichen Teammitgliedern. Ver-   **Absprache**
zichten Sie darauf, kann das zu einer Fehlinterpretation führen:
„Sie fühlt sich wohl zu gut für eine Zusammenarbeit. Oder hat
sie einfach keine Lust mehr?" Solche Eindrücke vermeiden Sie
durch eine kurze Info an das Team.

Gedanken zum Abschluss

In unserer Beratungspraxis sehen wir viel zu oft, dass Teams   **Fehler in der Praxis**
erstellt und Teilnehmer ohne vorherige Information hinzuge-
fügt werden. Alle Rückfragen zu klären und die meist sinnvollen
Vorschläge zur Zusammensetzung und Struktur des Teams
umzusetzen, kostet unnötige Zeit.

Der Umgang miteinander in Microsoft Teams ist nicht zuletzt   **Gute Führungsqualität**
eine Frage von guter Führungsqualität. Daher:

- Informieren Sie früh und transparent.
- Behandeln Sie alle Teilnehmer und deren Zeit respektvoll.
- Denken Sie stets daran, dass Sie nach wie vor mit Menschen
  zusammenarbeiten und die Technik dabei nur eine unter-
  stützende Rolle einnimmt.
- Legen Sie Wert auf die Ebene der persönlichen Beziehungen.
  Denn durch mangelnde Informationen oder eingeschränkte
  Mitsprachemöglichkeiten verlieren Menschen schnell die
  Lust an der Zusammenarbeit. Das kann sich im schlimmsten
  Fall durch die ganze Laufzeit der Zusammenarbeit ziehen,
  was entsprechende Effizienzverluste zur Folge hat. Vom
  Schaden der persönlichen Beziehungen ganz zu schweigen.

Was wichtig ist, wenn Sie Kanäle anlegen

Möglichkeiten werden oft nicht genutzt

Eine klare Struktur zählt zu den wichtigsten Faktoren einer erfolgreichen Zusammenarbeit. In Microsoft Teams besteht die Struktur aus den Teams (personelle Ebene, siehe S. 74) sowie aus den innerhalb dieser Teams angelegten Kanälen (fachliche Ebene, siehe ebenda). Welche großartigen Möglichkeiten hier zur Verfügung stehen, um ein effizientes Arbeiten zu unterstützen, scheint noch nicht allzu bekannt zu sein. Oft sehen wir in unserem Beratungsalltag, dass Unternehmen zwar viele Teams erstellt haben, diese jedoch nicht mit Kanälen unterteilt und damit weiter strukturiert wurden.

Vergleich: Aktenordner mit Unterteilungen

Warum ist das weitere Unterteilen so wichtig? Denken Sie daran, wie früher Papier in einem klassischen Aktenordner abgelegt wurde. Dort würden Sie nicht einfach alle Unterlagen lose abheften. Sondern Sie würden die verschiedenen Themen bzw. Projekte mit Trennregistern unterteilen und dem Ordner damit eine Binnenstruktur geben. Wo dies geschieht, ist für jeden sofort ersichtlich, wo welche Unterlagen abgeheftet sind. Ein Zugriff auf die entsprechenden Blätter kann jederzeit in Sekundenschnelle erfolgen.

Kanäle bieten eine zweite Strukturebene

Microsoft Teams bietet mit den Kanälen eine solche zweite Strukturebene.

Auf den folgenden Seiten zeigen wir auf, welche Möglichkeiten Ihnen mit dem Gebrauch der Kanäle entstehen und worauf Sie beim Erstellen und Nutzen der Kanäle achten sollten, um die Zusammenarbeit für alle Teammitglieder so effizient und einfach wie möglich zu machen.

Wann sollten Sie einen Kanal erstellen?

Zunächst wie eine leere Hülle

Ein angelegtes Team an sich ist zunächst lediglich wie eine leere Hülle. Erst innerhalb der Kanäle eines Teams können Sie arbeiten, indem Nachrichten versendet, Dokumente abgelegt oder auch Funktionen über eingebundene Apps genutzt werden. Damit Sie starten können, besitzt jedes Team von Anfang an den Kanal „Allgemein". Dieser lässt sich auch nicht löschen.

Wenn Sie es nun immer beim Kanal „Allgemein" belassen, dann nutzen Sie die Möglichkeiten von Microsoft Teams nicht aus. Für manche Projekte mag das funktionieren. In anderen Fällen ist es dagegen sinnvoll, weitere Kanäle anzulegen.

Es nicht immer bei „Allgemein" belassen

Führen Sie sich nochmals den Aufbau von Microsoft Teams vor Augen (vgl. Seite 74f.):

Der Aufbau von Microsoft Teams

- Über die einzelnen Teams legen Sie fest, welche Personenkreise gemeinsam arbeiten.
- Über die Ebene der Kanäle werden den einzelnen Personen-Teams verschiedene fachliche Bereiche zugeteilt – etwa Projekte, an denen dieser Personenkreis gemeinsam arbeitet. Darum geht es hier.
- Innerhalb eines Kanals stellen die genutzten Registerkarten (Apps) die *funktionale* Ebene dar. Hier wird festgelegt, welche Funktionen für die Zusammenarbeit pro Projekt, also pro Kanal, genutzt werden.

Welche Kanäle sollten Sie nun in einem Team erstellen? Um eine Antwort zu finden, orientieren Sie sich am besten an der Frage, an welchen Themen oder Projekten der Personenkreis des jeweiligen Teams arbeitet. Diese Überlegung hilft auch bei allen zukünftigen Entscheidungen, ob Sie für ein neues Thema ein neues Team erstellen müssen oder ob es ausreicht, einen

Welche Kanäle sollten Sie erstellen?

neuen Kanal innerhalb eines bestehenden Teams zu erstellen, in dem bereits alle notwendigen Bearbeiter Mitglied sind.

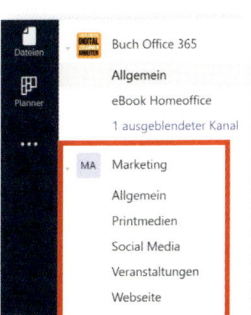

So könnte das Team „Marketing" seiner Arbeit mit Kanälen wie „Printmedien", „Social Media", „Veranstaltungen" und „Website" eine gute Binnenstruktur geben.

Beispiel: Team „Marketing"

„Allgemein" für kanalübergreifende Themen

Der Kanal „Allgemein" kann zusätzlich in jedem Team für diejenigen Themen genutzt werden, die kanalübergreifend alle Teammitglieder angehen. In diesem Kanal werden automatisch auch viele Aktionen protokolliert, die das Team betreffen (wer kommt hinzu, wer verlässt das Team, welcher Kanal wurde erstellt bzw. gelöscht etc.).

Kanäle erstellen

Kanal hinzufügen

Um einen Kanal zu erstellen, klicken Sie auf die drei Punkte, die Sie rechts neben dem entsprechenden Team sehen. Klicken Sie anschließend auf „Kanal hinzufügen".

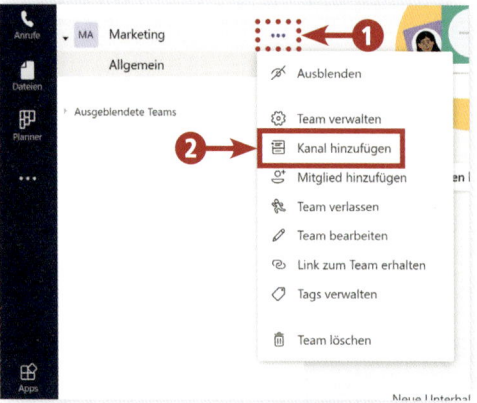

Kanal benennen

Im folgenden Fenster können Sie den Kanal benennen. Achtung: Denken Sie erst nach (am besten gemeinsam als Team) und vergeben Sie erst dann den Namen. Hintergrund ist, dass ein Kanal nur in Ausnahmefällen nachträglich umbenannt werden sollte. Denn beim Umbenennen muss auch der zugehörige SharePoint-Ordner umbenannt werden.

Wie gehen Sie vor, falls Sie doch mal einen Kanal umbenennen müssen? Worauf müssen Sie achten? Diese Fragen beantworten wir in einem Download, den Sie auf der Website zum Buch finden unter: www.buero-kaizen.de/edza

Kanal beschreiben

Falls der Name des Kanals nicht selbsterklärend ist, sollten Sie ihn im entsprechenden Feld mit wenigen Worten beschreiben.

Achten Sie außerdem darauf, dass Sie den Haken setzen bei „Diesen Kanal automatisch in der Kanalliste aller Benutzer anzeigen". Das sorgt dafür, dass alle Teammitglieder den neuen Kanal in der Kanalübersicht des Teams angezeigt bekommen. Andernfalls wird der Kanal zunächst ausgeblendet und steht den weiteren Teammitgliedern bis auf Weiteres nur in der gruppierten Aufstellung der ausgeblendeten Kanäle zur Verfügung. Mehr dazu lesen Sie weiter unten (Seite 94f.).

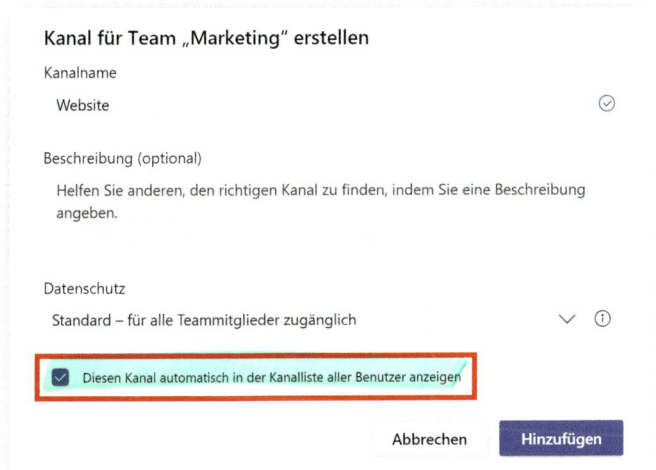

Haken setzen

Mit privaten Kanälen arbeiten

In einem Team können Sie zwei Arten von Kanälen erstellen:

- *Standard-Kanäle:* Kanäle, die mit der Datenschutz-Einstellung „Standard" erstellt werden, sind für alle Teammitglieder einsehbar. Demnach können auch alle Personen, die Teil des Teams sind, in diesen Kanälen mitarbeiten.

  Standard-Kanäle

- *Private Kanäle:* Über die Datenschutz-Einstellung „Privat" können Sie sogenannte private Kanäle anlegen. Damit lassen sich innerhalb eines bestehenden Teams spezielle virtuelle Räume schaffen, die nur einem ausgewählten Personenkreis des betroffenen Teams zugänglich sind. Nur diese Personen können den privaten Kanal einsehen und im Kanal mitarbeiten.

  Private Kanäle

Merkmale privater Kanäle

Private Kanäle haben folgende Merkmale:

- Es können keine teamfremden Personen zu einem privaten Kanal eingeladen werden. Bedingung für die Mitarbeit in einem privaten Kanal ist es also, dass die entsprechenden Personen auch Teil des Teams sind.
- Private Kanäle sind für Teammitglieder, die nicht für die Mitarbeit in die privaten Kanäle eingeladen worden sind, unsichtbar.

Kein zusätzliches Team nötig

Gibt es bei Ihnen sensible Themen, die nur von einem eingeschränkten Personenkreis eines bestehenden Teams eingesehen und bearbeitet werden sollen? Dann müssen Sie kein zusätzliches Team anlegen – ein privater Kanal ist das Mittel der Wahl. Private Kanäle helfen somit dabei, die Zahl der Teams klein zu halten.

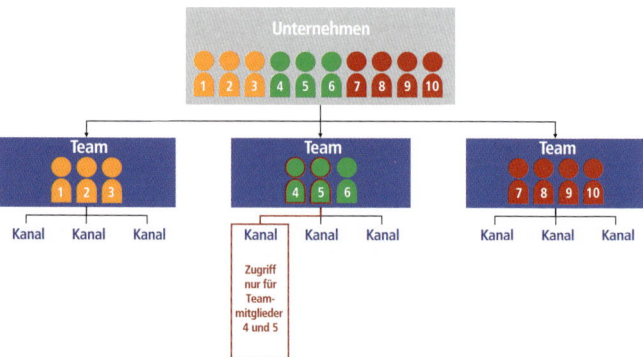

Räume für interne Kommunikation

Ein weiteres Beispiel: Sie haben ein Team, in dem auch unternehmensfremde Personen mitwirken – zum Beispiel Kunden, Partner oder Lieferanten? Dann können über private Kanäle für alle Unternehmensangehörigen Räume geschaffen werden, in denen sich das interne Projektteam auch zu projektbezogenen Themen austauschen kann, die vertraulich oder für die externen Teilnehmer nicht relevant sind.

Privaten Kanal erstellen

Um einen privaten Kanal anzulegen, wählen Sie beim Erstellen des neuen Kanals die Datenschutz-Option „Privat" aus.

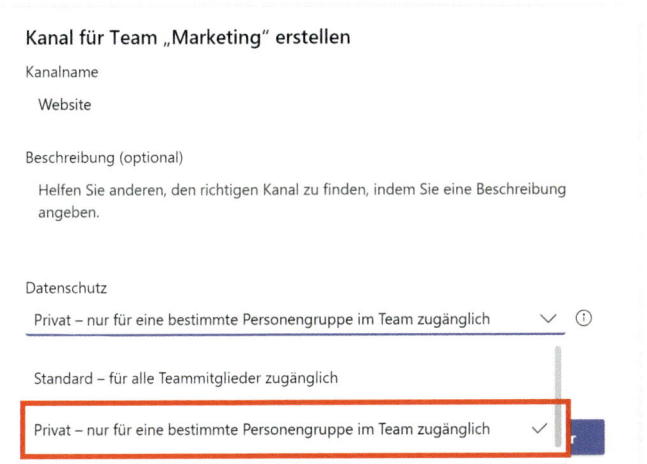

Option „Privat"

In privaten Kanälen weichen die Teilnehmer naturgemäß vom gesamten Teilnehmerkreis des Teams ab. Sie können sich einen Überblick über alle Teilnehmer verschaffen, indem Sie in einem privaten Kanal oben rechts auf das Symbol mit den zwei Personen klicken. Anschließend wird Ihnen die Übersicht aller Teilnehmer des Kanals eingeblendet:

Wer ist im privaten Kanal?

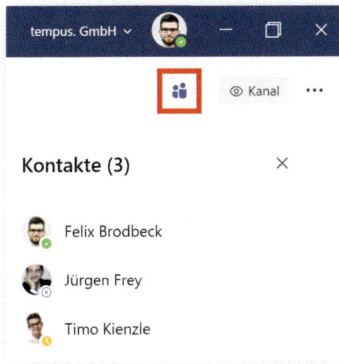

Möchten Sie Ihre Mitarbeit in einem privaten Kanal beenden, können Sie aus diesem austreten. Hier ist wieder zu raten, die anderen Mitglieder des Kanals vorab zu informieren.

Auf einem privaten Kanal austreten

Kanal verlassen Um auszutreten, klicken Sie rechts neben dem Kanalnamen auf das Symbol mit den drei Punkten und anschließend auf „Kanal verlassen". Dadurch verlassen Sie auch wirklich nur den privaten Kanal und nicht das gesamte Team.

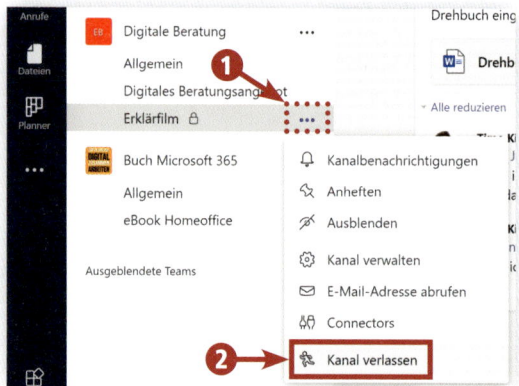

Kanäle aus- und einblenden

Sehr viele Kanäle sind möglich Pro Team können Sie sehr viele Kanäle anlegen (zum Zeitpunkt des Verfassens dieser Zeilen lag die Grenze bei 200). Die technische Grenze der Anzahl von virtuellen Räumen in einem Team werden Sie vermutlich (und hoffentlich) nie erreichen. Beim Anlegen neuer Kanäle können Sie pro Team für maximal zehn Kanäle gleichzeitig festlegen, dass diese Kanäle automatisch in der Kanalübersicht aller Teammitglieder angezeigt werden (wo Sie dies festlegen, sehen Sie auf Seite 91).

Spalte kann übersichtlich bleiben Microsoft Teams bietet die Möglichkeit, einzelne Kanäle aus- und auch wieder einzublenden. Damit vermeiden Sie, dass die Spalte am linken Bildschirmrand mit allen Teams und Kanälen zu lang und damit unübersichtlich wird und Sie scrollen müssen, um alle Teams bzw. Kanäle zu erreichen.

Einstellung ist individuell Das Ein- und Ausblenden von Kanälen ist eine Einstellung, die jedes Teammitglied individuell vornehmen kann. Sie überträgt sich nicht auf die anderen Teammitglieder. So kann jeder diejenigen Kanäle einblenden, die für einen gerade relevant sind.

Um Kanäle eines Teams auszublenden, klicken Sie dazu das Symbol mit den drei Punkten rechts neben den entsprechenden Kanälen an und klicken Sie anschließend auf „Ausblenden". Dadurch bleibt Ihre Teams-Struktur übersichtlich und die Zugriffszeiten auf die einzelnen Kanäle werden reduziert.

Kanäle ausblenden

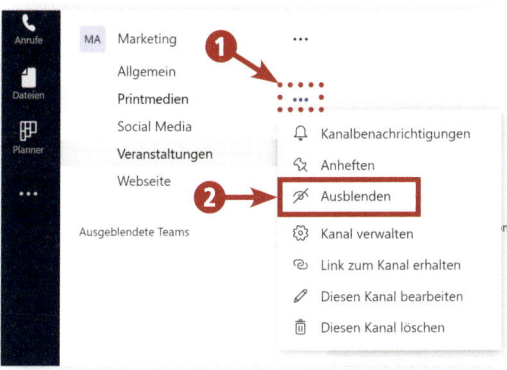

Ausgeblendete Kanäle werden Ihnen unterhalb der sichtbaren Kanäle eines Teams in einem gruppierten Bereich angezeigt.

Ausgeblendete Kanäle anzeigen

Auf ausgeblendete Kanäle können Sie zugreifen, ohne diese zuvor wieder einzublenden. Klicken Sie dazu den gewünschten Kanal im Bereich „Ausgeblendete Kanäle" an. Möchten Sie einzelne Kanäle wieder *dauerhaft* einblenden, wählen Sie „Anzeigen".

Auf ausgeblendete Kanäle zugreifen

Das Ausblenden von Kanälen hilft dabei, die Zahl der sichtbaren Kanäle in Ihren Teams auf ein notwendiges Minimum zu reduzieren. Dazu müssen die einzelnen Kanäle eine fest umrissene inhaltliche Trennschärfe aufweisen; es muss also zu jeder Zeit klar sein, welche Information in welchen Kanal gehört.

Zahl der sichtbaren Kanäle auf ein Minimum reduzieren

Kanäle für Teams mit vielen Mitgliedern moderieren

**Viele Beiträge,
schwindende Übersicht**
Verfassen viele Mitglieder eines Teams Beiträge in einem Kanal, wird der Kommunikationsverlauf schnell unübersichtlich. Die Zusammenarbeit steht in Gefahr, ineffizient zu werden.

**Wer darf neue
Unterhaltungen starten?**
Um einen Wildwuchs von Nachrichten zu vermeiden, können Moderatoren-Rollen vergeben werden. Dadurch wird innerhalb eines Kanals festgelegt, von welchen Personen neue Unterhaltungen gestartet werden dürfen. Alle restlichen Teilnehmer können über die Antworten-Funktion auf Unterhaltungen reagieren und so an der Kommunikation teilnehmen – neue Unterhaltungen können sie aber nicht in Gang setzen. Dies kann bei Kanälen mit vielen Teilnehmern sinnvoll sein.

**Einschränkung
festlegen**
Möchten Sie festlegen, wer neue Unterhaltungen starten darf, klicken Sie rechts neben dem entsprechenden Kanal auf die drei Punkte und anschließend auf „Kanal verwalten":

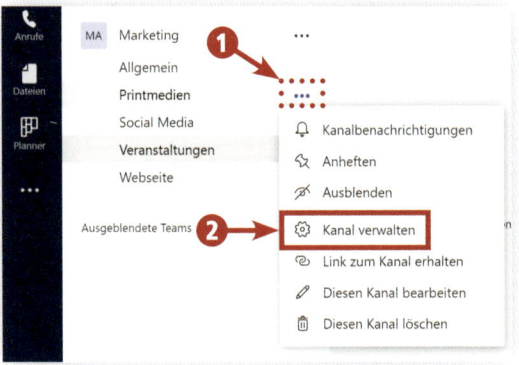

In dem sich öffnenden Fenster mit den Kanaleinstellungen lässt sich nun einschränken, wer neue Beiträge im Kanal starten darf:

Jeder außer Gästen
■ *Möglichkeit 1: Jeder außer Gästen kann neue Beiträge starten.* Setzen Sie hierzu im Bereich „Wer kann einen neuen Beitrag beginnen?" die Auswahl auf „Jeder außer Gästen kann einen neuen Beitrag starten". Dadurch können unternehmensinterne Mitglieder des Teams weiterhin neue Beiträge schreiben und Gäste nur noch auf diese Beiträge reagieren.

■ *Möglichkeit 2: Nur Moderatoren können neue Beiträge starten.*
Schalten Sie die Kanalmoderation ein, können nur noch
Teambesitzer und ausgewählte Mitglieder neue Beiträge einstellen. So lässt sich personengenau steuern, wer neue Beiträge schreiben und wer nur noch reagieren und antworten
kann. Auch Gäste können zu Moderatoren ernannt werden.
In diesem Fenster können Sie auch weitere Berechtigungen
der Teammitglieder festlegen.

Nur Moderatoren

**Berechtigungen
festlegen**

In unseren Beratungsprojekten begegnet uns oft das folgende
Szenario: Zu einer bestimmten Frage existiert eine Unterhaltung. Ein Teammitglied antwortet und schreibt seine Gedanken
nicht per „Antworten" unter diese Unterhaltung, sondern in das
Fenster „Neue Unterhaltung":

Typisches Szenario

Die Zugehörigkeit einzelner Nachrichten zu bestimmten Themen kann dann nur noch schlecht oder gar nicht mehr nach-
vollzogen werden. Über die Moderationsfunktion kann dies
verhindert werden. Teammitglieder können dann nicht mehr
versehentlich ihre Antworten als neue Unterhaltung schreiben,
statt die Antworten-Funktion zu nutzen.

**Moderationsfunktion
kann helfen**

Wichtige Kanäle oben anheften

Schnellzugriff ermöglichen Im Alltag werden Sie nicht alle Kanäle mit gleicher Intensität nutzen – es wird Kanäle geben, in denen Sie sehr häufig arbeiten bzw. in denen die relevantesten Inhalte entstehen. Für einen Schnellzugriff können Sie solche Kanäle ganz oben in Ihrer Teams-Leiste anheften.

Kanäle anheften Klicken Sie dazu rechts neben den entsprechenden Kanälen auf die drei Punkte und anschließend auf „Anheften".

Ganz oben in der Leiste Diese angehefteten Kanäle werden nun dauerhaft ganz oben in der Teams-Leiste aufgeführt.

Kanäle mit sinnvollen Funktionen ausstatten

Haben Sie einen Kanal erstellt, können Sie diesen nun mit den digitalen Funktionen ausstatten, die für die Zusammenarbeit notwendig sind. Dies geschieht innerhalb des Kanals auf der Ebene der Registerkarten (Apps). Zur Erinnerung: Die Ebene der Registerkarten (Apps) stellt die *funktionale* Ebene dar. Mit ihr ist es möglich, Programmfunktionalitäten einzubinden, die Microsoft Teams zum perfekten Ort für die Zusammenarbeit machen (vgl. Seite 70 sowie Seite 75):

Den Kanal mit Funktionen ausstatten

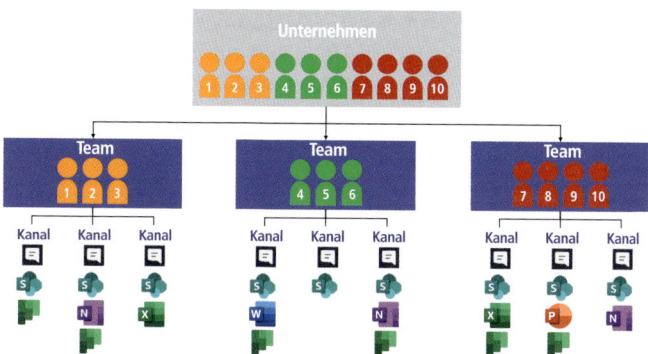

Für die gemeinsame Arbeit an Projekten in Microsoft Teams hat sich das Zusammenspiel der folgenden Tools bewährt:

Vier Tools

- Chatnachrichten, Beiträge (Unterhaltungen), Besprechungen und Anrufe innerhalb von *Microsoft Teams* für die gemeinsame Kommunikation (siehe Seite 113ff.)
- Dateien und Ordner in *SharePoint* für die gemeinsame Ablage von Dokumenten (siehe Seite 137ff.)
- ein Notizbuch in *OneNote* für die gemeinsame digitale Dokumentation (siehe Seite 152ff.)
- ein Plan in *Planner* für die gemeinsame Aufgabenplanung (siehe Seite 163ff.)

Dies alles geschieht unter dem Dach von Microsoft Teams. Sie müssen die Software nicht verlassen, um Funktionen wie die genannten zu nutzen.

Alles unter einem Dach

Ein Tool hinzufügen Um mit einem Tool arbeiten zu können, muss die zugehörige App dem Kanal zunächst hinzugefügt werden. Klicken Sie dazu oben bei den Registerkarten rechts auf das +-Symbol:

Die gewünschte App auswählen Die verfügbaren Apps werden angezeigt. Möchten Sie zum Beispiel Planner hinzufügen, klicken Sie das zugehörige Icon an:

Einige Hinweise und Erfahrungen:

- Privaten Kanälen lassen sich einige Apps nicht hinzufügen.
- **„Wiki"** Zu Beginn ist in allen Teams-Kanälen bereits das Tool „Wiki" eingebunden. In der von uns empfohlenen Tool-Kombination spielt es keine Rolle mehr – die Wiki-Funktionen werden optimal durch OneNote ersetzt. Daher entfernen wir diese Registerkarte direkt zu Beginn der Arbeit in einem Kanal.
- **Wenige Registerkarten** Halten Sie die Zahl der Registerkarten in Ihren Kanälen so gering wie möglich. Für die Arbeit reichen in vielen Kanälen schon die Registerkarten „Beiträge" und „Dateien" aus. Die Registerkarten „OneNote" für ein gemeinsames Notizbuch zur digitalen Dokumentation sowie „Planner" für eine gemeinsame Aufgabenplanung können bei Bedarf auch noch nachträglich in einen Kanal eingebunden werden.
- **Änderungen kommunizieren** Suchen Sie auch hier wieder das Gespräch mit den Mitgliedern des Teams: Die Zusammenarbeit läuft besser, wenn jede integrierte App zuvor an alle Teammitglieder kommuniziert und Spielregeln für den Umgang mit ihr festgelegt werden.

Gedanken zum Abschluss

Kanäle sind für Microsoft Teams das, was Ordner für die Dateiablage oder Abschnitte für OneNote sind: eine sehr wichtige Ebene, um sinnvolle Strukturen herzustellen. Werden Kanäle nicht durchdacht verwendet, sorgt dies für viel Chaos. Werden sie dagegen gut aufgebaut, ermöglichen sie jede Menge Effizienzgewinn.

Kanäle – ein wichtiges Strukturelement

Durch eine sinnvoll aufgebaute Kanalstruktur bewirken Sie folgende Effekte:

Sinnvolle Struktur, gute Effekte

- Die Such- und Zugriffszeiten werden für alle Beteiligten auf ein Minimum reduziert.
- Die Anzahl der einzelnen Teams bleibt überschaubar und es werden keine „leeren" Teams mit jeweils nur einem Kanal verwendet.
- Eine klare Trennschärfe zwischen den Kanälen sorgt dafür, dass keine Informationen an falschen Stellen landen.

Die besten Strukturen entstehen dort, wo sich im Vorfeld alle Teammitglieder untereinander abstimmen und sich für ein einheitliches Vorgehen entscheiden – ein Vorgehen, das alle verstehen und dann im Arbeitsalltag auch einheitlich anwenden können. Nehmen Sie alle Beteiligten mit ins Boot, wenn es um den Aufbau neuer Strukturen geht und vermeiden Sie es, dass Teams und Kanäle von einer Person erstellt und dann dem Rest des Teams kommentarlos vorgegeben werden. Letzteres sorgt nicht nur für Unklarheiten, sondern führt im schlimmsten Fall auch noch dazu, dass einzelne Personen nicht den einheitlichen Weg gehen, sondern den, den sie für richtig halten.

Einheitliches Vorgehen abstimmen

Hier gilt der Grundsatz: „Das Ziel besteht nicht darin, die perfekte Struktur aufzubauen. Das Ziel ist, dass alle Teammitglieder die gemeinsame Struktur einheitlich verwenden." Denn nur dann, wenn die Struktur von allen Teammitgliedern auf die gleiche Art und Weise genutzt wird, kann die Zusammenarbeit effizient und dauerhaft funktionieren.

Einheitliche Nutzung ist wichtiger als Perfektion

Ratschläge zum Setup von Microsoft Teams

Das Setup abrunden Sie haben Teams angelegt, Mitglieder hinzugefügt, Kanäle erstellt und diese mit den benötigten Funktionen versehen. Um das Setup abzurunden, finden Sie hier nun einige Hinweise, die sich in unserem Beratungsalltag schon bei vielen Kunden als hilfreich erwiesen haben.

Legen Sie nützliche Einstellungen für den Start fest

„Einstellungen" öffnen Mit nur wenigen Klicks können Sie für Microsoft Teams nützliche Verhaltensweisen festlegen. Klicken Sie dazu oben rechts auf Ihr Profil (das ist der kleine Kreis, der Ihr Profilbild, Ihre Initiale oder ein Icon zeigt) und anschließend auf das Zahnrad-Symbol mit dem Wort „Einstellungen".

Drei Haken setzen Nun öffnet ein Fenster. Setzen Sie im Bereich „Allgemein" die ersten drei Haken:

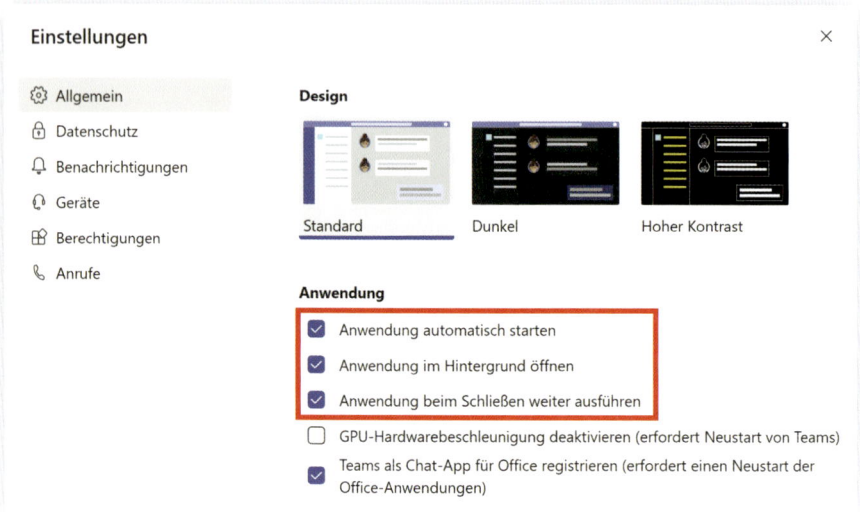

Das hat folgende Auswirkungen:

- Wenn Sie Ihren Rechner hochfahren, wird automatisch das Programm Microsoft Teams geladen. Wenn Sie es nutzen wollen, muss es nicht mehr mit langer Ladezeit gestartet werden, sondern öffnet sich in einem winzigen Augenblick.

Anwendung automatisch laden

- Die Anwendung wird im Hintergrund geöffnet. Dadurch muss das Programm trotz des automatischen Startens nicht von Hand minimiert werden, wenn Sie andere Programme verwenden wollen.

Im Hintergrund öffnen

- Das Programm wird auch beim Schließen weiter ausgeführt. Dieser Haken sorgt dafür, dass Microsoft Teams nach einem Klick auf das Schließen-✕ in der rechten oberen Ecke zwar aus der Taskleiste verschwindet, im Hintergrund aber weiterläuft. Der Vorteil: Das Programm bleibt empfangsbereit. Sie bemerken es also zum Beispiel, wenn in der Zwischenzeit innerhalb von Microsoft Teams Anrufe ankommen. Zudem synchronisieren die Dateien auch im Hintergrund. Und bei der nächsten Verwendung wird das Programm innerhalb des Bruchteils einer Sekunde wieder geöffnet.

Beim Schließen weiter ausführen

Verringern Sie unerwünschte Störungen

Wenn Sie beginnen, mit Microsoft Teams zu arbeiten, und sich in Ihren Kanälen etwas tut, werden Sie darüber benachrichtigt. Die Grundeinstellungen für die meisten Benachrichtigungsarten sind auf „Banner und E-Mail" gesetzt. Im Alltag kann das schnell nerven. Denn auf diese Weise werden Sie nicht nur bei jeder eingehenden Nachricht mit einem Pop-up-Fenster in der rechten Bildschirmecke gestört, sondern erhalten zusätzlich eine E-Mail, die Sie ein weiteres Mal auf die Neuigkeiten hinweist.

Benachrichtigungen können schnell nerven

Für die Arbeit in Microsoft Teams gilt aber genau wie auch für E-Mails: Schriftliche Nachrichten wie Chatmitteilungen oder Beiträge in Kanalunterhaltungen dürfen niemals dringend sein! Denn der große Vorteil an der zeitversetzten Kommunikation per Microsoft Teams ist ja gerade, dass sie nicht sofort, sondern auch erst nach einer gewissen Zeit verarbeitet werden können. Für dringende Nachrichten sind zeitgleiche Kommunikationswege wie Besprechungen oder Anrufe zu nutzen (vgl. S. 114).

Dringende und weniger dringende Nachrichten

Was nicht dringend ist, darf nicht stören

Was nicht dringend ist, das darf Sie auch nicht stören. Denn jede unerwünschte Störung behindert Ihre Konzentration auf die Aufgabe, der Sie sich gerade widmen.

„Nur in Feed anzeigen"

Die empfohlene Benachrichtigungsart in Microsoft Teams heißt daher bei den meisten Einstellmöglichkeiten: „Nur in Feed anzeigen". Der Feed oder auch Aktivitäten-Bereich wird dadurch in Microsoft Teams zu dem, was der Posteingang im E-Mail-Programm ist.

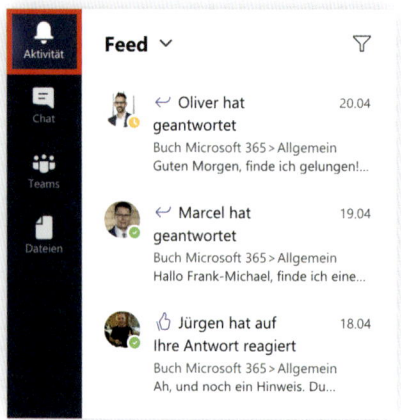

„Aus"

An den wenigen Stellen, an denen die Option „Nur in Feed anzeigen" nicht aktiviert werden kann, können Sie die Benachrichtigungen auf „Aus" setzen.

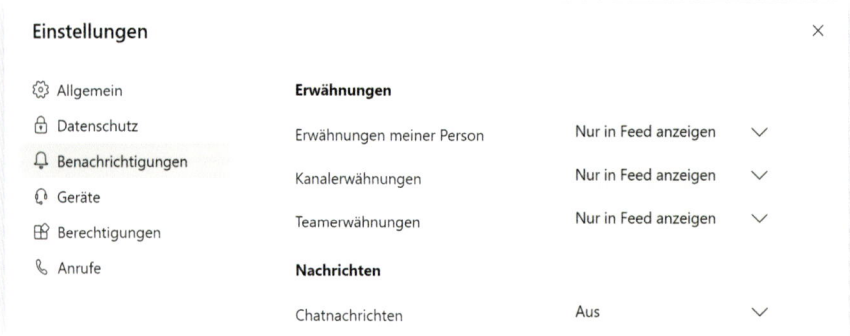

Mit dem Anpassen der Benachrichtigungseinstellungen reduzieren Sie die Mitteilungen auf ein sinnvolles Minimum.

Der Aktivitäten-Bereich (1) mit dem Feed (2) ist wie ein zentraler „Posteingang" für neue Informationen innerhalb von Microsoft Teams. Die rechte Programmhälfte ist mit dem Lesebereich in Outlook vergleichbar. Er fungiert als Vorschau und als Arbeitsbereich für die einzelnen Inhalte (3).

Ähnlich wie im E-Mail-Programm

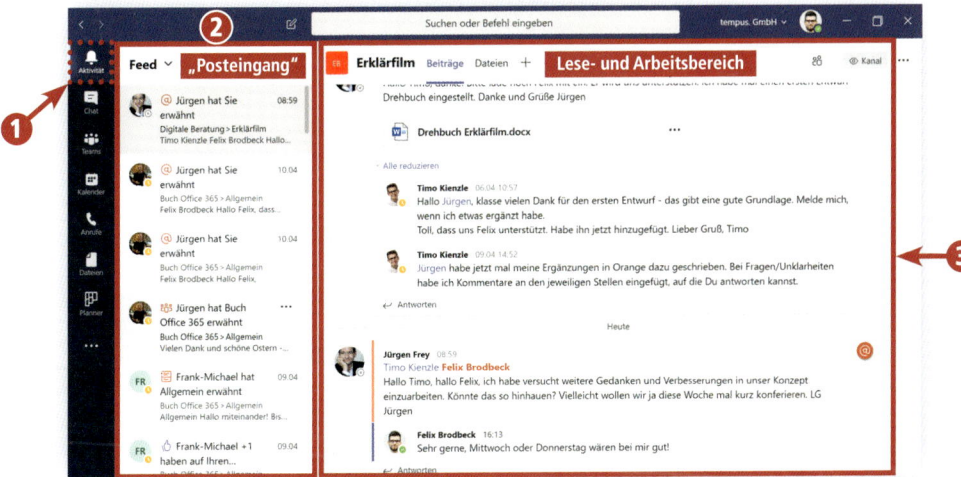

Im Zuge des Verarbeitens verringert sich dann auch die Zahl der ungelesenen Elemente im Aktivitäten-Bereich so ähnlich wie beim Posteingang im E-Mail-Programm. Wird kein ungelesenes Element mehr angezeigt, sind Sie auf dem Laufenden.

Zahl ungelesener Elemente

Welche Elemente im Feed angezeigt werden, können Sie mit Filtern einstellen. Auf diese Weise helfen Filter dabei, den Überblick zu behalten. Welche Möglichkeiten es gibt und was wir dazu empfehlen, zeigen wir Ihnen in einem Gratis-Download. Sie finden ihn auf der Website zum Buch unter: www.buero-kaizen.de/edza

Nutzen Sie mehrmals am Tag Zeitblöcke, in denen Sie die Nachrichten verarbeiten, die in Microsoft Teams eingegangen sind. Lassen Sie sich in der Zwischenzeit nicht von neuen Nachrichten stören. Arbeiten Sie lieber konzentriert an Ihren Aufgaben. Wir nennen das proaktives statt reaktives Arbeiten.

Nachrichten in Zeitblöcken verarbeiten

Gestalten Sie die Berechtigungen innerhalb der Teams

Einstellungen für Team-Besitzer
Sind Sie Team-Besitzer, dann können Sie auch innerhalb der einzelnen Teams viele Einstellungen vornehmen.

Die Einstellungen für ein Team erreichen Sie, indem Sie rechts neben dem Team-Namen auf das Symbol mit den drei Punkten und anschließend auf „Team verwalten" klicken.

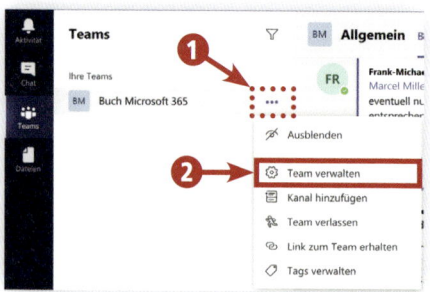

Einstellungen öffnen
Im sich öffnenden Verwaltungsbereich des Teams gibt es eine Registerkarte mit dem Namen „Einstellungen".

Hier können Sie unter anderem festlegen, welche Berechtigungen die internen Team-Mitglieder und die externen Team-Gäste haben. Zwei Beispiele:

Beispiel: Kanäle löschen
- So können Sie etwa einstellen, dass Team-Mitglieder und Gäste keine Kanäle löschen dürfen, um versehentlichen Datenverlust zu vermeiden.

Beispiel: Private Kanäle
- Genauso kann das Erstellen von privaten Kanälen für Team-Mitglieder eingeschränkt werden, um zu vermeiden, dass unübersichtliche Strukturen in einem Team entstehen.

Unsere Empfehlung
Empfehlung: Solche technischen Einschränkungen sollten lediglich unterstützend eingesetzt werden. Sie dürfen niemals die Sensibilisierung und das Verständnis der Mitarbeiter ersetzen. Alle Mitarbeiter sollten für die Zusammenarbeit mit Microsoft

Teams geschult werden – und zwar nicht nur in der technischen Bedienung, sondern vor allem hinsichtlich des gemeinsamen und sinnvollen Nutzens der Programmmöglichkeiten.

Ein Mitarbeiter, der im Zuge dieser Schulung weiß, was er tut und was er vor allem bewusst sein lässt, wird die Möglichkeiten von Microsoft Teams effizienter verwenden als ein Mitarbeiter, dem jeder zweite Klick technisch verboten wird. Wenn geschult wird, können die Berechtigungen entsprechend großzügig eingeräumt werden:

Nicht zu viel verbieten

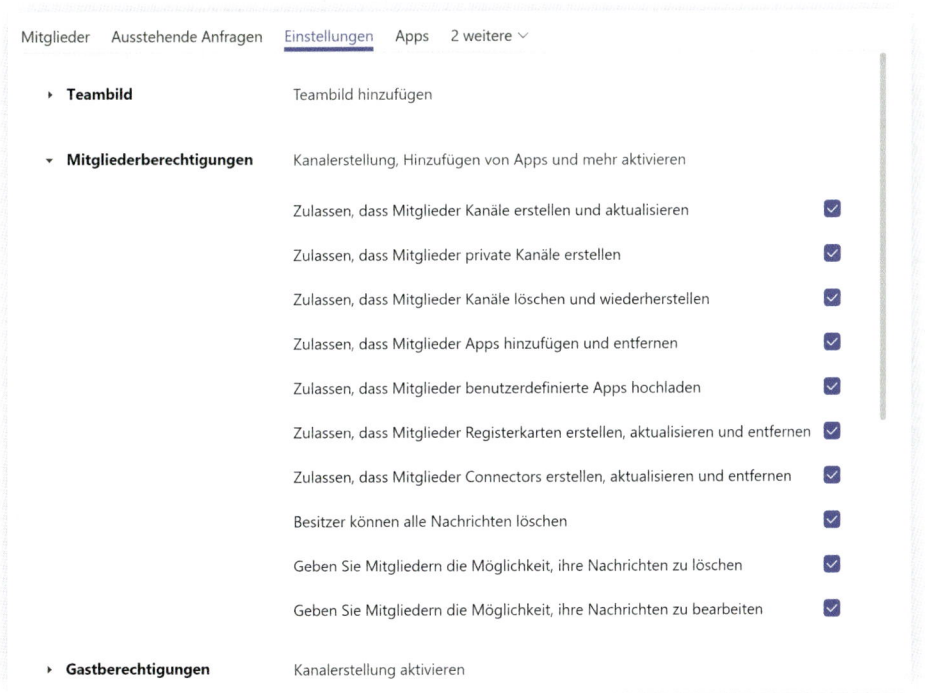

Werden Einstellungsmöglichkeiten beschränkt, dann sollte dies nach vorheriger Einweisung geschehen und mit dem Ziel, beispielsweise Datenverlust vorzubeugen oder ein unkontrolliertes Wachstum der Strukturen (Teams, Kanäle, Registerkarten) zu verhindern.

Wenn Sie Möglichkeiten beschränken wollen

Halten Sie nützliche Festlegungen in Spielregeln fest

Fragen für einen gelingenden Start

Sie haben sich zu Fragen ausgetauscht wie zum Beispiel:

- Wie ist beim Anlegen neuer Teams vorzugehen?
- Wer legt ein neues Team an und wer wird als Stellvertreter ebenfalls zum Team-Besitzer ernannt? Welche Einstellungen nehmen die Besitzer an ihren Teams vor?
- Wer wird den Teams als Teilnehmer hinzugefügt – und mit welchen Rollen?
- Welche Kanäle werden angelegt, um den Teams eine sinnvolle Binnenstruktur zu geben?
- Wer legt die Kanäle an? Und wer löst Kanäle wieder auf, wenn ein Projekt abgeschlossen ist und ein Kanal nicht mehr benötigt wird?
- Welche Funktionen sollen die Kanäle typischerweise haben? Wer bindet neue Apps als Registerkarten in die Kanäle ein?
- Welche Einstellungen werden den Nutzern von Microsoft Teams empfohlen?

Spielregeln

Halten Sie die Entscheidungen, die Sie getroffen haben, schriftlich fest. Das kann jeweils in wenigen Worten geschehen. Wir sprechen hier gerne von Spielregeln.

Funktionen

Spielregeln haben folgende Funktionen und Wirkungen:

- Spielregeln helfen Ihnen dabei, eine dauerhaft schlanke und übersichtliche Struktur zu erhalten.
- Sie schaffen Transparenz für alle Teammitglieder.
- Sie reduzieren Suchzeiten.
- Sie sind hilfreich, wenn es darum geht, später erneut ähnliche Entscheidungen zu treffen.

In einem Satz: Spielregeln unterstützen Sie dabei, mit Ihrem Team erfolgreich digital zusammenzuarbeiten.

Spielregeln auch für genutzte Apps

Binden Sie Apps wie OneNote oder Planner in Microsoft Teams ein, sollten Sie für das entsprechende Setup ebenfalls Spielregeln vereinbaren. Hier stellen Spielregeln sicher, dass diese Tools von allen Teammitgliedern auf die gleiche Art und Weise eingerichtet und genutzt werden.

Wir haben Muster-Spielregeln für das Setup in Microsoft Teams aufbereitet. Sie finden diese als Gratis-Download auf unserer Website zum Buch unter: www.buero-kaizen.de/edza

Gedanken zum Abschluss

Der Erfolg der Zusammenarbeit mithilfe von Microsoft Teams entsteht nicht nur durch das richtige Anwenden der technischen Funktionen. Eine gute Sensibilisierung für das zielgerichtete Miteinander, das Wissen, worauf es ankommt und wo Fallstricke lauern, sowie gemeinsam vereinbarte Spielregeln sind mindestens genauso wichtig.

Wichtig für den Erfolg

In der Beratungspraxis sehen wir dagegen oft, dass sich Unternehmen bevorzugt auf technische Vorgaben und Einschränkungen verlassen, um die Zusammenarbeit in Microsoft Teams zu steuern. Schulungen für alle Mitarbeiter, proaktive Absprachen und sinnvolle Spielregeln bringen hier die digitale Zusammenarbeit in besonderer Weise voran.

Was die Zusammenarbeit voranbringt

Wenn Sie die Anregungen dieser Seiten umsetzen, vereinfacht dies die (Zusammen-)Arbeit für alle beteiligten Personen:

Vereinfachung für alle Beteiligten

- Das Programm Microsoft Teams ist für den Sofort-Zugriff eingerichtet.
- Durch die Anpassung der Benachrichtigungseinstellungen vermeiden Sie unnötige Unterbrechungen.
- Sie nutzen den Feed im Aktivitäten-Bereich als zentralen Posteingang in Microsoft Teams.
- Durch Schulungen sowie ggf. Anpassungen der Berechtigungen in einem Team verhindern Sie Datenverlust und ausufernde Strukturen.
- Sie beginnen die Zusammenarbeit an neuen Projekten mit einem Muster-Setup, in dem sich von Anfang an alle Teammitglieder zurechtfinden.
- Für die Zusammenarbeit in Microsoft Teams legen Sie Spielregeln fest, die allen Beteiligten Orientierung geben.

Ob man ein gutes Team ist, zeigt sich am Ergebnis.

Marcel Miller

Mit Microsoft Teams arbeiten

2

Stellen Sie sich vor, Sie hätten die Möglichkeit, einen Arbeitsraum für Ihr Projektteam so einzurichten, wie es für Ihr Vorhaben sinnvoll ist. Wie würde so ein Raum aussehen? Die Antwort hängt ganz davon ab, was und wie Sie arbeiten möchten.

Raum für ein Projektteam

Die Software Microsoft Teams stellt Ihnen die Funktionen eines solchen Arbeitsraumes zur Verfügung. Hier finden Sie in digitaler Form alles, was Sie für eine erfolgreiche Team- und Projektarbeit benötigen.

Alles in digitaler Form

Mithilfe dieses Kapitels statten Sie Ihren virtuellen Projekt- und Teamraum Schritt für Schritt aus. Es geht dabei um:

- Kommunikation
- Datenablage
- Dokumentation
- Projektmanagement
- Umfragen

Den Raum ausstatten

In unserem Projektraum kümmern wir uns zunächst um die *Kommunikationsmöglichkeiten.* Sie wollen vermutlich kurze Klärungen mit einzelnen Mitgliedern Ihres Teams herstellen, Gespräche per Audio und Video führen sowie Themen mit dem gesamten Projektteam wie auch mit kleineren Einheiten besprechen. Microsoft Teams stellt hierfür alle Möglichkeiten zur Verfügung. Sie werden Funktionen wie Chats, Unterhaltungen in Kanälen, Besprechungen und Anrufe kennenlernen.

Kommunizieren
▶ ab Seite 113

Während des Projektes werden Sie mit Ihrem Team *Unterlagen erarbeiten* – entweder gemeinsam oder in Einzelarbeit. In Ihrem digitalen Projektraum steht automatisch schon eine Art Aktenschrank bereit, zu dem alle Personen Ihres Projektteams Zugriff haben. Jeder kann in diesen Schrank einzelne Dokumente sowie ganze Ordner legen. Sie werden erfahren, wie Sie

Daten ablegen und wiederfinden
▶ ab Seite 137

diesen virtuellen Aktenschrank so strukturieren, dass Sie die Dateien sinnvoll ablegen – und auch wiederfinden.

Dokumentieren und protokollieren
▶ **ab Seite 152**

Ein Meeting gewinnt an Wirksamkeit, wenn die Ergebnisse für alle Beteiligten gut auffindbar *protokolliert* werden. Haben alle Teammitglieder jederzeit und von überall aus Zugriff auf die Protokolle, dann entsteht Transparenz. Kann ein Teammitglied die aktuellen Entscheidungen einsehen, kommt es auch nach einer Abwesenheit schnell auf den neuesten Projektstand. Zum Dokumentieren und Protokollieren werden Sie die Verknüpfung von Microsoft Teams mit dem digitalen Notizbuchsystem OneNote nutzen.

Aufgaben organisieren
▶ **ab Seite 163**

Im physischen Büro arbeiten Sie wahrscheinlich nicht rund um die Uhr mit Ihrem Projektteam im selben Besprechungszimmer. Vielmehr kehren Sie nach einem Meeting an Ihren Arbeitsplatz zurück und arbeiten nun an den anstehenden *Aufgaben*. Vielleicht nutzen Sie in realen Meetings eine Kanban-Tafel, um schnell Teilprojekte in Aufgaben zu gliedern und Bearbeitern zuzuweisen. Dies ist auch in Microsoft Teams möglich. Wie Sie Aufgaben am besten organisieren, den Überblick zwischen Ihren persönlichen Aufgaben und denen des Teams behalten, erfahren Sie anhand der Werkzeuge Planner und ToDo.

Umfragen erstellen und auswerten
▶ **ab Seite 179**

Gerade die gute Kombination unterschiedlicher Persönlichkeitstypen macht ein Team so richtig erfolgreich. Wir wissen aber auch: Nicht jeder meldet sich gleichermaßen zu Wort; die Redeanteile sind meist nicht gleich verteilt. Abhilfe schaffen hierbei digitale *Umfragen*, die Sie direkt in Ihrem Team-Raum erstellen, durchführen und auswerten können. Selbstverständlich sind solche Umfragen auch außerhalb des Teams nutzbar, etwa für Kundenumfragen. Sie können auch genutzt werden, um die Essenbestellung beim lokalen Lieferservice ohne ausufernde Chat- oder E-Mail-Kommunikation zu erzeugen.

Los gehts!

Damit haben Sie alles, was Sie für eine erfolgreiche Teamarbeit benötigen, vor sich. Richten Sie den Raum Schritt für Schritt ein. Los gehts!

2.1 Als Team kommunizieren

Auf die Frage hin, wie viele Kommunikationswerkzeuge denn im Einsatz wären, antwortete der Abteilungsleiter eines mittelständischen Unternehmens nach gedanklichem Durchzählen:

„Neun: E-Mail, Telefon, Skype, Cisco Jabber, Microsoft Teams, Fax, CRM, WhatsApp, Share-Point-Arbeitsräume.“

Neun Werkzeuge! Nicht mitgerechnet sind Unterbrechungen durch Kollegen und zahllose Meetings. Wie soll man da noch den Überblick behalten und vor lauter Kommunikation noch klar denken, geschweige denn strukturiert arbeiten? Die vielen Kommunikationsmittel im Blick zu behalten, kostet schnell mehr produktive Zeit, als ihre Nutzung mithilfe der jeweiligen Features einspart. Zudem ist es kaum möglich, die jeweils sinnvollen Funktionen von so vielen Kommunikationswerkzeugen zu kennen und im Alltag auch wirklich zu nutzen.

Wie soll man da klar denken?

Microsoft Teams ermöglicht es, die Zahl der Werkzeuge deutlich zu reduzieren. Wenn Sie weniger Tools im Auge behalten müssen, verringert sich damit gleichzeitig die Komplexität Ihres Arbeitsalltages. Es bleibt Ihnen spürbar mehr Energie für das Voranbringen der Aufgaben und Projekte. Und Sie haben die Chance, die einzelnen Funktionen der Software zu verstehen und bewusst zu nutzen.

Es bleibt Ihnen mehr Energie

Zu hoffen, dass der Einsatz von Microsoft Teams Ihr Aufkommen an E-Mails, Telefonaten, Nachrichten & Co. verringert, ist allerdings nur halb richtig: Das Ausmaß der Kommunikation über andere Wege wird weniger werden. Korrekt. Dafür verlagert sich die Kommunikation auf eine andere Plattform – eben auf Microsoft Teams. Wenn Sie diese jedoch richtig nutzen, wird Microsoft Teams der Turbo für Ihre Arbeit werden. Hier zeigen wir Ihnen, wie Sie dabei vorgehen und worauf es ankommt.

Gute Kommunikation wird zum Turbo Ihrer Arbeit

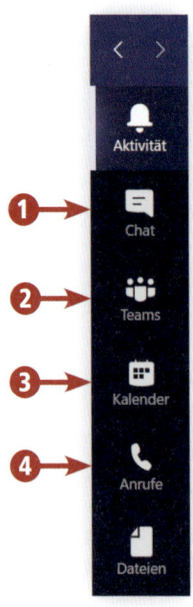

Microsoft Teams bietet Ihnen vier Kommunikationswerkzeuge:

1. *Chat:* Hier starten Sie einen Nachrichtenaustausch mit einzelnen Personen oder setzen einen solchen Austausch fort. Wie Chats funktionieren, erläutern wir im Unterkapitel „Chats" ab Seite 115.

2. *Kanäle*: Das Herzstück von Microsoft Teams finden Sie im Bereich „Teams". Hier findet die Unterhaltung zwischen Mitgliedern fester Teams innerhalb von Kanälen statt. Das erläutern wir im Kapitel „Kanäle" ab Seite 119.

3. *Besprechungen:* Im Bereich „Kalender" können Sie virtuelle Meetings mit mehreren Teilnehmern terminieren. Mehr dazu unter „Besprechungen" ab Seite 124.

4. *Anrufe:* Mit dieser Funktion können Sie Audio- sowie Videoanrufe ausführen. Dazu finden Sie praktische Hinweise unter „Anrufe" ab Seite 130.

Für welche Situation ist welches Werkzeug geeignet? Die Eigenschaften der vier Werkzeuge geben Orientierung:

Zeitversetzte Kommunikation
■ Chats und Kanäle ermöglichen eine *zeitversetzte* Kommunikation. Sie sind daher gut für Nachrichten und Fragen geeignet, die nicht sofort, sondern auch erst nach einer gewissen Zeit verarbeitet werden können. Schriftliche Nachrichten wie Chatmitteilungen oder Beiträge in Kanalunterhaltungen dürfen daher *niemals dringend* sein.

Zeitgleiche Kommunikation
■ Für dringende Nachrichten verwenden Sie *zeitgleiche* Kommunikationswege wie Besprechungen und Anrufe. Wählen Sie diese Wege auch dann, wenn eine unmittelbare Reaktion nötig ist (etwa die schnelle Antwort auf eine Frage).

Matrix der Kommunikations-werkzeuge	Zeitversetzt (asynchron)	Zeitgleich (synchron)
Geht **Einzelne** an	Chat	Anruf
Geht **alle** an	Kanal	Besprechung

Chats

Chats nutzen Sie für Inhalte, die Einzelne angehen und die nicht dringend sind. Hier bleibt es Ihrem Gesprächspartner überlassen, wann er antwortet. Eine Chatnachricht ist vergleichbar mit einer E-Mail an eine Person. Der Austausch per Chat kann unabhängig von der Zugehörigkeit zu einem Team erfolgen.

An Einzelne gerichtet, nicht dringend

Meist sind Textumfang und Reaktionszeit sehr kurz gehalten, was Vor- und Nachteile hat.

Die Vorteile eines Chats sind:

Vorteile

- Kleinigkeiten sind einfach zu klären
- wenig formal und dadurch schnell (je nach Thema deutlich schneller als E-Mail oder Telefon)
- Informationen – beispielsweise über den Status eines Vorgangs – können rasch weitergegeben werden
- gut geeignet für kurze Abstimmungen

Nachteilig dagegen sind:

Nachteile

- hohe Frequenz und damit viele Reaktionsnotwendigkeiten
- mögliche Missverständnisse
- Erkalten der Beziehungen, da sehr direkt (ohne Anrede, Grußformel)
- es kann ein Ping-Pong-Effekt ohne Ergebnis entstehen
- Erwartung einer schnellen Reaktion des Gegenübers (bei fehlenden Spielregeln)

Durch fehlende Mimik und Tonlage entsteht in Chats Raum für Fehlinterpretationen und Missverständnisse. Auch Emojis helfen nur bedingt weiter. Es besteht die Gefahr, dass ein Ausrufezeichen fehlinterpretiert oder ein Emoji falsch eingesetzt wird.

Gefahren

Je größer das Vertrauen in einem Team ist und je besser sich die Beteiligten persönlich kennen, desto einfacher ist die Kommunikation über nonverbale Wege wie Chats. Kennen sich die Beteiligten dagegen wenig oder gar nicht, kann es schneller schwierig werden und der Kommunikationsaufwand steigt. Achten Sie darauf und formulieren Sie entsprechen achtsam.

Achtsam formulieren

Chat mit einer Person

So gehen Sie vor, um einen Chat mit einer Person zu starten:

Neuer Chat

1. Klicken Sie oben links neben der Such- und Befehlszeile auf das Symbol „Neuer Chat".

Empfänger auswählen

2. Sobald Sie in das Eingabefeld tippen, werden Ihnen Personen anhand der eingegebenen Buchstaben vorgeschlagen. Per Klick auf den Vorschlag (oder das Drücken der Entertaste) fügen Sie die gewünschte Person hinzu.

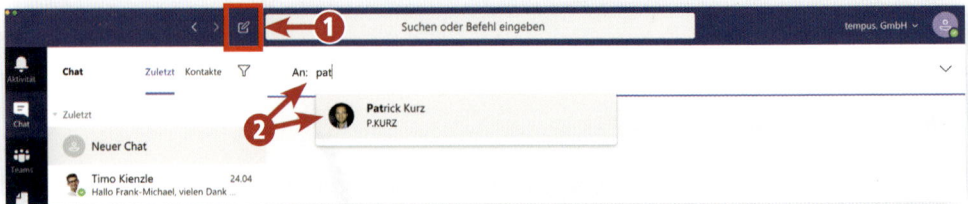

3. Geben Sie nun Ihre Nachricht ein.

Unter dem Feld, in das Sie Ihre Nachricht schreiben, finden Sie einige Möglichkeiten, mit denen Sie Ihre Nachricht anreichern können. Welche Möglichkeiten das sind und was wir hierzu empfehlen, zeigen wir Ihnen in einem Gratis-Download. Sie erhalten diesen auf der Website zum Buch unter: www.buero-kaizen.de/edza

Chats über die Grenzen hinaus

Es ist möglich, mit Personen außerhalb der eigenen Teams und sogar außerhalb der eigenen Organisation zu chatten – vorausgesetzt, diese besitzen einen Microsoft Teams-Account. Geben Sie hierzu einfach die vollständige E-Mail-Adresse in das Feld ein, zum Beispiel Max.Mustermann@outlook.com

Nützliches Tastaturkürzel

Extratipp: Nutzen Sie das Tastaturkürzel Strg+N (Mac: Command+N), um aus jedem Bereich von Teams einen neuen Chat zu starten, ohne vorher in den Chatbereich zu wechseln. Nur wenn Sie im Bearbeitungsmodus einer Datei sind (z. B. Word), funktioniert das Tastaturkürzel nicht.

Gruppenchat

Ein Chat muss nicht auf einen Chatpartner begrenzt bleiben. Sie können weitere Personen zu einem Chat hinzufügen.

Chats mit mehreren Personen

Einen Gruppenchat starten Sie wie auf Seite 116 unter 1. beschrieben. Sie fügen nun *mehrere* Personen hinzu. Geben Sie einfach nacheinander die gewünschten Namen ein und klicken Sie jeweils auf den Vorschlag (oder drücken Sie die Entertaste).

Gruppenchat starten

Der Gruppenchat ist nun – wie auch Ihre Chats mit den Einzelpersonen – jederzeit über die seitliche Chatspalte erreichbar.

Übrigens: Wenn Sie auf das Stiftsymbol klicken, können Sie dem Gruppenchat einen Namen geben (zum Beispiel „Fahrgemeinschaft" oder „Mittagessensgruppe".

Gruppenchat benennen

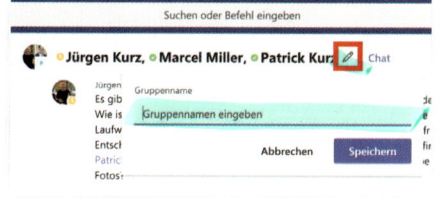

Ist der Gruppenchat einmal erstellt, dann haben Sie damit Zugriff auf einen festen Personenkreis, mit dem Sie immer wieder kommunizieren können. Sie müssen die Personengruppe dazu nicht jedesmal neu zusammenstellen. Mit einem Klick können Sie sich etwa mit Ihrer Fahrgemeinschaft schnell abstimmen.

Zugriff auf einen festen Personenkreis

Bei Bedarf können Sie einem Gruppenchat auch später noch Personen hinzufügen. Klicken Sie dazu auf das markierte Symbol in der rechten oberen Ecke. Sie können entscheiden, ob Sie den bisherigen Chatverlauf einschließen möchten oder nicht.

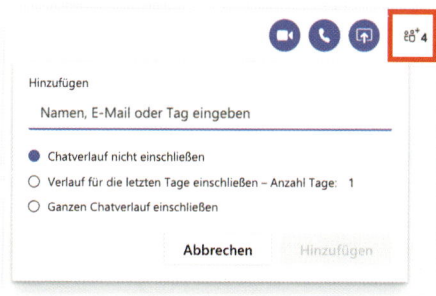

Praktische Tipps für das Nutzen von Chats

Hier sind drei Tipps, die das Arbeiten mit Chats erleichtern:

Reaktionszeit vereinbaren
- Legen Sie gemeinsam mit Ihren Chatpartnern schon gleich zu Beginn fest, innerhalb welchen Zeitraums eine Reaktion bei Chatnachrichten gegenseitig erwartet werden kann. Beispiel: Innerhalb von 24 Stunden (an Werktagen).

Einen Chat „anheften"
- Sie können einen Chat „anheften". So bleibt er in der Chatspalte immer oben und ist entsprechend schnell erreichbar. Das ist sinnvoll, wenn Sie sehr viele Chats in Ihrer Spalte haben. Um einen Chat anzuheften, bewegen Sie die Maus in der Chatspalte auf den gewünschten Eintrag. Es erscheinen drei Punkte (1). Klicken Sie auf diese Punkte. Wählen Sie in dem Fenster, das sich öffnet, die Option „Anheften" aus (2).

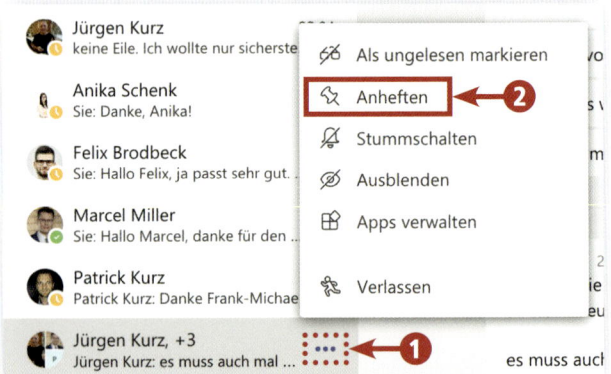

Einen Zeilenumbruch einfügen
- Die Entertaste hat bei Chats nicht die gewohnte Funktion, eine neue Zeile zu beginnen – Ihre Nachricht wird gesendet, sobald Sie auf Enter drücken. Dies ist übrigens auch bei den Kanälen der Fall. Möchten Sie in Ihrer Chatnachricht eine neue Zeile beginnen, dann drücken Sie die Umschalttaste (=Shifttaste) zusammen mit der Entertaste.
  Alternativ dazu können Sie auch die Formatierungsoptionen öffnen. Klicken Sie dazu auf das markierte Symbol. Es öffnet sich ein Fenster, in dem Sie schreiben können, wie Sie es gewohnt sind. So lange Sie in diesem Fenster sind, fügt das Drücken der Entertaste einen Zeilenumbruch hinzu.

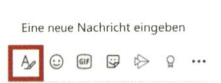

Kanäle

Microsoft Teams ist so angelegt, dass Teilnehmer eines Teams in Kanälen kommunizieren, die für dieses Team erstellt wurden. Eine Nachricht an ein Team innerhalb eines solchen Kanals wird Beitrag genannt. Beiträge nutzen Sie für Themen, die das Team angehen und die nicht dringend sind. Es bleibt den Teilnehmern des Teams überlassen, wann sie den Beitrag lesen und bei Bedarf antworten.

An das Team gerichtet, nicht dringend

Ein solcher Beitrag ist vergleichbar mit einer E-Mail an einen E-Mail-Verteiler: Jedes Mitglied dieses Verteilers bekommt die Nachricht zugestellt. Mit einem Beitrag in einem Kanal Ihres Teams können Sie aber einen wesentlichen Nachteil von E-Mails beheben: Alle Informationen befinden sich für alle beteiligten Personen jederzeit an einem definierten Platz und nicht über diverse E-Mail-Postfächer verstreut. Zudem kann das Projektteam jederzeit erweitert werden, ohne dass die gesamte Kommunikation und die zugehörigen Dokumente via E-Mail nachgereicht werden müssen.

Vorteile gegenüber E-Mails

Für die schriftliche Kommunikation innerhalb eines Teams kann daher gelten: Alles, was es über das betreffende Thema oder Projekt zu sagen gibt und für alle Mitglieder des Kanals relevant ist, gehört ab sofort nur noch an *einen* Ort: nämlich in den passenden Kanal.

Alles im zugehörigen Kanal

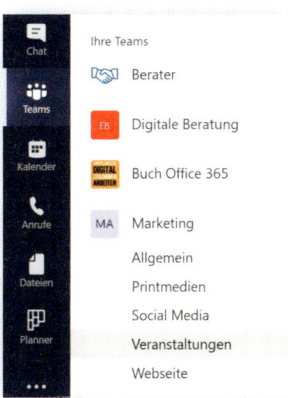

Beispiel: Es gibt das Team „Marketing", das die Aufgabenbereiche Printmedien, Social Media, Veranstaltungen sowie Website bearbeitet. Zu jedem Aufgabenbereich wurde ein Kanal erstellt. Alles, was das Team „Marketing" zum Thema „Veranstaltungen" kommuniziert, wird in den zugehörigen Kanal „Veranstaltungen" geschrieben.

Beispiel: Kanal „Veranstaltungen"

Neue Unterhaltung starten

1. Wechseln Sie im Haupt-
menü zum Bereich „Teams"

Kanal auswählen
2. Wählen Sie den Kanal eines
bestehenden Teams aus.

Nachricht eingeben und absenden
3. Geben Sie nun Ihre Nachricht ein und senden Sie
diese anschließend ab.

Neue Unterhaltung. Geben Sie zum Erwähnen @ ein.

Informationen mitteilen
Wenn Sie eine neue Unterhaltung in einem Kanal starten, be-
kommt jedes Mitglied des Teams diese Nachricht. Um beim
Beispiel mit der Kommunikation im Marketingteam zum
Thema „Veranstaltungen" zu bleiben: Im Prinzip funktionieren
Kanäle so, als würde man einen E-Mail-Verteiler für das Thema
„Veranstaltungen" erstellen und nun immer alle Mitarbeiter
des Marketingteams anschreiben. Geht es um Informations-
verteilung, ist das auch völlig in Ordnung.

Einzelpersonen ansprechen
Möchten Sie jedoch gezielt einzelne Personen ansprechen und
erwarten Sie von diesen eine Reaktion, dann setzen Sie
@Erwähnungen ein. Das funktioniert so:

1. Sie tippen das @-Symbol in das Nachrichtenfeld (1).
2. Sie bekommen nun automatisch die Mitglieder des Kanals als
Auswahlmöglichkeit in einem Vorschaufenster angezeigt (2).
Wählen Sie die anzusprechende Person aus.
3. Nach dem Absenden erhalten die per @ erwähnten Personen
im Bereich „Aktivität" einen entsprechenden Hinweis, aus dem hervorgeht, dass sie erwähnt wurden.

Die Nachricht ist auch für alle anderen Mitglieder des Kanals sichtbar.

Es sind verschiedene Arten von @Erwähnungen möglich:

Arten von @Erwähnungen

- @*Vorname Nachname* erwähnt eine Einzelperson. Sie können mehrere Einzelpersonen in einer Nachricht erwähnen, wenn Sie jeweils erneut das @-Symbol voranstellen.
- @*Kanalname* informiert alle Teilnehmer eines Kanals in einem Team. Sie sparen so Zeit und müssen nicht mühsam alle Teilnehmer manuell erwähnen. Diese Funktion sollte nur dosiert eingesetzt werden.
- @*Teamname* erwähnt alle Mitglieder eines Teams und zieht damit den Empfängerkreis möglicherweise noch größer. Statt @*Teamname* können Sie auch @*Allgemein* schreiben, denn im Kanal „Allgemein" sind automatisch alle Teilnehmer des Teams enthalten.

Über welche Aktivitäten Sie im Bereich „Aktivität" informiert werden, können Sie in Ihren persönlichen Einstellungen festlegen (siehe Seite 103ff.).

Um auf einen Beitrag zu reagieren, nutzen Sie die Antworten-Funktion. Die Antworten werden durch Microsoft Teams automatisch zu einer Unterhaltung gruppiert. Dadurch wird optimaler Lesefluss erzielt:

Antworten

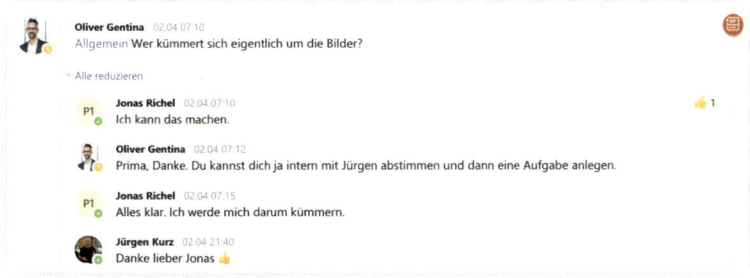

Wird auf eine Unterhaltung geantwortet, rutscht diese automatisch nach „vorne" zu den Beiträgen des heutigen Tages. So ist Aktuelles immer im Blick.

Aktuelles immer im Blick

Private Kanäle

Themen für den kleinen Kreis

Auch in von Vertrauen geprägten Teams gibt es Themen, die besser in einem kleinen, geschlossenen Personenkreis innerhalb des gesamten Teams zu besprechen sind, ohne dass jeder Teilnehmer des Teams involviert ist.

Beispiel: Zwei Führungskräfte

Denken Sie etwa an zwei Führungskräfte, die in einem gemeinsamen Projekt arbeiten und sich zu Vorüberlegungen abstimmen wollen, die noch nicht „spruchreif" sind. Diese beiden müssen hierzu nicht ein neues Team erstellen, das aus diesen Führungskräften besteht. Sie legen hierfür einfach innerhalb des Teams einen privaten Kanal an und gewähren nur dieser kleinen Personengruppe Zugriff darauf (vgl. Seite 91ff.).

Alternative: Chat

Ein solcher privater Kanal kann sinnvoll sein, wenn Abstimmungen im kleinen Kreis während der gesamten Projektdauer geführt werden und entsprechende Protokolle, Sitzungen und Dateien anfallen. Sind nur wenige, kurze Abstimmungen nötig, können die Führungskräfte auch einen Chat außerhalb des Kanals verwenden. Dort sind dann allerdings möglicherweise auch Chatnachrichten zwischen den beiden enthalten, die nichts mit dem Thema des Kanals zu tun haben.

Vorteile privater Kanäle

Das Arbeiten mit privaten Kanälen hat folgende Vorteile:

- Sie schützen die Kommunikation als auch die zugehörigen Dateien vor unbefugtem Zugriff.
- Unbeteiligte werden nicht durch für sie irrelevante Mitteilungen und Informationen belastet – die Informationsflut wird für die nichtteilnehmenden Teammitglieder entsprechend eingedämmt.

Einschränkungen privater Kanäle

Bevor Sie sich für die Arbeit mit einem privaten Kanal entscheiden, sollten Ihnen die folgenden Einschränkungen klar sein:

- Wird ein privater Kanal erstellt, dann ist er mit dem übergeordneten Team verbunden. Er kann nicht in ein anderes Team verschoben werden.
- Private Kanäle können nicht im Nachhinein in Standardkanäle umgewandelt werden; das gilt auch umgekehrt.

Praktische Tipps für das Nutzen von Kanälen

Zum Abschluss wieder Tipps, die das Arbeiten erleichtern:

- Legen Sie gemeinsam im Team gleich zu Beginn der Arbeit mit den Kanälen fest, innerhalb eines welchen Zeitraums eine Reaktion erwartet werden kann. Beispiel: Innerhalb von 24 Stunden (an Werktagen). Notieren Sie die Vereinbarung in den Spielregeln des Teams.

Reaktionszeit vereinbaren

- Wenn Sie im Kanal eine Datei Ihres Computers verschicken wollen (etwa ein Bildschirmfoto), können Sie diese Datei von Ihrer Festplatte einfach ins Nachrichtenfeld ziehen.

Datei verschicken

- Versehen Sie neue Unterhaltungen mit einem aussagekräftigen Betreff. Das hilft allen Mitwirkenden dabei, schnell zu erkennen, worum es im Folgenden geht. Ein Betreff hilft auch beim späteren Wiederfinden einzelner Nachrichten. Den Betreff können Sie formulieren, indem Sie beim Verfassen einer neuen Unterhaltung in den Formatieren-Modus wechseln:

Betreff formulieren

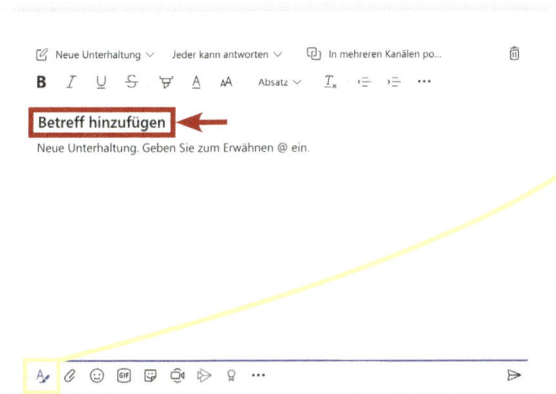

Weiterer Vorteil im Formatierungsmodus: Sie können so schreiben, wie Sie es gewohnt sind. So lange Sie in diesem Fenster sind, fügt das Drücken der Entertaste einen Zeilenumbruch hinzu, statt die Nachricht zu senden.

- Wenn Sie als Reaktion auf eine Nachricht mitteilen möchten, dass Sie mit einem Vorschlag einverstanden sind, müssen Sie dazu keine Antwort eintippen und absenden. Es reicht, mit der Maus über den Beitrag zu gehen und das „Daumen hoch"-Icon anzuklicken. Das gilt dann im Sinne von „gelesen und einverstanden". Halten Sie auch diese zeitsparende Vereinbarung in den Spielregeln fest.

Einverständnis mitteilen

Frank-Michael Rommert (Gast) 17.04 18:52   👍 4
Marcel Miller: Im Kapitel zum Planner schreibst Du: "Für dieses ganze Kapitel gibt es schon ein fertiges Video-Tutorial, das man eventuell nutzen könnte. Dann muss man nichts neues erfinden: Planner Tutorial: https://youtu.be/SbuciltDplo " - das habe ich entsprechend im Buch

Besprechungen

Mehrere Personen im Gespräch Besprechungen sind immer dann sinnvoll, wenn ein Thema mehrere Personen angeht und diese im Gespräch zum Beispiel eine Frage klären, über einen Sachverhalt informieren und das weitere Vorgehen gemeinsam beraten wollen. Microsoft Teams ermöglicht Besprechungen mit Teilnehmern, die sich an ganz unterschiedlichen Orten aufhalten. Die digitale Version dieser Kommunikationsform kann damit auch Teilnehmer einbinden, die im Homeoffice arbeiten sowie sich auf Reisen befinden.

Die Teilnehmer einer Besprechung müssen dabei kein Mitglied Ihrer Organisation sein. Sie müssen noch nicht einmal über ein Microsoft Teams-Konto verfügen.

Voraussetzungen schaffen

Voraussetzungen herstellen Ob virtuelle Konferenzen als hilfreich empfunden werden, hängt auch davon ab, ob passende technische Voraussetzungen gegeben sind. Diese lassen sich mit überschaubarem Aufwand herstellen:

- *Headset*
  Verwenden Sie am besten ein Headset. Ihre gesprochenen Beiträge werden deutlich besser verstanden. Zudem werden keine störenden Umgebungsgeräusche an die Teilnehmer weitergegeben. Sollten Sie kein Headset zur Hand haben, empfehlen wir, Ihr Mikrofon stummzuschalten und nur dann zu aktivieren, wenn Sie etwas sagen möchten. Tipp: Tastenkombination für die Stummschaltung des Mikrofons: Strg+Shift+M

- *Webcam*
  Nehmen Sie mit einer Webcam am virtuellen Meeting teil, achten Sie darauf, dass Sie im Bildausschnitt gut zu sehen sind. Richten Sie die Kamera entsprechend vor sich aus. Vermeiden Sie Licht von hinten, das dazu führt, dass Sie komplett dunkel erscheinen. Sitzen Sie also mit dem Rücken zum Fenster, sollten Sie die Jalousien herunterlassen. Wenn Sie sich mit einem Mobilgerät wie Smartphone oder Tablet in die

Konferenz einwählen, achten Sie darauf, das Gerät aufrecht vor sich zu halten. Legen Sie es nicht flach auf den Tisch, sodass Sie von oben auf das Gerät schauen würden. Noch besser ist es, wenn Ihr Mobilgerät wackelfrei vor Ihnen steht und Sie zum Beispiel das Tablet mit der Hülle aufstellen.

Zur Not geht es auch mal so …

- *Internetverbindung*
  Kommt der Ton nur häppchenweise an und das Bild bewegt sich nicht flüssig, liegt das häufig an der Internetverbindung. Deaktivieren Sie in diesem Fall die Kamera per Klick auf das markierte Symbol. Wenn nur noch der Ton übertragen werden muss, sorgt dies oft für eine stabilere Verbindung. Sie können dann wenigstens gut hören, was gesagt wird.

Eine Besprechung vorbereiten

Wie ein Präsenzmeeting sollten auch virtuelle Meetings geplant werden. Das verschafft den Teilnehmern die Möglichkeit, sich vorzubereiten. Über Microsoft Teams können Sie zu virtuellen Meetings einladen, die dann auch direkt in den Kalender gesetzt werden. Gehen Sie dazu in den Bereich „Kalender" (1), klicken Sie oben rechts auf den Button „+ Neue Besprechung" (2) und tragen Sie anschließend Ihre Besprechungsdetails ein (3):

Zu virtuellen Meetings einladen

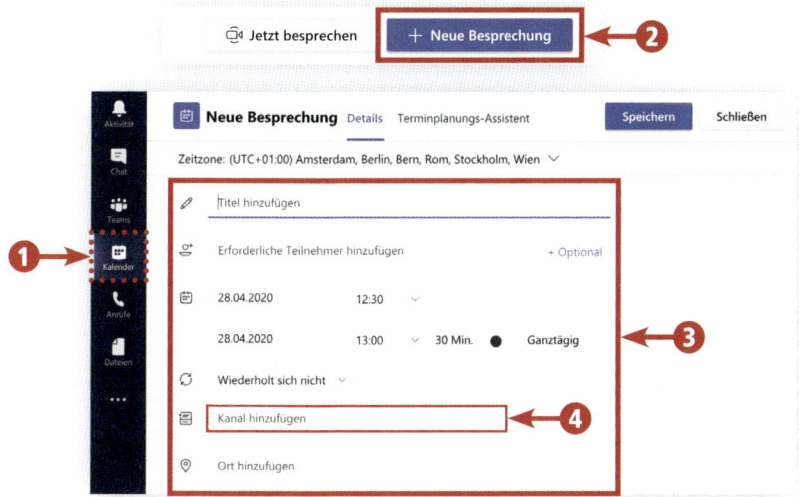

Ein Team einladen Praktisch: Wollen Sie Ihr Team zu einer Besprechung einladen, müssen Sie die Teilnehmer nicht einzeln auswählen, sondern Sie können die Besprechung direkt im Kanal posten. Geben Sie dazu im Feld „Kanal hinzufügen" an, in welchem Kanal die Besprechung angezeigt werden soll (4).

Alle Teilnehmer des Kanals sehen dann die Besprechung. Zur eingestellten Zeit können sie einfach per Klick teilnehmen.

Sofort-Besprechung Für kurzfristige Absprachen mit einzelnen Kollegen oder innerhalb des Teams können Sie die Funktion „Jetzt besprechen" nutzen. Eine solche Sofort-Besprechung können Sie direkt aus einem Chat oder einem Kanal heraus starten:

Wie das geht, zeigen wir Ihnen in einem Video unter: www.buero-kaizen.de/edza

Diese Funktion sollten Sie allerdings nur bei wirklich dringenden Anlässen nutzen.

Nützliche Spielregeln Ansonsten gelten für virtuelle Besprechungen dieselben Spielregeln wie für Präsenzmeetings:
- Sie fügen der Einladung eine Agenda und Zielsetzung bei.
- Alle Teilnehmer bereiten sich auf die Konferenz vor.
- Alle Teilnehmer treten der Konferenz pünktlich bei.
- Es wird ein Sofort-Protokoll geführt, etwa mittels OneNote (mehr zum Arbeiten mit OneNote lesen Sie ab S. 152). Ein Sofort-Protokoll können alle Teilnehmer über Microsoft Teams während der Besprechung live verfolgen, indem der Protokollant seinen Bildschirm den Teamkollegen während des Meetings über den Teilen-Button freigibt (siehe S. 128).
- Bei allen beschlossenen Aufgaben halten Sie noch während des Meetings fest, wer was bis wann zu erledigen hat. Dazu können Sie zum Beispiel unter dem Dach von Microsoft Teams die Planner-App nutzen (mehr über das Arbeiten mit Planner lesen Sie ab Seite 163).

Menüfunktionen nutzen

Microsoft Teams bietet viele Möglichkeiten, die für digitale Meetings nützlich sein können: **Nützliche Funktionen**

1. *Kamera ein- oder ausschalten:* Nicht immer ist es nötig, dass die Kamera aktiviert wird. Das gilt insbesondere, wenn Sie sich an öffentlichen Orten aufhalten oder Ihre Internetverbindung zu wenig Bandbreite hat.
2. *Mikrofon ein- oder ausschalten:* Audiokonferenzen mit mehr als einem Teilnehmer sind oft anstrengend, weil man sich manchmal ins Wort fällt oder eine Menge Nebengeräusche mit übertragen werden (etwa das Klappern der Tastatur). Schalten Sie das Mikrofon bei Konferenzen mit mehreren Teilnehmern daher nur ein, wenn Sie etwas sagen möchten.
3. *Bildschirm teilen:* Geben Sie den gesamten Bildschirm oder nur ein bestimmtes Anwendungsfenster zur gemeinsamen Betrachtung für alle Teilnehmer frei (siehe Seite 128).
4. *Erweitertes Menü mit Funktionen wie „Aufzeichnen" „Hintergrundeffekte anzeigen":* Hier können Sie zum Beispiel den Bildhintergrund weichzeichnen oder durch einen anderen Hintergrund ersetzen.
5. *Chatfenster einblenden:* Insbesondere für das Gespräch mit mehreren Teilnehmern ist das Chatfenster nützlich. Hier können Fragen gesammelt werden, anstatt dass alle durcheinanderreden.
6. *Teilnehmer anzeigen:* Mit dieser Funktion blenden Sie ein Seitenfenster ein, das alle Teilnehmer anzeigt. Hier können Sie auch schnell weitere Teilnehmer hinzufügen.
7. *Gespräch beenden:* Wenn Sie auf das rote Feld klicken, verlassen Sie die Besprechung.

Sie möchten die Funktionen genauer kennenlernen? Welche Möglichkeiten es noch gibt und was wir hierzu empfehlen, zeigen wir Ihnen in einem Gratis-Download. Sie erhalten diesen auf der Website zum Buch unter: www.buero-kaizen.de/edza

Bildschirm teilen

Gemeinsam auf einen Bildschirm schauen Möchten Sie gemeinsam an Dokumenten arbeiten oder Präsentationen anschauen, können Sie Ihren Bildschirm freigeben. So sieht ihr Gesprächspartner exakt, was Sie auch sehen.

Um die Funktion zu nutzen, klicken Sie auf „Teilen" (1):

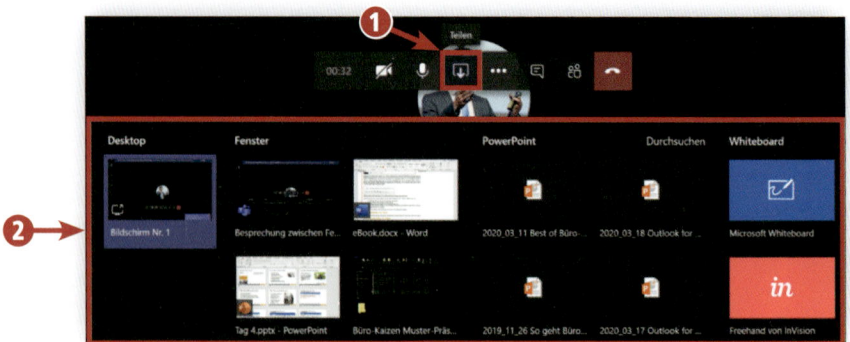

Inhalt auswählen Es erscheint nun ein Auswahlfenster (2). Dort können Sie gezielt wählen, was Sie teilen möchten:

- *Desktop:* Möchten Sie einen kompletten Bildschirm teilen, um zum Beispiel zwischen verschiedenen Anwendungen wechseln zu können, wählen Sie „Desktop" aus.
- *Fenster:* Möchten Sie nur ein einzelnes Fenster teilen, wählen Sie im Bereich Fenster die entsprechende Anwendung aus.

Sobald Sie einen Bereich angeklickt haben, verschwindet das Auswahlmenü und das Teilen beginnt. Zur Verdeutlichung wird der geteilte Bereich auf Ihrem Bildschirm rot umrandet.

Teilen beenden Hinweis: Vergessen Sie nicht, das Teilen des Bildschirms zu beenden. Bewegen Sie dazu die Maus und klicken Sie auf das nun angezeigte Symbol „Teilen beenden".

Eine geniale Funktion in Microsoft Teams ist „Steuerung anfordern/zulassen". Damit können Sie zum Beispiel eine Fernwartung durchführen oder einen solchen Zugriff auf Ihrem Computer durch eine andere Person zulassen. Wie das funktioniert und was wir hierzu empfehlen, zeigen wir Ihnen in einem Gratis-Download. Sie erhalten diesen auf der Website zum Buch unter: www.buero-kaizen.de/edza

Tipps aus der Praxis

Je mehr Teilnehmer beim Meeting dabei sind, desto größer ist die Gefahr, dass die Besprechung anstrengend und ineffizient wird. Folgende Tipps haben sich bewährt, um das zu vermeiden: **Bewährte Tipps**

- Bestimmen Sie einen Gesprächsleiter/Moderator.
- Jeder Teilnehmer schaltet sein Mikrofon nur dann ein, wenn er sprechen will.
- Fragen können im Chat gestellt werden. So geht nichts unter. **Umgang mit Fragen**
- Bei Meetings mit sehr vielen Teilnehmern kann es sich lohnen, eine Person zu bestimmen, die den Chat im Auge behält. Diese kann ähnliche Fragen bündeln. Vom Moderator bekommt diese Person an geeigneter Stelle immer mal wieder das Wort erteilt, um eingegangene Fragen vorzulesen.
- Ist absehbar, dass der Chat intensiv genutzt wird, lohnt sich die Vereinbarung, eine Frage mit „FRAGE:" einzuleiten. So ist auf einen Blick klar, dass es sich bei den folgenden Zeilen um eine Frage handelt.
- Manche Fragen lassen sich bereits im Chat beantworten. Derjenige, der die Antwort schreibt, erwähnt dabei den Fragesteller per @Erwähnung. Dann herrscht im Chatverlauf Klarheit, auf welche Frage sich die Antwort bezieht. Zudem wird der Fragesteller in seiner Aktivitätsanzeige entsprechend informiert. Dieses Vorgehen ist vor allem bei intensiv genutzten Chats sinnvoll, bei denen während eines Meetings Dutzende Einträge entstehen.
- Halten Sie Konferenzen mit vielen Teilnehmern bewusst kurz. Sie kosten alle Beteiligten Zeit und Nerven. **Kurz halten**

Für Teilnehmer und Moderatoren von Videokonferenzen haben wir Spielregeln zusammengestellt, die ein ergebnisorientiertes Miteinander fördern. Sie finden diese als Gratis-Download auf der Website zum Buch unter: www.buero-kaizen.de/edza

Anrufe

Gespräch mit eine Person

Mal eben eine Kollegin anrufen, um schnell eine Antwort auf eine Frage zu bekommen: Über Microsoft Teams ist es problemlos möglich, Audio- oder Videoanrufe zu führen. Von dieser Möglichkeit sollten Sie dann Gebrauch machen, wenn die Sache eine gewisse Dringlichkeit hat oder die Abstimmung auf schriftlichem Wege über den Chat zu umständlich wäre. Denken Sie daran, dass der Anruf Ihre Kollegin aus der Beschäftigung mit einer anderen Aufgabe herausreißen wird. Anrufe sind daher ein Kommunikationsinstrument, das Sie in Ihrem Team nur gezielt und sehr dosiert einsetzen sollen.

Weltweit erreichbar

Microsoft Teams könnte dabei sogar Ihre Telefonanlage ersetzen, denn Personen mit einem Microsoft Teams-Account sind von jedem Ort der Welt aus erreichbar. Ob per Mobilgerät wie Smartphone und Tablet oder am Schreibtisch mit dem Desktop-Computer: Über Microsoft Teams können Anrufe bequem geführt und empfangen werden. Alles, was Sie brauchen, ist eine Internetverbindung, im Idealfall ein Headset, optional eine Webcam und Zugang zu Microsoft Teams.

Kein Telefon mehr nötig

Ein Telefon brauchen Sie für Gespräche über Microsoft Teams dagegen nicht mehr. Auch das Eintippen von Nummern gehört mit Microsoft Teams der Vergangenheit an.

Hinweis: Auf Telefonanrufe aus Microsoft Teams heraus zu Mobiltelefonen und Festnetznummern werden wir hier nicht eingehen, da hierfür zusätzliche Lizenzen und eine generelle Umstellung Ihrer VoIP-Telefonanlage nötig wären und dies keine Standardfunktion von Microsoft Teams ist. Weiterführende Informationen zu Anrufen in Fest- und Mobilfunknetze finden Sie auf der Website von Microsoft unter: https://docs.microsoft.com/de-de/microsoftteams/tutorial-calling-in-teams

Einen Anruf vorbereiten

Microsoft Teams ist auf Kommunikation hin angelegt. Daher gibt es verschiedene Möglichkeiten, um jemanden anzurufen:

Drei Möglichkeiten

■ Einen beliebigen Kollegen Ihrer Firma anrufen

■ Einen Chatpartner anrufen

■ Einen Anruf über das Hover-Menü auslösen

Diese drei Möglichkeiten lernen Sie nun genauer kennen.

■ *Möglichkeit 1: Einen beliebigen Kollegen Ihrer Firma anrufen*

Menü „Anrufe"

  – Klicken Sie im Menü auf der linken Seite auf Anrufe (1)
  – Tippen Sie den Namen in das Suchmenü (2)
  – Wählen Sie Audio- oder Videoanruf (3)

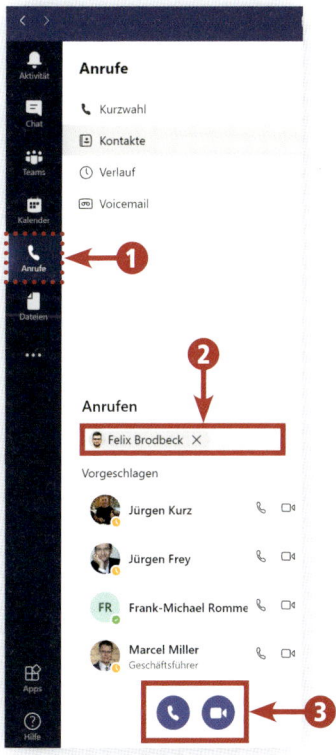

Über den Chat ■ *Möglichkeit 2: Einen Chatpartner anrufen*

Falls Sie mit einer Person bereits chatten, können Sie diese auch aus dem Chatfenster heraus bequem anrufen:

– Klicken Sie im Hauptmenü auf Chat (1)
– Wählen Sie den betreffenden Chat aus (2)
– Klicken Sie oben rechts auf Video- oder Audioanruf (3)

Über das Hover-Menü ■ *Möglichkeit 3: Einen Anruf über das Hover-Menü auslösen*

Sie können aus jedem Bereich in Microsoft Teams heraus einen Anruf tätigen, wenn Sie ein Personensymbol sehen:

– Bewegen Sie den Mauszeiger auf ein Kontaktkürzel oder ein Kontaktbild (1)
– Nach ca. zwei Sekunden erscheint ein Kontextmenü (2)
– Wählen Sie Audio- oder Videoanruf (3)

Haben Sie den Anruf aufgebaut, erscheint ein Menü, das Ihnen verschiedene Möglichkeiten bietet (siehe Seite 127):

Verfügbarkeit erkennen

Um zu sehen, ob Ihr Gesprächspartner überhaupt verfügbar ist, werfen Sie einfach einen kurzen Blick auf dessen Profilbild oder sein Kürzel. Was die Symbole bedeuten, zeigt Ihnen die Abbildung. Sie vermeiden damit Anrufe zu unpassenden Zeiten.

Profilbild zeigt Verfügbarkeit an

Sie sehen, dass ein Gesprächspartner nicht erreichbar ist, wollen aber den Anrufwunsch an ihn adressieren, um dann weiterzuarbeiten? Dann haben Sie zwei Möglichkeiten:

Anrufwunsch adressieren

1. Sie senden ihm eine Rückrufbitte über den Chat.
2. Sie lassen sich automatisch von Microsoft Teams benachrichtigen, wenn die Person wieder verfügbar ist.

- *Rückrufbitte senden*

  Rückrufbitte per Chat

  So senden Sie eine kurze Rückrufbitte an eine Person:
  - Bewegen Sie den Mauszeiger auf das Bild der Person oder das Kürzel (1)
  - Es erscheint das Kontextmenü (2)
  - Geben Sie Ihre Kurznachricht direkt in das Feld „Nachricht an …" ein. Die Nachricht landet dann im Chat mit der Person (3).

Automatische Nachricht   ■ *Automatisch benachrichtigen lassen*
So lassen Sie sich benachrichtigen, wenn der Gesprächs-
partner verfügbar ist:
- Wechseln Sie in den Bereich „Chat" (1).
- Klicken Sie mit der rechten Maustaste auf das Feld der
  Person in einem Chat (2). Es öffnet sich das Fenster mit
  dem Kontextmenü.
- Klicken Sie auf „Benachrichtigen, wenn verfügbar" (3).

Kopf wieder frei   Wenn Sie so vorgehen, dann müssen Sie nicht mehr ständig
daran denken, dass Sie noch einen Kollegen anrufen wollten,
der gerade nicht verfügbar ist. Sie haben dann den Kopf frei für
die nächsten Aufgaben.

Den Anrufbeantworter nutzen

Anrufe aufzeichnen   Wenn Sie nicht erreichbar sind, kann Microsoft Teams Anrufe
entgegennehmen und aufzeichnen. Das Programm nimmt da-
bei die Anrufe nicht nur als Audiodatei auf. Wenn Sie es wünschen, macht Microsoft Teams aus der Aufzeichnung automatisch eine Textnachricht und sendet Ihnen diese per E-Mail.
Voraussetzung für die fehlerfreie Transkription ist, dass Ihr
Gesprächspartner nicht tiefsten Dialekt spricht.

Anrufbeantworter
einrichten   Um den Anrufbeantworter einzurichten, klicken Sie oben rechts
auf Ihr Profilbild bzw. auf das Symbol (1). Wählen Sie dort
„Einstellungen" (2) und gehen Sie auf „Anrufe" (3).

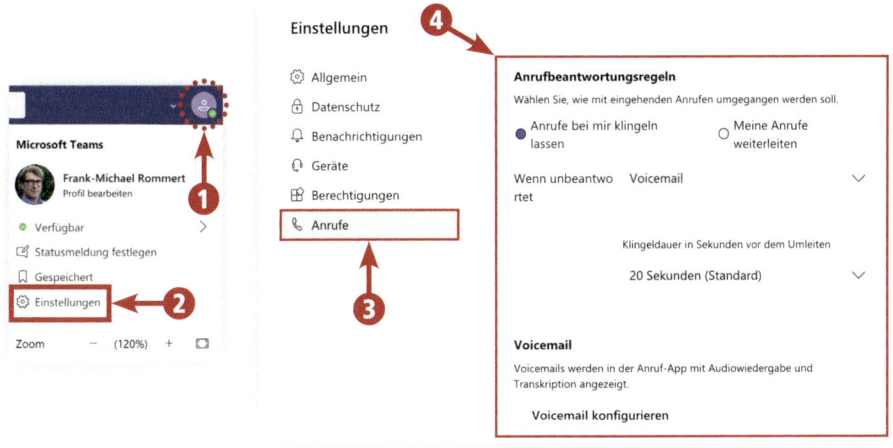

Hier (4) können Sie nun einstellen, ob und wie lange Anrufe bei Ihnen signalisiert werden oder ob Microsoft Teams sie gleich an den Anrufbeantworter weiterleiten soll.

Sie können den Anrufbeantworter zudem so einstellen, dass er automatisch aktiviert wird, wenn Sie einen Termin in Ihrem Outlook-Kalender eingetragen haben. So müssen Sie nie wieder an das Einschalten denken.

Automatisch aktivieren

Sie möchten die Funktionen des Anrufbeantworters genauer kennenlernen? Welche Möglichkeiten es gibt, zeigen wir Ihnen in einem Gratis-Download. Sie erhalten diesen auf der Website zum Buch unter: www.buero-kaizen.de/edza

Wählen Sie im Bereich „Anrufe" (1) den Punkt „Voicemail" (2), um Ihre Nachrichten abzuhören oder die Transkription zu lesen (das Lesen geht meist schneller als das Hören).

Per Klick auf die drei Punkte (3) können Sie direkt zurückrufen oder die Nachricht löschen (4).

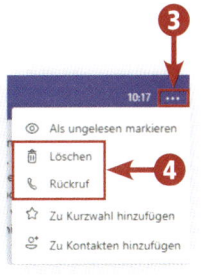

Gedanken zum Abschluss

Gültige Erkenntnis Ob Sie im Alltag für Ihre Zusammenarbeit Chats oder Kanäle nutzen, Besprechungen oder Anrufe – immer gilt:

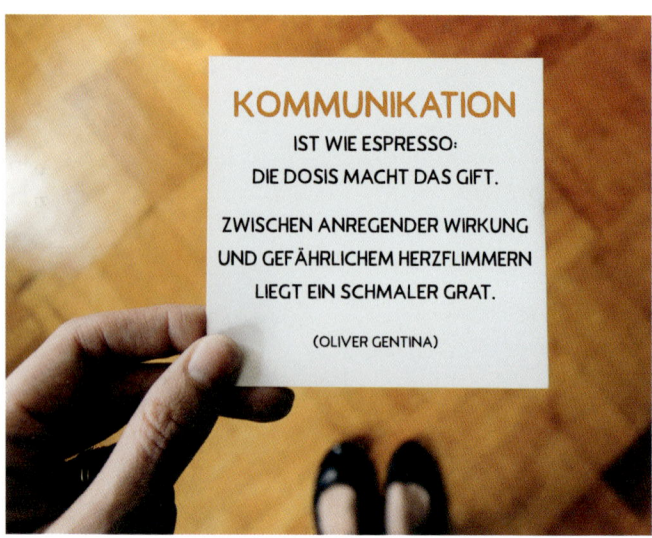

Beschleuniger oder Bremse Für die erfolgreiche digitale Zusammenarbeit übersetzt heißt das: Gute Kommunikation ist der größte Beschleuniger eines Teams, doch schlechte Kommunikation – zu häufig, nicht auf den Punkt, zu lang und an den falschen Stellen – wird rasch zur größten Bremse.

Gültige Erkenntnis Microsoft Teams gibt Ihnen Kommunikationswerkzeuge an die Hand, mit denen Sie Projekte und Aufgaben auf digitalem Wege gemeinsam vorwärtsbringen können. Auf den vorangegangenen Seiten zeigten wir Ihnen, welche Möglichkeiten es gibt und worauf es ankommt, damit die Kommunikation per Microsoft Teams zum Beschleuniger Ihrer Arbeit wird.

In kleinen Schritten immer besser Sie werden merken, dass es oftmal kleine Änderungen sind, die zu den gewünschten Änderungen führen. Probieren Sie diese aus und werden Sie – ganz im Sinne von Kaizen – in kleinen Schritten immer besser.

2.2 Gemeinsam Dateien ablegen und wiederfinden

Wenn Sie an einem Projekt arbeiten, dann entstehen Dateien, die Sie gemeinsam mit Teilnehmern Ihres Teams oder allein erstellen und bearbeiten – etwa Textdokumente, Tabellen, Fotos oder Präsentationen. Microsoft Teams stellt Ihnen dafür automatisch eine Art digitalen Aktenschrank bereit. Zu diesem haben alle Teilnehmer eines Kanals Zugriff. Jeder kann dort Dokumente sowie ganze Ordner ablegen und auf diese zugreifen. Sie finden die Dateien des Kanals, wenn Sie oben in der Registerkarte auf „Dateien" klicken:

Daten ablegen und wiederfinden

Dieses Kapitel zeigt, wie Sie diese Möglichkeiten der Dateiverwaltung so nutzen, dass Sie die Dateien sinnvoll ablegen – und auch wiederfinden. Denn das bloße Vorhandensein der nützlichen Möglichkeiten führt noch nicht zu mehr Effizienz.

Möglichkeiten allein reichen nicht

Dies verdeutlichen die Studien, die wir in den Jahren 2013 sowie 2018 gemeinsam mit der AKAD Hochschule (Stuttgart) durchgeführt haben. Unter dem Titel „Arbeitswelten im Wandel" untersuchten wir verschiedene Aspekte der Arbeitseffizienz im Büro mithilfe der größten Online-Befragung im deutschsprachigen Raum zu diesem Untersuchungsfeld.

Studie „Arbeitswelten im Wandel"

Die Studienergebnisse offenbaren unter anderem, dass die Weiterentwicklung der technischen Möglichkeiten nicht automatisch mit mehr Effizienz einhergeht: Die digitalen Suchzeiten betrugen 2013 6,53 Prozent und stiegen 2018 auf 7,3 Prozent. Das entspricht einem Anstieg um 11,8 Prozent! Die Digitalisierung sollte ja eine Entlastung bringen – und offenbar ist das kein Selbstläufer.

Die Ergebnisse der Studie „Arbeitswelten im Wandel" finden Sie auf der Website zum Buch unter: www.buero-kaizen.de/edza

Microsoft Teams und SharePoint Dass die Dateiablage bei Microsoft Teams über SharePoint läuft, haben Sie schon im Kapitel 1.1 erfahren (siehe Seite 66). Dort sahen Sie auch, dass die Strukturen von Microsoft Teams und SharePoint eng miteinander verwoben sind.

Themen dieses Kapitels In diesem Kapitel schauen wir uns nun an, wie die Dateiablage per SharePoint unter dem Dach von Microsoft Teams Ihre Arbeit effizienter machen kann. Um diese Themen geht es:

- Was ist SharePoint und welche Vorteile bietet es?
- Wann OneDrive, wann SharePoint?
- Dateiablage gut strukturieren
- Eine Datei für den Schnellzugriff bereitstellen
- Dateiversionen anzeigen
- Verlinken statt kopieren
- Dateien mit dem PC synchronisieren

Was ist SharePoint und welche Vorteile bietet es?

Vorteile von SharePoint SharePoint ist vergleichbar mit der Dateiablage eines typischen Fileservers, der für Projekte oder von Abteilungen genutzt wird: Die Dateien sind für eine Gruppe von Personen zugänglich – außer Sie beschränken den Zugriff gezielt. Im Vergleich zum Fileserver eines Unternehmens bietet SharePoint viele Vorteile:

- *Dateiablage*
  SharePoint ist der zentrale Speicherort für die Dateien der Teams. Da die Daten in der Cloud gespeichert werden, können Dateien auch von unterwegs und von unterschiedlichen Geräten aus hochgeladen werden.

- *Dateizugriff*
  Sie können auf verschiedenen Wegen auf eine Datei zugreifen und verschwenden nie wieder Zeit durch die Doppelablage von Daten (siehe Seite 147).

- *Versionierung*
  Sharepoint zeigt Ihnen immer die aktuelle Version der Datei. Vorherige Versionen werden automatisch gespeichert und sind bei Bedarf wieder herstellbar (siehe Seite 145).

- *Metadaten*
  Nie wieder müssen Sie Metadaten im Dateinamen unter-
  bringen. Informationen wie Ersteller, letzte Änderungen,
  letzter Bearbeiter etc. können Sie automatisch in den Datei-
  informationen finden (siehe Seite 143).

- *Zugriffsteuerung*
  Sie müssen sich nicht mehr darum kümmern, wer Zugriff
  auf die Dateien hat und wer nicht: Automatisch haben nur
  die Mitglieder Ihres Teams Zugriff darauf.

- *Benachrichtigungsfunktion*
  Sie können automatisch von SharePoint per E-Mail oder
  SMS benachrichtigt werden, wenn jemand Änderungen an
  einer Datei oder einem Ordner vornimmt.

- *Synchronisierung*
  Sie können Ihren lokalen Dateiexplorer mit SharePoint verbinden. Dann haben Sie immer die aktuellen Dateien auf
  Ihrem Rechner verfügbar. Mit diesen Daten können Sie auch
  dann arbeiten, wenn Sie mal keinen Zugang zum Internet
  haben (siehe Seite 149f.).

Wann OneDrive, wann SharePoint?

In Microsoft 365 können Sie Dateien und Ordner per Share-
Point sowie per OneDrive speichern. Was ist der Unterschied
(vgl. dazu auch die Seiten 24f.)?

Was ist der Unterschied?

- *OneDrive*
  In OneDrive speichern Sie ausschließlich Dateien, die einen
  persönlichen Charakter haben und für das Team nicht rele-
  vant sind. Das gilt für OneDrive allgemein, nicht nur für die
  Nutzung unter dem Dach von Microsoft Teams. OneDrive
  ist Ihr *persönlicher* Speicherort für Dateien in Microsoft 365.
  Vergleichbar ist das mit dem persönlichen Laufwerk Ihres
  PCs, also zum Beispiel der Festplatte C:/ – nur eben in der
  Cloud. Dateien, die Sie hier ablegen, sind nur Ihnen zugäng-
  lich – es sei denn, Sie geben sie gezielt für andere frei.

- *SharePoint*

  Alle Dateien, die für mehrere Personen relevant sind und von diesen gesehen oder auch bearbeitet werden, ist Share-Point das richtige Werkzeug. Wenn Sie eine Datei in einen Kanal von Microsoft Teams legen, landet diese automatisch in SharePoint, ohne dass Sie dies veranlassen müssten. SharePoint bietet dabei über die Dateiablage hinaus eine Vielzahl weiterer Funktionen. Für die Zusammenarbeit unter dem Dach von Microsoft Teams reicht es aber völlig aus, die wichtigsten Funktionen zu kennen, die für die Ablage und Nutzung von Dateien im Team nötig sind. Darauf konzentrieren wir uns auf den folgenden Seiten.

Aktenschrank und Rollcontainer

Wollte man zu OneDrive und SharePoint eine Entsprechung aus dem traditionellen Büroleben suchen, so ließen sich die beiden digitalen Werkzeuge mit einem gemeinsam genutzten Aktenschrank und einem Rollcontainer vergleichen:

- Auf den Aktenschrank greifen mehrere Mitarbeiter zu. Das entspricht *SharePoint*.
- In einem Rollcontainer wie dem auf dem Foto werden Akten aufbewahrt, die nur vom jeweiligen Mitarbeiter benötigt werden. Das entspricht *OneDrive*.

YouTube

Auf unserem YouTube-Kanal finden Sie ein Video, das den Unterschied zwischen SharePoint und OneDrive verdeutlicht. Sie finden den Link zu diesem Video auf der Website zum Buch: www.buero-kaizen.de/edza

Da dieses Buch die erfolgreiche digitale Zusammenarbeit im Team zum Gegenstand hat, gehen wir auf die Möglichkeiten, die OneDrive bietet, hier nicht weiter ein.

Download

Sie möchten mehr über die Arbeit mit OneDrive wissen? In unserem Buch „So geht Büro heute!" geht es um das Selbstmanagement im digitalen Zeitalter. Dort haben wir zu OneDrive ein eigenes Kapitel geschrieben. Die Seiten bekommen Sie als Gratis-Download auf unserer Website zum Buch unter: www.buero-kaizen.de/edza

Dateiablage gut strukturieren

Alle Dateien, die Sie in einem Kanal Ihres Teams austauschen, werden ohne Ihr Zutun im zugehörigen SharePoint-Ordner des Teams gespeichert. Genial, oder?

Automatisch im richtigen Ordner

Sie können sogar Unterordner anlegen, um die Dateiablage weiter zu strukturieren. Meist ist das auch sinnvoll, denn alle Dateien aus den Unterhaltungen landen automatisch direkt im obersten Verzeichnis des Kanals.

Weitere Struktur ist sinnvoll

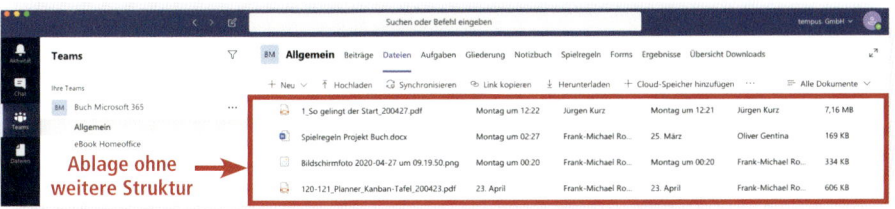

Wenn Sie das Ganze etwas mehr ordnen, werden Sie benötigte Dateien viel schneller finden. Sind die Struktur und das Team im Vorfeld richtig durchdacht, könnten Sie künftig sogar auf die Datenablage per Fileserver des Unternehmens verzichten.

Ordnen und schnell finden

Machen Sie sich zunächst Gedanken darüber, zu welchen Themen im Kanal Dateien anfallen werden. Die Stuktur kann sich dabei inhaltlich sowie prozessorientiert ergeben:

- *Beispiel für eine inhaltliche Struktur:* Das Marketing-Team plant im Kanal „Veranstaltungen" Kunden-Workshops. Somit könnte für jeden Workshop ein Unterordner angelegt werden.

Inhaltliche Struktur

- *Beispiel für eine prozessorientierte Struktur:* Die Ordner für unser Buchprojekt ergaben sich aus den unterschiedlichen Etappen, aus denen der Prozess einer Buchproduktion besteht: In den Unterordner „Manuskript" kamen die Rohtexte für die Kapitel, in den Unterordner „PDFs zur Abstimmung" die fertig lektorierten und gestalteten Seiten, in den Ordner „PDF Druckreif" die Dateien, die seitens der Autoren freigegeben und durch das Korrektorat gelaufen sind.

Prozessorientierte Struktur

141

Einleuchtende Struktur schaffen

Oft ist eine klare Abgrenzung zwischen einer inhaltlichen und einer prozessorientierten Struktur nicht möglich. Das ist auch gar kein Problem – so lange jedem klar ist, was wohin gehört. Bei unserem Buchprojekt gab es zum Beispiel neben den genannten Ordnern auch noch die Ordner „Downloads" sowie „Drehbücher YouTube Videos". Vermutlich würden selbst Sie sich in dieser Ordnerstruktur zurechtfinden, obwohl Sie am Buchprojekt gar nicht mitgewirkt haben. Schaffen Sie für Ihre Kanäle ebenfalls eine Struktur, die so einleuchtend ist, dass sich alle Teilnehmer Ihres Teams ohne Nachfragen zurechtfinden. In den Spielregeln können Sie zudem kurz beschreiben, wie die Ordnerstruktur aufgebaut ist und welche Datei wohin gehört.

Unterordner hinzufügen

Um einen Unterordner hinzuzufügen, gehen Sie im Kanal auf die Registerkarte „Dateien" (1). Klicken Sie auf „+Neu" (2) und wählen im sich öffnenden Fenster „Ordner" (3).

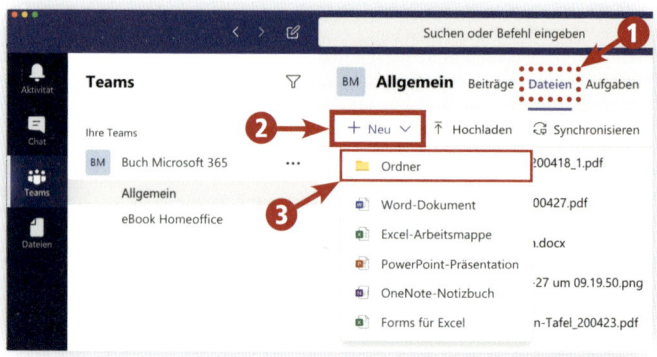

Geben Sie dem Ordner einen klar verständlichen Namen und klicken Sie auf „Erstellen". Der Ordner wird Ihnen anschließend angezeigt.

Dateien hinzufügen

Die Teilnehmer des Kanals können ihn nun öffnen und Dateien hineinlegen. Dies geht entweder per Klick auf „Hochladen" oder noch einfacher, indem Sie die Datei per Drag&Drop von Ihrem Computer in den Ordner ziehen.

Innerhalb eines Ordners werden die enthaltenen Dateien aufgelistet. Auch auf dieser Ebene können Sie die Struktur bei Bedarf verfeinern. Sie können zum Beispiel eine weitere Spalte hinzufügen, durch die zusätzliche Klarheit über die jeweiligen Dateien entsteht.

Mehr Klarheit innerhalb eines Ordners

Was ist gemeint? Sie kennen bestimmt Dateinamen wie zum Beispiel diesen hier:

Mega-Dateinamen

```
Hyatt_Angebot_Seminar_Version1.5_Iris_Final_200411.docx
```

In solchen Dateinamen stecken wertvolle Informationen:

Wertvolle Informationen

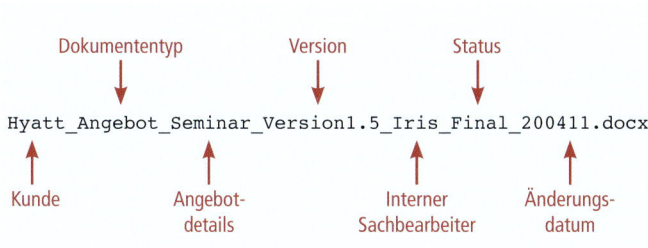

Derartige Informationen heißen Metadaten. SharePoint ermöglicht es, auf ausgefeilte Weise mit Metadaten zu arbeiten. Damit lassen sich Informationen über Dateimerkmale übersichtlich darstellen wie zum Beispiel:

Mit Metadaten arbeiten

- Dokumententyp (Vorlage, Angebot, Auftragsbestätigung)
- Version
- Status (Entwurf, Final, Verschickt, Auftrag, Absage)

Wenn Sie in SharePoint *Meta*daten nutzen, dann brauchen Sie keine *Mega*-Dateinamen mehr, denn Sie finden die Informationen automatisch in der Dateiübersicht. Die Dateien lassen sich mit diesen Metadaten auch einfach sortieren, filtern und gruppieren.

Keine Mega-Dateinamen mehr

Sie möchten genauer wissen, wie Sie mit Metadaten arbeiten? Welche Möglichkeiten es gibt und wie sie funktionieren, zeigen wir Ihnen in einem Gratis-Download. Diesen erhalten Sie auf der Website zum Buch unter: www.buero-kaizen.de/edza

Eine Datei für den Schnellzugriff bereitstellen

Häufig genutzte Dateien Oft gibt es in einem Projekt oder einer Abteilung eine Datei, die laufend aktualisiert und eingesehen werden muss wie beispielsweise eine Offene-Punkte-Liste, eine Terminübersicht oder eine PowerPoint-Präsentation.

In den Kopfbereich des Kanals setzen Eine solche Datei können Sie als Registerkarte in den Kopfbereich Ihres Kanals setzen. Die Vorteile:

- Sie verringern Suchzeiten.
- Alle Beteiligten sparen Zeit beim Öffnen der Datei.
- Sie vermeiden, dass die Datei erneut hochgeladen wird, nur weil sie jemand in den Ordnern übersehen hat.

Beispiel: Unser Buchprojekt Bei unserem Buchprojekt nutzten wir das gleich mehrfach: Wir machten die Dateien mit der Gliederung, den Spielregeln für unsere Arbeit beim Buch sowie die Datei mit der Übersicht der zu erstellenden Downloads mit je einem Klick zugänglich:

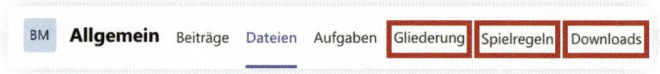

So gehen Sie vor Um eine Datei hinzuzufügen, klicken Sie diese mit der rechten Maustaste an (1). Wählen Sie „Dies als Registerkarte erstellen" (2). Um Platz in der Menüleiste zu sparen, können Sie die Registerkarte bei Bedarf per Rechtsklick umbenennen (3). Der Name der Datei selbst bleibt dabei unverändert erhalten.

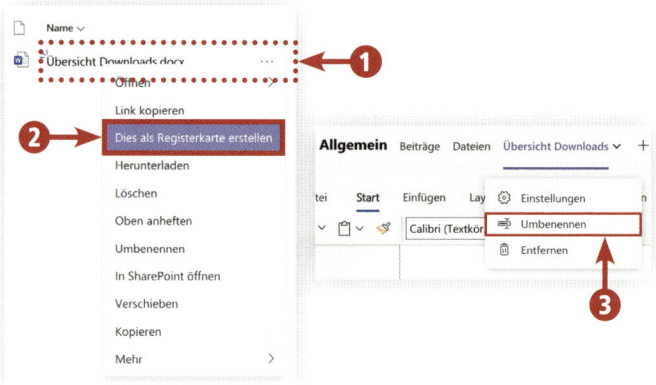

Dateiversionen anzeigen

Eines unserer Prinzipien bei Büro-Kaizen® lautet (siehe S. 35):

Auf die digitale Welt übertragen bedeutet dieses Prinzip, dass es nur *einen* fest vereinbarten Speicherort für Dateien geben sollte.

Sprechen wir dieses Thema in Beratungsprojekten an, nickt der Großteil der Teilnehmer bestätigend. In der Praxis sieht es aber oft anders aus: So wird beispielsweise Outlook gern als zweite Dateiablage benutzt, da an E-Mails oft die aktuelle Version einer Datei angehängt ist. Man öffnet diese Datei, speichert diese „mal kurz" auf dem Desktop oder in einem anderen persönlichen Ordner. Anschließend bearbeitet man diese und vergisst, die aktuelle Version zur gemeinsamen Nutzung auf den Server zu laden und die eigene Datei auf dem Desktop zu löschen.

Oder bearbeitet die Datei, gibt ihr – um die Versionen unterscheiden zu können – einen anderen Namen und lädt die umbenannte Datei dann wieder hoch. Auf dem Server findet man im Laufe der Zeit verschiedene Versionen der gleichen Datei mit Bezeichnungen wie etwa „Angebot_V1_OG_Final.docx", „Angebot_V2_MM_Final_korrektur.docx" etc.

Wie zeitsparend wäre es, wenn stets nur eine aktuelle Datei auf dem Server existieren würde und man sich über Versionierung und Benennung keine Gedanken mehr machen müsste? SharePoint bietet genau diese Funktionen an! Sie können jederzeit auf alle vorherigen Versionen eines Dokuments zugreifen, obwohl es die Datei auf dem Server nur einmal gibt.

Büro-Kaizen®-Prinzip

Ein Ort für die Dateien

Wildwuchs in der Praxis

Viele Versionen der gleichen Datei

SharePoint löst das Problem

In SharePoint öffnen   Um den Versionsverlauf einer Datei anzuzeigen, klicken Sie die Datei mit der rechten Maustaste an (1). Wählen Sie „In Share-Point öffnen" (2). In Ihrem Webbrowser öffnet sich eine neue Seite, die den Inhalt des Ordners anzeigt, in dem sich die Datei befindet.

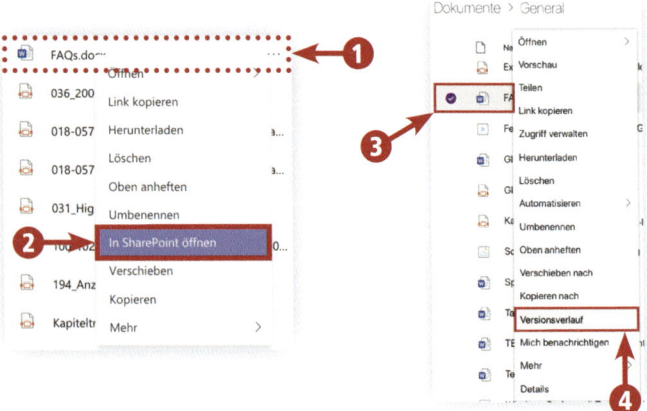

Versionsverlauf anzeigen   Klicken Sie die Datei erneut mit der rechten Maustaste an (3) und wählen Sie „Versionsverlauf" (4). Es öffnet sich ein Fenster, in dem Sie alle Versionen der Datei zeitlich geordnet sehen (5).

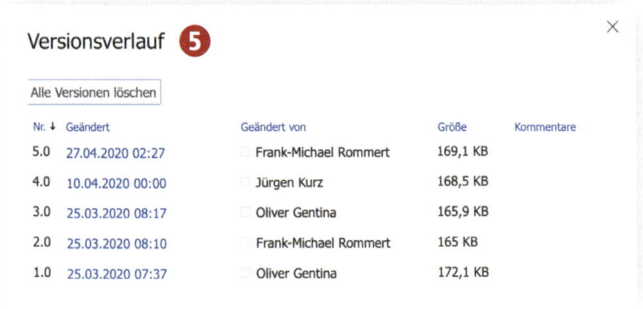

Zu einer früheren Version zurückkehren   SharePoint speichert bis zu 50.000 (!) Versionen einer Datei. Sie können jederzeit zu einer vorherigen Version zurückkehren. Wenn Sie eine der Versionen anklicken, wird diese auf Ihren Computer geladen.

Verlinken statt kopieren

Damit das Arbeiten mit nur *einer* Datei für Sie und Ihr Team greift, sollten Sie auch wirklich nur mit dieser einen in Share-Point gespeicherten Datei arbeiten. Vermeiden Sie es also, die aktuelle Datei für Ihre Arbeit auf Ihren Computer zu laden, umzubenennen und die Datei als Dateianhang in einer E-Mail anzuhängen. Wenn Sie die Datei weiterleiten wollen, dann sollten Sie lediglich mit Verlinkungen zu dieser einen aktuellen Datei arbeiten.

Nicht auf den eigenen Computer runterladen

Sie haben mehrere Möglichkeiten, um Links zu einer Datei zu versenden:

- *Innerhalb von Microsoft Teams zu einer Datei verlinken*
  Gehen Sie in Microsoft Teams in den entsprechenden Kanal zu Dateien. Klicken Sie mit der rechten Maustaste auf eine Datei (1) und wählen Sie „Link kopieren" (2). Wählen Sie zwischen Microsoft Teams und SharePoint (3) und klicken Sie auf „Kopieren" (4).

In Microsoft Teams verlinken

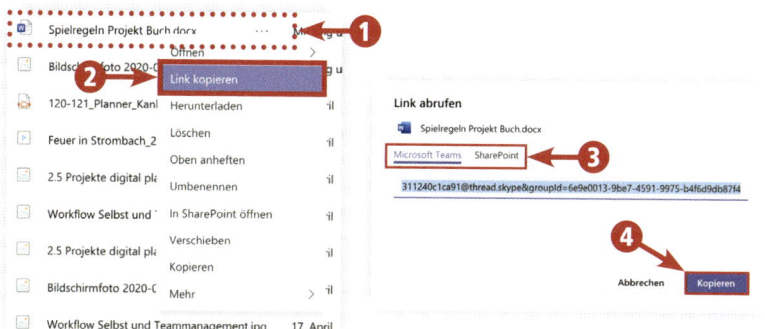

Der Link ist nun in die Zwischenablage kopiert.

Sie können den Link überall einfügen – zum Beispiel in einen Kanal oder in eine Chatnachricht. Wird der Link angeklickt, dann öffnet sich die Datei je nach Auswahl in Microsoft Teams oder in einem separaten Browserfenster in SharePoint.

In Kanal oder Chatnachricht einfügen

Link per Outlook ■ *Einen Link in eine E-Mail per Outlook einfügen*
Verfügen Sie über Microsoft Outlook und senden Sie auch
Ihre Mails über ein Microsoft 365-Konto, können Sie statt
eines Dateianhangs direkt aus Outlook einen Link senden:
Klicken Sie in Outlook auf „Link einfügen" statt auf „Datei
einfügen". Links sind per Cloud-Symbol gekennzeichnet.

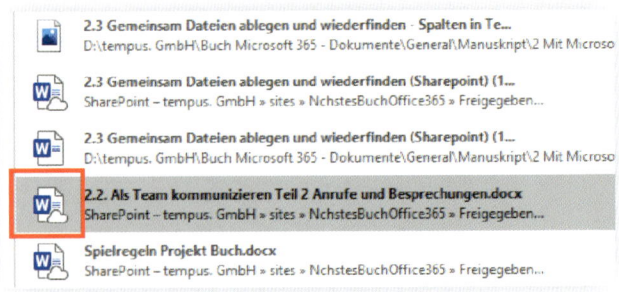

In SharePoint verlinken ■ *Innerhalb von SharePoint zu einer Datei verlinken*
Wechseln Sie zu SharePoint in den Bereich Dateien. Klicken
Sie mit der rechten Maustaste auf eine Datei und anschlie-
ßend auf „Link kopieren":

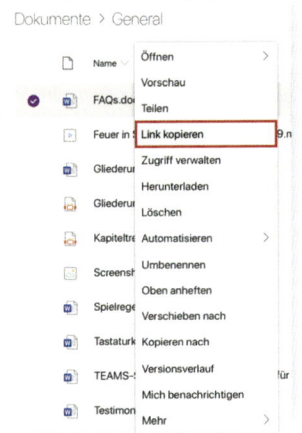

 Es gibt weitere Möglichkeiten. So können Sie den Schnellzugriff auf einen Ordner in
SharePoint ermöglichen, indem Sie den Link zu diesem Ordner als Lesezeichen oder
Verknüpfung auf den Desktop kopieren. Wie das funktioniert, zeigt Ihnen ein Gratis-
Download. Sie erhalten ihn auf der Buch-Website unter: www.buero-kaizen.de/edza

Dateien mit dem PC synchronisieren

Wenn Sie intensiv mit den Dateien oder Ordnern Ihres Teams arbeiten, werden Sie die folgende Funktion lieben: Sie können wie gewohnt auf alle Dateien Ihres Teams zugreifen, indem Sie Ihren Dateiexplorer nutzen. Die Einbindung fühlt sich dabei wie bei der Arbeit mit einem Netzlaufwerk an, obwohl Sie mit den SharePoint-Dateien arbeiten. Über den Dateiexplorer können Sie bequem Daten erstellen, bearbeiten, verschieben und kopieren – genauso einfach, wie Sie es bisher gemacht haben.

Dateien im Dateiexplorer nutzen

Klicken Sie dazu in einem Microsoft Teams-Kanal auf die Registerkarte Dateien (1) und dort auf „Synchronisieren" (2).

Synchronisieren

Hinweis: Sie benötigen hierfür die aktuelle Version der Anwendung „OneDrive" auf Ihrem PC. Diese Anwendung synchronisiert nicht nur die persönlichen Dateien Ihres OneDrive-Ordners mit der Cloud, sondern kann auch die SharePoint-Ordner synchronisieren.

„OneDrive" synchronisiert auch SharePoint-Daten

Das Ergebnis sieht anschließend in Windows so aus:

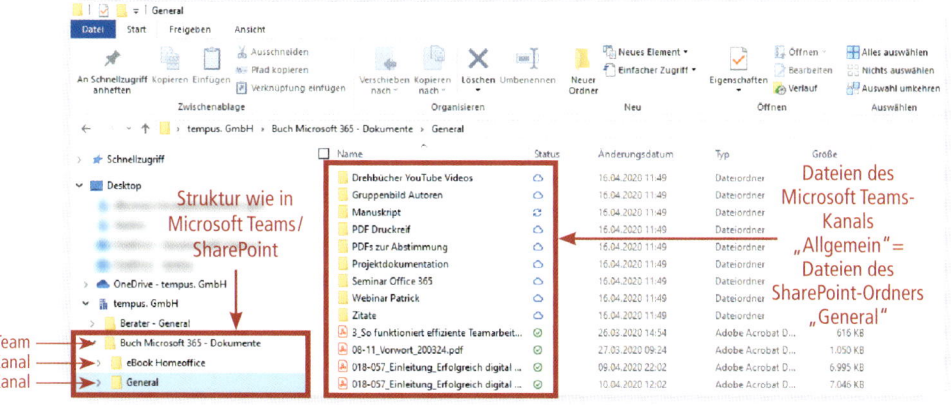

Zugriff über den Dateiexplorer

Nun haben Sie auch über den Dateiexplorer Ihrers Computers Zugriff auf die Dateien und Ordner Ihres Kanals. Alle Änderungen, die Sie nun an den Daten vornehmen, werden automatisch auch in Microsoft Teams bzw. SharePoint geändert.

Datei lokal speichern

Hierzu noch ein Tipp: Klicken Sie mit der rechten Maustaste auf eine Datei oder einen Ordner, können Sie „Immer behalten auf diesem Gerät" auswählen. Sie haben dann die aktuelle Version immer lokal gespeichert. Auch ohne Internetverbindung können Sie dann auf diese Datei bzw. diesen Ordner zugreifen. Sobald wieder eine Verbindung besteht, werden die Änderungen bidirektional abgeglichen.

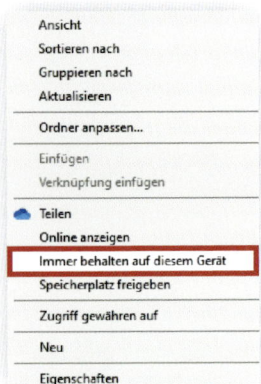

Sie fragen sich, was die Symbole neben den Dateien bedeuten?

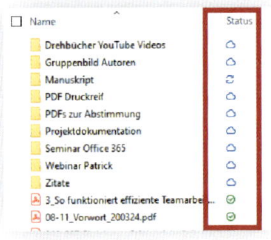

- *Blaue Wolke:* Zeigt an, dass die Datei nur online verfügbar ist. Solche Dateien belegen auf Ihrem Computer keinen Speicherplatz. Ist Ihr Gerät nicht mit dem Internet verbunden, können Sie die Dateien nicht öffnen.

- *Grünes Häkchen:* Zeigt eine lokal verfügbare Datei an. Wenn Sie eine Online-Datei öffnen, wird Sie auf Ihr Gerät heruntergeladen und zu einer lokal verfügbaren Datei. Eine lokal verfügbare Datei können Sie jederzeit öffnen, auch ohne Zugriff auf das Internet.

- *Weißes Häkchen in grünem Kreis:* Zeigt eine immer verfügbare Datei an. Diese immer verfügbaren Dateien werden auf Ihr Gerät heruntergeladen und sind dort immer verfügbar – auch wenn Sie offline arbeiten.

- *Vorhängeschloss:* Zeigt eine Datei an, die nicht bearbeitet werden kann. Es gibt nur eine Leseberechtigung.

Tipps

- Wenn Sie einen Kanal erstellen, dann legt SharePoint automatisch einen Ordner an, in dem die Dateien dieses Kanals gespeichert werden. Der Ordner heißt dabei so wie der Kanal (siehe Seite 66). Zum Kanal „Allgemein" gibt es in Share-Point ebenfalls einen Ordner. Dieser heißt aber nicht „Allgemein", sondern „General" – unabhängig von den Spracheinstellungen. Lassen Sie sich dadurch nicht verwirren.

Ordnername „General"

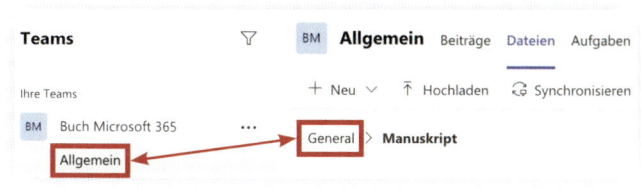

- Für private Kanäle (siehe Seite 91 sowie Seite 122) legt SharePoint jeweils eine eigene SharePoint-Website abseits vom zugehörigen Team an.

Websites für private Kanäle

- Im Kapitel „Kanäle" haben Sie erfahren, dass Sie eine Datei von Ihrer Festplatte einfach ins Nachrichtenfeld ziehen können, wenn Sie diese den Teilnehmern des Kanals zur Verfügung stellen möchten (siehe Seite 123). Dort kann die Datei von den Teilnehmern des Kanals mit einem Klick geöffnet (oder auf den Computer runtergeladen) werden. Tipp: Die Datei finden Sie automatisch auch im Bereich „Dateien".

Bereich „Dateien"

Sie möchten die Funktionen des Bereichs „Dateien" genauer kennenlernen? Welche Möglichkeiten es gibt, zeigen wir Ihnen in einem Gratis-Download. Diesen erhalten Sie auf der Website zum Buch unter: www.buero-kaizen.de/edza

Wir haben auch ein Tutorial vorbereitet, das Ihnen zeigt, wie Sie Sharepoint für die Dateiablage im Team nutzen können. Sie finden das Video eingebettet auf der Website zum Buch unter: www.buero-kaizen.de/edza

2.3 Ergebnisse digital dokumentieren

Wichtige Informationen und Entscheidungen

Während der Arbeit des Teams entstehen immer wieder wichtige Informationen und Entscheidungen. Dies geschieht während der Online-Meetings, aber auch in den Unterhaltungen innerhalb der Kanäle und auch in Chats sowie im Gespräch mit Kunden und Projektpartnern. Doch was gesagt wurde, steht in Gefahr, vergessen zu werden. Und manch wichtiger Punkt, der in einem Kanal oder Chat Erwähnung fand, wird vielleicht übersehen oder später nicht mehr aufgefunden – trotz der Suchfunktion.

Gut auffindbar festhalten

Für den Erfolg der Zusammenarbeit ist es daher wichtig, die für das Projekt relevanten Informationen und Entscheidungen für alle Beteiligten gut auffindbar festzuhalten. Haben alle Teammitglieder jederzeit und von überall aus Zugriff auf die Protokolle, dann entsteht Transparenz. Kann ein Teammitglied die aktuellen Entscheidungen einsehen, kommt es auch nach einer Abwesenheit schnell auf den neuesten Projektstand.

Das Tool: OneNote

Zum Dokumentieren und Protokollieren empfehlen wir, dass Sie das digitale Notizbuchsystem OneNote nutzen.

Gründe

Die Gründe:

- OneNote ermöglicht *digitale* Notizbücher: Es kann mit nahezu jeder Form digitaler Inhalte umgehen. Ob Texte, Fotos, Screenshots – sogar handschriftliche Notizen, Videos und Audiodateien sind durchsuchbar.
- OneNote ermöglicht den mobilen Zugriff auf Ihre Dateien durch Geräte wie PC, Tablet und Smartphone.
- Mit OneNote können Sie sogar ohne Internetverbindung arbeiten. Die Änderungen werden synchronisiert, wenn Ihr Endgerät wieder Zugang zum Internet hat.
- Viele kennen OneNote schon aus ihrem Selbstmanagement.
- OneNote ist teamfähig: Sie können mit Kollegen zeitgleich in den Notizbüchern arbeiten.
- OneNote ist Bestandteil von Microsoft 365 und kann unter dem Dach von Microsoft Teams verwendet werden.

▶ **YouTube**

Auf unserem YouTube-Kanal finden Sie zu OneNote Videos mit Anwendungsbeispielen und Tutorials. Sie sehen die Links auf der Website zum Buch: www.buero-kaizen.de/edza

Nutzen Sie OneNote, dann sind Protokolle in Papierform nicht mehr nötig. **Kein Papier mehr nötig**

Erstellen Sie in Microsoft Teams ein neues Team, wird im Hintergrund zugleich ein leeres Notizbuch für dieses Team erzeugt. **Zwei Schritte**

Gehen Sie zwei Schritte, um dieses Notizbuch zu nutzen:
1. Aktivieren Sie Ihr Notizbuch.
2. Strukturieren und füllen Sie es.

Schritt 1: Aktivieren Sie Ihr Notizbuch

Um mit OneNote arbeiten zu können, muss diese App zunächst dem Kanal hinzugefügt werden, in dem Sie OneNote nutzen wollen. Wechseln Sie in den gewünschten Kanal eines Teams. Klicken Sie oben bei den Registerkarten auf das +-Symbol: **Die App hinzufügen**

Es erscheint eine Übersicht der verfügbaren Apps:

Wählen Sie die App „OneNote".

Name des Notizbuches   Das automatisch erzeugte Notizbuch trägt immer den Namen des Teams. In manchen Fällen ist es zudem mit dem Hinweis *(Team-Standardnotizbuch)* gekennzeichnet.

Alle im Team haben Zugriff   Fügen Sie dieses Notizbuch hinzu. Die Zugriffsberechtigungen für Ihr Team sind bereits automatisch hinterlegt. Das bedeutet: Alle Mitglieder Ihres Teams können dieses Notizbuch öffnen und bearbeiten. Alle Abschnitte sind immer für das gesamte Team sichtbar.

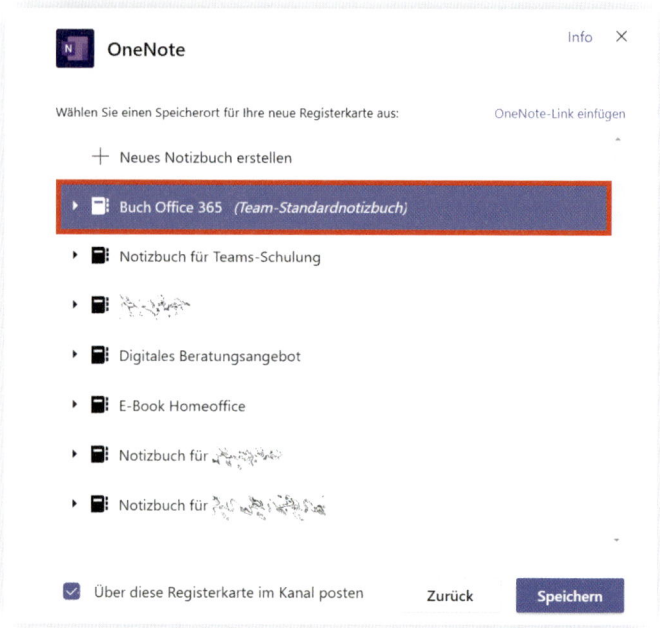

Bestehendes Notizbuch wählen   Über die Option „OneNote-Link einfügen" können Sie alternativ auch ein bestehendes Notizbuch in diesem Fenster wählen. Voraussetzung ist, dass sich dieses Notizbuch in der Cloud und nicht auf ihrem lokalen Fileserver befindet.

Registerkarte neu benennen   Um nicht zu viel Platz in den Registerkarten zu verbrauchen, können Sie die Registerkarte per Rechtsklick umbenennen.

Schritt 2: Strukturieren und füllen Sie es

Haben Sie ein Notizbuch hinzugefügt, kann es nun von Ihnen gefüllt werden. Wie immer gilt auch hier: Machen Sie sich zunächst Gedanken über eine sinnvolle Struktur. Das spart ihnen im Verlauf der Arbeit ein mühsames Umsortieren.

Sinnvolle Struktur

OneNote ist so aufgebaut, dass Sie Informationen wie in einem realen Notizbuch aus Papier ablegen können:

Aufbau von OneNote

- Ein Notizbuch umfasst einen oder mehrere Abschnitte.
- Die Abschnitte wiederum können aus einer oder mehreren Seiten bestehen.

In OneNote sieht das dann so aus:

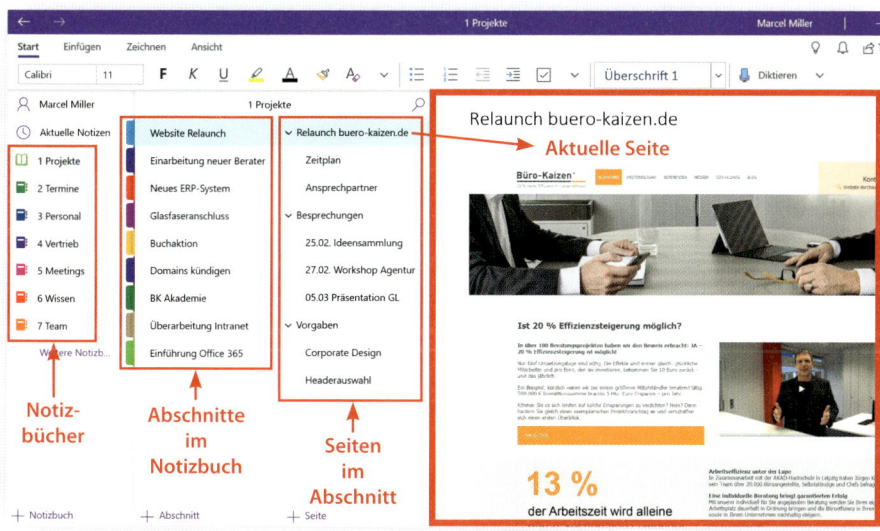

Um zu verstehen, was wo eingerichtet und abgelegt wird, ist der Vergleich mit der Papierwelt hilfreich:

OneNote		Papierwelt
Notizbuch	–>	Aktenordner
Abschnitt	–>	Trennregister
Seite	–>	Papierblatt

Ein Team, drei Projekte | Wie kann nun eine Struktur aussehen? Nehmen wir an, Ihr Team bearbeitet die drei Projekte A, B und C. Die Mitglieder des Teams treffen sich einmal pro Woche, um den Stand der drei Projekte zu beraten und weitere Schritte zu entscheiden.

Beispielstruktur | Hier bietet sich folgende Struktur an:

- *Team-Meetings:* In diesem Abschnitt legen Sie die Protokolle der wöchentlichen Meetings ab. Pro Meeting erstellen Sie eine neue Seite.
- *Projekt A:* In diesem Abschnitt werden Notizen aus Kundengesprächen sowie Aufzeichnungen abgelegt, die ausschließlich Projekt A betreffen.
- *Projekt B:* In diesem Abschnitt werden Notizen aus Kundengesprächen sowie Protokolle abgelegt, die ausschließlich Projekt B betreffen.
- *Projekt C:* In diesem Abschnitt werden Notizen aus Kundengesprächen sowie Protokolle abgelegt, die ausschließlich Projekt C betreffen.

Die Abschnitte in OneNote entsprechen den Kanälen im Team: Pro Projekt gibt es in OneNote einen eigenen Abschnitt; im Team gibt es für jedes Projekt einen eigenen Kanal (vgl. S. 89). Was im Team der Kanal „Allgemein" ist, kann in OneNote der Abschnitt „Team-Meetings" sein.

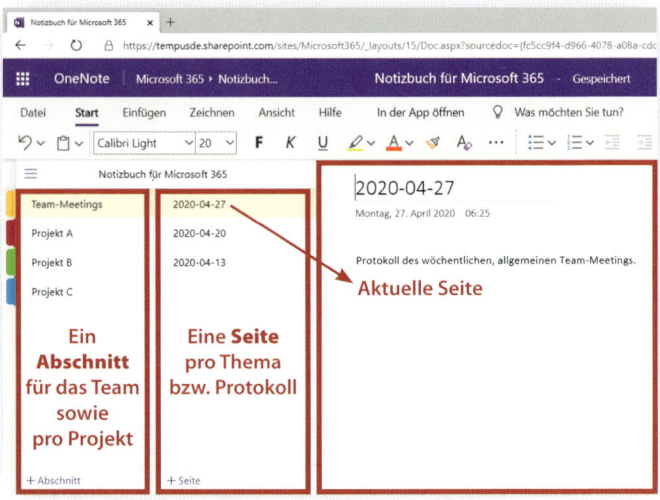

Name, Farbe, Reihenfolge | Für noch mehr Ordnung: Per *Rechtsklick* können Abschnitte umbenannt und umgefärbt werden. Abschnitte und Seiten lassen sich mit der *linken* Maustaste per Drag & Drop umsortieren.

Haben Sie die Struktur des Notizbuches angelegt, geht es nun darum, die Abschnitte und Seiten im Alltag auch angemessen zu nutzen.

Angemessen nutzen

Die Erfahrung zeigt, dass Sie bezüglich der Dokumentation von Ergebnissen auf zwei Seiten vom Pferd fallen können:

Zwei typische Probleme

- Entweder führen Sie die Protokolle viel zu detailliert und veröffentlichen sie erst nach Durchlaufen eines komplizierten und zeitraubenden Freigabeprozesses.
- Oder Sie gestalten die Notizen nur stichwortartig – und nach ein paar Tagen weiß keiner mehr, was die Aufzeichnungen eigentlich bedeuten sollen.

Auch hier gilt es wieder, die richtige Balance zu finden. Dies ist gar nicht schwer, wenn Sie sich an den beiden Kriterien orientieren, die ein Protokoll aus unserer Sicht erfüllen muss:

Zwei hilfreiche Kriterien

1. Jemand, der zum Beispiel nicht beim Meeting dabei war, muss in der Lage sein, die protokollierte Entscheidung zu verstehen.
2. Es ist nur das Wesentliche festzuhalten. Notiert werden also die Entscheidungen und in manchen Fällen auch eine kurze Begründung. Der Prozess der Entscheidungsfindung muss dagegen *nicht* dokumentiert werden.

Bei Dokumentationen kommt es meist nicht auf Perfektion an. Wir empfehlen in diesen Fällen, lieber eine 80-Prozent-Lösung sofort umzusetzen, als an einer 100-Prozent-Lösung zu arbeiten, die nie fertig wird.

Meist keine Perfektion nötig

Übrigens: Sie müssen den Text heutzutage nicht mal mehr von Hand Wort für Wort eintippen. In OneNote ist eine Sprache-zu-Text-Funktion integriert. Sie ermöglicht es Ihnen, die nötigen Inhalte einfach per Sprache auf der Seite einzufügen. Wenn Sie wissen möchten, wie Sie die Diktierfunktion nutzen, dann schauen Sie sich den Gratis-Download an, den wir für Sie vorbereitet haben. Sie finden ihn auf unserer Website zum Buch unter: www.buero-kaizen.de/edza

Nutzen Sie OneNote auch offline

Notizbuch auch in App nutzen Mit dem Notizbuch Ihres Teams können Sie nicht nur unter dem Dach von Microsoft Teams arbeiten. Es lässt sich auch in der OneNote-App Ihres Computers öffnen. Voraussetzung dafür ist natürlich, dass Sie die OneNote-App bereits installiert haben.

Notizbuch auf offline verfügbar machen Der Vorteil: Per App können Sie das Notizbuch auch *offline* verfügbar machen. Dann haben Sie auch ohne Internetverbindung Zugriff auf alle Informationen! Das ist ein großer Vorteil, bedenkt man den Umstand, dass Microsoft Teams nur mit bestehender Internetverbindung funktioniert.

„In der App öffnen" Um das Notizbuch Ihres Teams in der App zu öffnen, klicken Sie in Microsoft Teams auf den Menüpunkt „In der App öffnen" (1). Wählen Sie anschließend im Pull-down-Menü „In der App öffnen" (2). Sollten Sie sich fragen, was die Option darunter bedeutet – sie würde das Notizbuch im Browser öffnen.

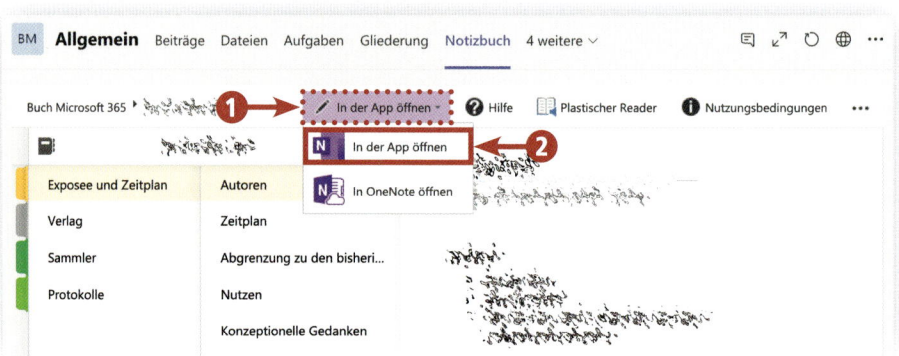

Änderungen werden synchronisiert Microsoft Teams öffnet nun die OneNote-App auf Ihrem Gerät und stellt eine dauerhafte Verbindung zu diesem Notizbuch her. Das Notizbuch wird auf Ihr Endgerät heruntergeladen. Es steht Ihnen damit auch offline zur Verfügung. Sie können in der App nun weitere Inhalte hinzufügen oder sonstige Änderungen vornehmen. Besteht wieder eine Internetverbindung, werden die Änderungen zusammengeführt.

Nutzen Sie Ihr OneNote-Notizbuch auch auf dem Tablet oder Smartphone

Sie können Ihr OneNote-Notizbuch auch auf dem Smartphone oder Tablet nutzen.

Auf Smartphone und Tablet

Das Nutzen von OneNote auf dem Tablet ist besonders dann interessant, wenn Sie ein Tablet mit digitalem Stift besitzen. Sie können dann auch handschriftliche Notizen machen. Mit der eingebauten Funktion zur Handschrifterkennung holen Sie noch mehr aus OneNote heraus.

Handschrift auf dem Tablet

Voraussetzung für die Nutzung des Notizbuches ist es, dass Sie sowohl die Microsoft Teams-App als auch die OneNote-App auf Ihrem Smartphone installiert haben und mit Ihrem Microsoft-Konto angemeldet sind.

Voraussetzungen

Starten Sie die Microsoft Teams-App auf Ihrem Smartphone und navigieren Sie in den entsprechenden Teams-Kanal (1). Dort tippen Sie auf „Mehr" (2) und öffnen das Notizbuch. Es wird nun automatisch zu Ihren Notizbüchern hinzugefügt (3).

Notizbuch hinzufügen

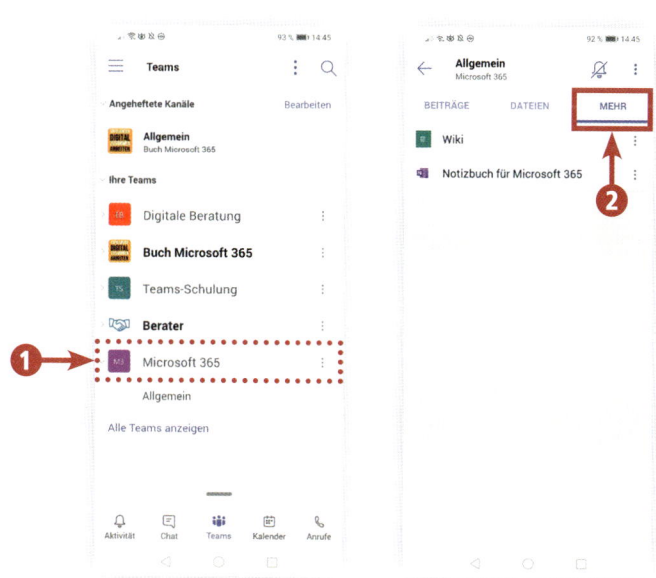
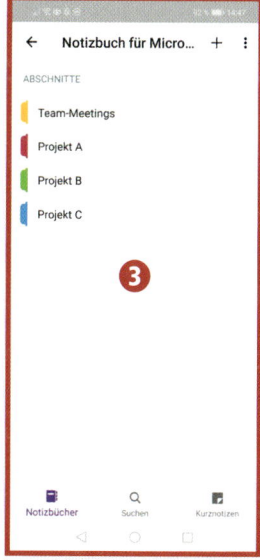

Notizbücher auf jedem Gerät separat öffnen	Bitte beachten Sie: Haben Sie ein Notizbuch mit Ihrem PC geöffnet, erscheint es nicht auch automatisch auf Ihrem Tablet oder Smartphone. Pro Gerät müssen Sie diejenigen Notizbücher öffnen, die Sie dabei haben möchten. Notizbücher, die Sie auch auf dem Smartphone nutzen wollen, müssen Sie also auch noch einmal dort öffnen.

Ergänzen Sie Protokolle mit Fotos

Ein Notizbuch auch auf dem Smartphone zu nutzen, ist schon allein aus dem Grund sinnvoll, den wir Ihnen nun in diesem Abschnitt beschreiben.

Dokumentation von Flipcharts und Whiteboards	Wenn Sie mit Microsoft Teams arbeiten, dann werden Sie vermutlich als Team immer mal Videokonferenzen haben und OneNote einsetzen, um die Ergebnisse festzuhalten. Aber was machen Sie in Präsenzmeetings? Bei solchen Treffen werden häufig Flipcharts und Whiteboards genutzt. Klar, Sie könnten die Inhalte für das Protokoll abtippen. Doch das ist zeitraubend. Zudem lassen sich grafische Darstellungen in der Regel nicht so einfach übertragen.
Fotos machen	Und hier kommt das Smartphone ins Spiel: Viel einfacher ist es, Fotos von den Flipcharts und Whiteboards zu machen und diese in das Team-Notizbuch einzufügen.
Zwei Vorteile	Das bringt zwei Vorteile:

- Der Protokollant hat deutlich weniger Mühe.
- Alle Teammitglieder sehen die Fotos sofort im Protokoll.

Direkt ins Notizbuch hinein fotografieren	Über die OneNote-App auf dem Mobilgerät ist es möglich, Fotos direkt in das Teamnotizbuch hinein zu fotografieren. Dies funktioniert so:

1. Sie öffnen OneNote auf Ihrem Smartphone und navigieren in die Seite mit dem Protokoll.

2. Sie tippen in Ihrem Smartphone auf das Kamerasymbol.

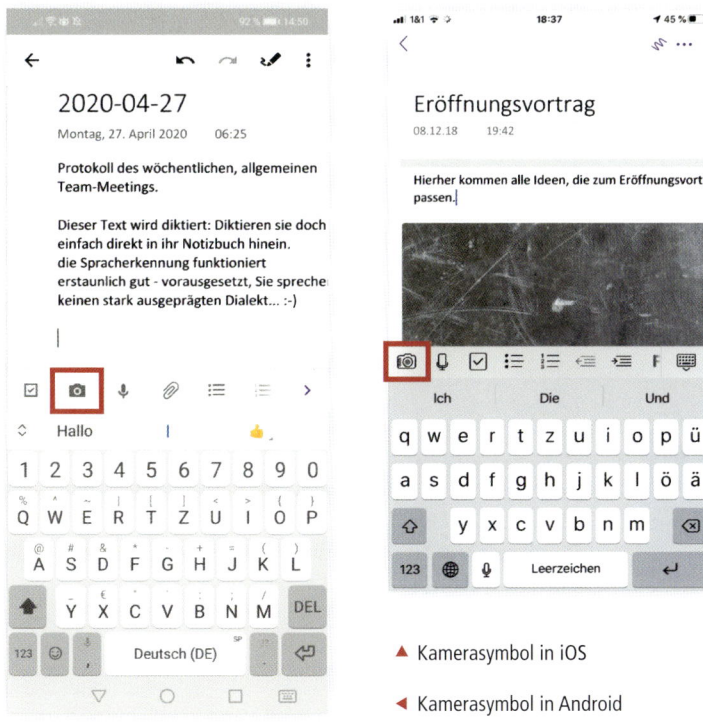

▲ Kamerasymbol in iOS

◄ Kamerasymbol in Android

3. OneNote möchte von Ihnen nun wissen, ob Sie ein Foto, ein Dokument oder ein Whiteboard aufnehmen möchten. **Typ auswählen**

4. Wählen Sie „Dokument" oder „Whiteboard", dann beginnt das Smartphone, nach passenden Motiven zu suchen. **Suche nach Motiven**

Foto wird automatisch optimiert

Erscheint ein Blatt oder ein Whiteboard im Bildausschnitt, wird ein violetter Rahmen eingeblendet. Dieser umrandet das gewünschte Motiv. Nur das, was innerhalb des Rahmens zu sehen ist, wird fotografiert (1). Sie sparen sich dadurch das spätere Zurechtschneiden des Fotos. Zudem entfernt OneNote automatisch die perspektivische Verzerrung (2). Es ist also gar nicht nötig, das Motiv möglichst gerade aufzunehmen.

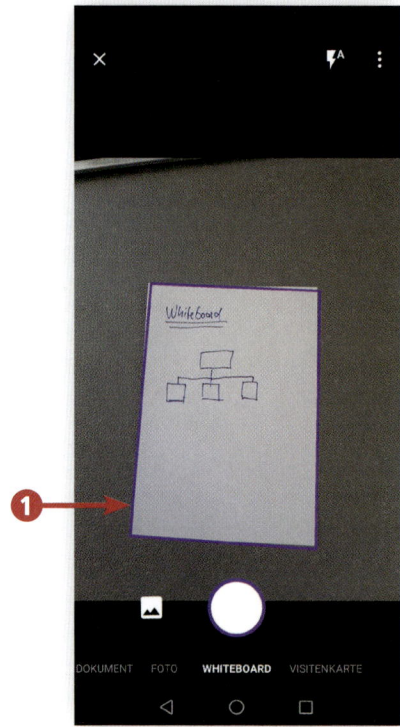
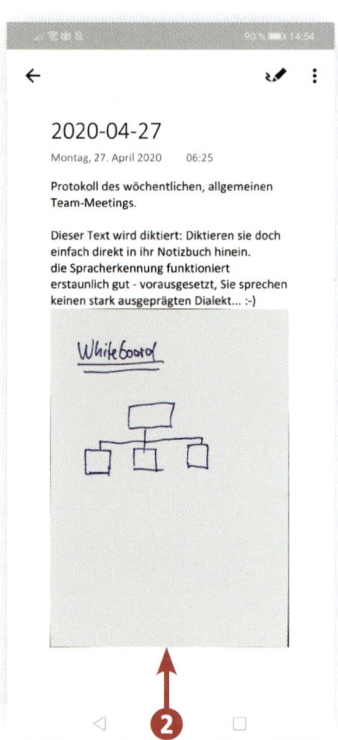

Wenn Sie vorgehen wie hier gezeigt, sind auch komplizierte Darstellungen in Sekundenschnelle Teil des Protokolls.

Mit OneNote ist viel möglich. Daher ist nicht nur die Arbeit mit Team-Notizbüchern zu empfehlen, sondern auch der Einsatz persönlicher Notizbücher. Sie möchten den Unterschied zwischen diesen und den Team-Notizbüchern besser verstehen? Dann ist der Gratis-Download interessant, den wir für Sie vorbereitet haben. Sie finden ihn auf der Website zum Buch unter: www.buero-kaizen.de/edza

2.4 Projekte digital planen

In Projekten gehört es zu den typischen Herausforderungen, die Übersicht über alle anstehenden Aufgaben und Teilziele zu behalten. Für Projekte, an denen mit Unterstützung digitaler Tools von unterschiedlichen Standorten aus gearbeitet wird, gilt dies in besonderer Weise.

Herausforderung: Übersicht behalten

Für die Projektleitung kommt hinzu, dass sie nicht nur ihre persönlichen Aufgaben im Auge zu behalten hat, sondern jederzeit auch das Gesamtprojekt überblicken muss:

Eigene Aufgaben und Gesamtprojekt

- Wer arbeitet gerade an was?
- In welcher Phase sind wir gerade?
- Wo hakt es?

Um Projekte digital zu managen, gab es in der Vergangenheit in vielen Fällen nur eine kleine Lösung, die oft mittels E-Mail-Kommunikation und projektbezogenen Unterordnern im Dateisystem ablief oder die ganz große Lösung einschließlich einer Ressourcenplanung etwa mit Microsoft Project.

Große oder kleine Lösung

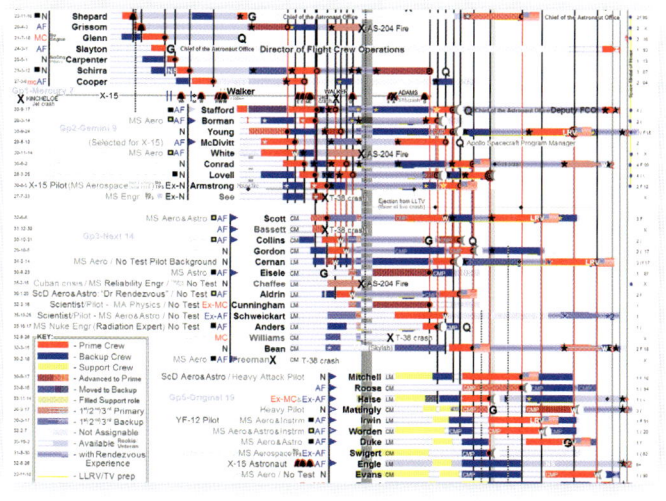

Beispiel für eine komplexe softwaregestützte Projektübersicht (Ausschnitt)

Viele Projekte sind aber für Microsoft Project zu klein und für das Nutzen von E-Mails und Unterordnern zu komplex.

Drei Werkzeuge Generell betrachtet, benötigt ein Team zum Realisieren gelin-
gender Projekte drei Werkzeuge:
1. ein führendes *Kommunikationssystem*
2. eine strukturierte *Dateiablage*
3. eine verlässliche *Aufgabenverwaltung*

*Für Planner hat Microsoft
Änderungen angekündigt.
Zum Redaktionsschluss waren
Details noch nicht bekannt.
Bei Bedarf überarbeiten wir
dieses Kapitel. Die aktuelle
Fassung finden Sie unter:
www.buero-kaizen.de/edza

Welche *Kommunikationsmöglichkeiten* Microsoft Teams eröffnet, haben Sie im Kapitel 2.1 ab Seite 113 erfahren. Wie Sie
unter dem Dach von Microsoft Teams gemeinsam *Dateien* ablegen und wiederfinden, sahen Sie im Kapitel 2.2 ab Seite 137.
Nun kommen wir zum nächsten Werkzeug: der *Aufgabenverwaltung.* Hierzu können Sie ein weiteres Programm von
Microsoft 365 nutzen und in Microsoft Teams einbinden – und
zwar Microsoft Planner.*

**Whiteboard
mit Klebezetteln**

Um zu verstehen, was der Planner
leistet, stellen Sie sich einen Bespre-
chungsraum für Ihr Team vor, in
dem ein großes Whiteboard hängt.
Nehmen wir an, Sie sammeln nun
alle einzelnen Aufgaben auf kleinen
Klebezetteln und hängen diese an
das Whiteboard. Nun strukturieren
Sie die Aufgaben nach Teilschrit-
ten, schreiben Informationen auf
die Zettel und weisen diese Aufgaben einzelnen Personen zu.

Guter Überblick Mit Spaltenüberschriften definieren Sie die Teilschritte des Projekts. Ist bei einer Aufgabe ein neuer Bearbeitungsstand erreicht,
hängen Sie den zugehörigen Zettel einfach um eine Spalte weiter. Auf diese Weise lässt sich ein Projekt recht gut überblicken.

**Whiteboard in
digitaler Form**

Planner ist ein Whiteboard in digitaler Form. Das Tool ermöglicht es, mit digitalen Aufgabenzetteln zu arbeiten. Diese haben
Funktionen, die sich in Papierform gar nicht realisieren lassen.
Zudem kann sich jedes Teammitglied den aktuellen Plan mit
der Aufgabenübersicht und auch die einzelnen Aufgaben zu

jeder Zeit und von jedem Ort aus anschauen und bearbeiten. Die Notwendigkeit, im realen Besprechungszimmer anwesend zu sein, um am Whiteboard arbeiten zu können, fällt damit weg.

Wir arbeiten sehr gerne mit dem Planner. Auch für die Projektsteuerung beim Zusammenarbeiten an diesem Buch nutzten wir dieses Tool. Auf dem folgenden Screenshot sehen Sie, wie unser Buchprojekt im Planner aussah:

Beispiel: Buchprojekt

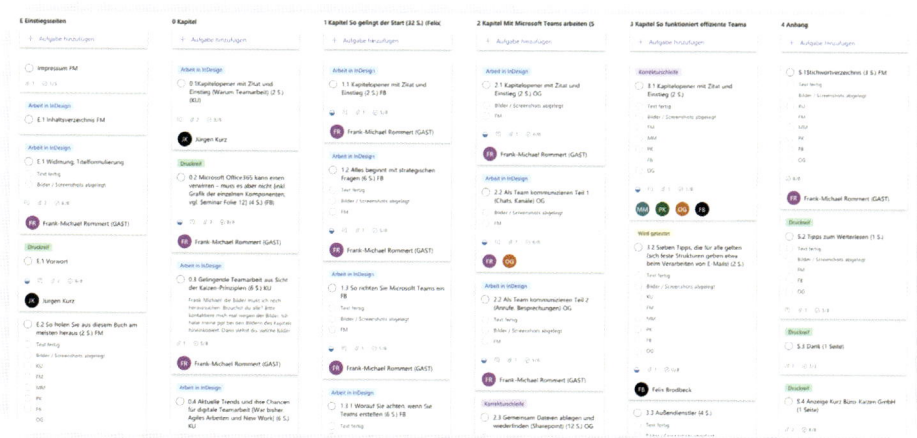

In den Spalten haben wir dabei nicht die Teilschritte des Projekts definiert, sondern wir haben sie in diesem Fall dazu genutzt, die einzelnen Kapitel des Buches zu organisieren. Jedes Unterkapitel wurde dabei als eigene Aufgabe angelegt und der entsprechenden Spalte zugewiesen. Um sehen zu können, in welcher Phase sich welche Aufgabe befindet, verwendeten wir die Statusreiter mit den verschiedenen Farben. Darüber hinaus nutzten wir die Kommentarfunktion, Checklisten sowie die Möglichkeit, die zugehörigen Manuskripte in Gestalt von Worddateien direkt mit der zugehörigen Aufgabe zu verknüpfen.

Viele Funktionen genutzt

Das ist nun schon mein viertes Büro-Kaizen®-Buch, das ich, Jürgen Kurz, geschrieben habe – und das erste, bei dem ich den Planner einsetzte. So einfach wie dieses Mal war die Arbeit an einem Buch noch nie.

So einfach wie noch nie

Grundregeln Die Grundregeln des strukturierten Arbeitens lauten:

- Sie arbeiten schriftlich.
- Sie führen die Aufgaben in *einer* Übersicht zusammen.
- Sie definieren für jede Aufgabe die Zuständigkeit.
- Sie legen für jede Aufgabe ein Fälligkeitsdatum fest.
- Sie setzen die Aufgaben konsequent um.

Vorgehen beim Planner Diese Grundregeln gelten auch beim Nutzen des Planners. Hier sieht das Vorgehen so aus:

1. Sie legen einen Plan an.
2. Sie legen die Spaltenüberschriften fest.
3. Sie legen die zu erledigenden Aufgaben an.
4. Sie weisen die Aufgaben einem oder mehreren Bearbeitern zu.
5. Sie legen fest, wann die Erledigung der Aufgaben fällig ist.

Übersicht behalten Wenn Sie so vorgehen, hilft Ihnen der Planner dabei, stets die Übersicht zu behalten – sowohl mit Blick auf das gesamte Projekt als auch hinsichtlich Ihrer eigenen Aufgaben. Das – und die Funktionalität des Planners – wird Sie beim erfolgreichen Realisieren Ihres Vorhabens unterstützen.

Die fünf Schritte schauen wir uns nun genauer an.

Schritt 1: Legen Sie einen Plan an

Die App hinzufügen Um mit dem Planner arbeiten zu können, muss diese App zunächst dem Kanal hinzugefügt werden, in dem Sie den Planner nutzen wollen. Wechseln Sie in den gewünschten Kanal eines Teams.

Klicken Sie nun oben bei den Registerkarten rechts auf das +-Symbol:

Es erscheint eine Übersicht der verfügbaren Apps.

Planner auswählen

Wählen Sie die App „Planner". Hinweis: Privaten Kanälen kann Planner bisher nicht hinzugefügt werden.

Sie haben nun zwei Möglichkeiten:

Zwei Möglichkeiten

1. „*Neuen Plan erstellen*" – Sie legen einen neuen Plan an und benennen ihn (im Beispiel lautet der Name „Aufgaben").
2. „*Vorhandenen Plan dieses Teams verwenden*" – Sie haben bereits in einem anderen Kanal des Teams einen Plan (beispielsweise im Kanal „Allgemein") und wollen diesen auch in einem anderen Kanal des Teams nutzen und als Tab anfügen.

Neuer oder
vorhandener Plan

Planner

Info ✕

Mit Planner kann Ihr Team problemlos die Übersicht behalten. Aufgaben zuweisen sowie den Fortschritt verfolgen. Erstellen Sie einen neuen Plan, um zügig voranzukommen.
Weitere Informationen

◉ **Neuen Plan erstellen**

Registerkartenname

Aufgaben

◯ **Vorhandenen Plan dieses Teams verwenden**

Anscheinend hat dieses Team vorhandene Pläne. Wählen Sie einen vorhandenen Plan aus, um ihn als Registerkarte hinzuzufügen.

Vorhandene Pläne   ⌄

☑ Über diese Registerkarte im Kanal posten

Zurück   **Speichern**

Ihr Plan wird angezeigt   Haben Sie Ihrem Kanal einen neuen Plan als Tab hinzugefügt, wird er mit dem Namen angezeigt, den Sie vergeben haben:

 Wir haben ein Tutorial vorbereitet, das zeigt, wie Sie mit Planner arbeiten können. Dort zeigen wir auch, wie Sie Planner in Microsoft Teams einbinden und wie Sie einen vorhandenen Plan eines Teams nutzen. Das Video erkärt darüber hinaus auch weitere Funktionen. Sie finden es eingebettet auf: www.buero-kaizen.de/edza

Schritt 2: Legen Sie die Spaltenüberschriften fest

Struktur des Plans   Machen Sie sich nun Gedanken über die Struktur ihres Plans. Wie würden Sie Ihr Projekt gliedern?

In Zwischenschritte unterteilen   Es hat sich bewährt, große Projekt in kleine Zwischenschritte zu unterteilen, die mit überschaubarem Einsatz erreichbar sind. Auf diese Weise nehmen Sie großen Projekten den Schrecken. Zudem bekommen Sie eine bessere Übersicht vom zu erwartenden Aufwand sowie vom Stand der Dinge während der Realisationsphase.

Beispiel: Struktur des Buchprojekts   So haben wir im Plan unseres Buchprojekts für jedes einzelne Kapitel eine eigene Spalte erstellt. Innerhalb der Spalten legten wir für jedes Unterkapitel eine eigene Aufgabe an. Der Plan visualisierte somit das gesamte Buch – die inhaltliche Struktur des Buches war für uns mit einem Blick erfassbar.

Plan als Kanban-Tafel   Einen Plan auf diese Weise zu strukturieren, ist aber nur eine von vielen möglichen Methoden. Ein weit verbreiteter Ansatz besteht darin, den Planner als Kanban-Tafel zu nutzen und dafür (in der einfachsten Variante) mit drei Spalten zu arbeiten:

Nicht begonnen	In Arbeit	Erledigt
+ Aufgabe hinzufügen	+ Aufgabe hinzufügen	+ Aufgabe hinzufügen

In diesem Plan funktionieren die Spalten so:

- *„Nicht begonnen"* (linke Spalte). Hier werden alle Aufgaben gesammelt, die das Team in der Zukunft noch angehen will. Diese Spalte enthält zu Beginn alle geplanten Aufgaben.
- *„In Arbeit"* (mittlere Spalte). Eine Aufgabe wird von der linken in die mittlere Spalte gezogen, wenn sie bearbeitet wird. In dieser Spalte sollten sich nur wenige Aufgaben befinden. Sonst besteht die Gefahr, dass sich Aufmerksamkeit und Energie zu sehr zerstreuen. Manche Teams begrenzen die Aufgaben bei „In Arbeit" sogar bewusst auf eine einzige.
- *„Erledigt"* (rechte Spalte). Ist eine Aufgabe abgeschlossen, wird sie aus der mittleren in die rechte Spalte gezogen.

„Nicht begonnen"

„In Arbeit"

„Erledigt"

Je nach Prozess können weitere Spalten sinnvoll sein. Muss etwa eine bearbeitete Aufgabe noch geprüft und freigegeben werden, bietet sich das Erstellen einer Spalte „In Prüfung" an. Der Verantwortliche sieht dann auf einen Blick, welche Aufgaben auf seine Begutachtung warten. Diese Spalte befindet sich zwischen *„In Arbeit"* und *„Erledigt"*. Nach der Prüfung wird die Aufgabe aus der Spalte *„In Prüfung"* in die Spalte *„Erledigt"* bewegt.

Mögliche weitere Spalten

Die Arbeit mit Kanban-Tafeln hat mehrere Vorteile:

- Sie hilft, den Arbeitsprozess zu visualisieren.
- Der Stand eines Projektes lässt sich schnell erfassen.
- Bei einer differenziert angelegten Kanban-Tafel wird sichtbar, wo sich Aufgaben stauen.
- Der Arbeitsprozess lässt sich bei Bedarf zügig verbessern.

Vorteile

Eine Kanban-Tafel mit Planner zu erstellen, geht sehr schnell. Reicht Ihnen die einfachste Variante aus, müssen Sie dazu nichtmal selbst Spalten anlegen. Sie arbeiten mit dem Status-Merkmal der Aufgaben und wählen bei „Gruppieren nach" Status aus. Wie das im Einzelnen funktioniert, zeigen wir Ihnen in einem Gratis-Download. Sie finden ihn auf der Website zum Buch unter: www.buero-kaizen.de/edza

Welche Strukturierung ist für Ihr Projekt sinnvoll? Probieren Sie es aus! Es gibt hier kein generelles Richtig oder Falsch. Als Rat geben wir Ihnen mit, den Start nicht zu kompliziert zu gestalten. Fangen Sie mit einer einfachen Struktur an und nutzen Sie Bezeichnungen, die jedes Teammitglied sofort versteht.

Nicht zu kompliziert starten

Spalten sind „Buckets" Zurück zum Planner. Die Spaltenüberschriften heißen in Planner „Buckets". Sie können jederzeit Buckets hinzufügen, umbenennen, per Drag & Drop an eine neue Position verschieben oder auch löschen. Achtung: Wenn Sie einen Bucket löschen, dann werden alle Aufgaben in diesem Bucket ebenfalls gelöscht!

Neue Spalte Um eine neue Spalte zu erstellen, klicken Sie auf „Neuen Bucket hinzufügen" und vergeben einen passenden Namen.

Schritt 3: Legen Sie die zu erledigenden Aufgaben an

Bei der Arbeit mit einem physischen Whiteboard käme nun das Kartenschreiben an die Reihe. Das geschieht jetzt auch beim Planner. Sie haben dabei aber viel mehr Möglichkeiten.

Neue Aufgabe So legen Sie eine Aufgabe an: Klicken Sie auf „+ Aufgabe hinzufügen".

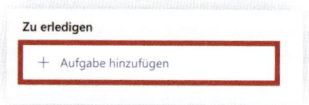

Vergeben Sie anschließend einen aussagekräftigen Titel.

Schritt 4: Weisen Sie einen oder mehrere Bearbeiter zu

Klicken Sie dazu auf dieses Symbol und treffen Sie die Wahl:

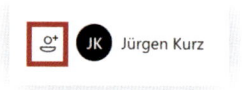

Schritt 5: Legen Sie das Fälligkeitsdatum der Aufgaben fest

Wählen Sie das Fälligkeitsdatum im entsprechenden Feld aus:

Optional: Falls es Dateien gibt, die einen Bezug zu dieser Aufgabe haben, verlinken Sie diese Datei(en) per Klick auf „Anlage hinzufügen". Sie sparen damit allen, die mit dieser Aufgabe zu tun haben, wertvolle Suchzeit.

Anlage hinzufügen

Eine Aufgabenkarte könnte im Ergebnis so aussehen:

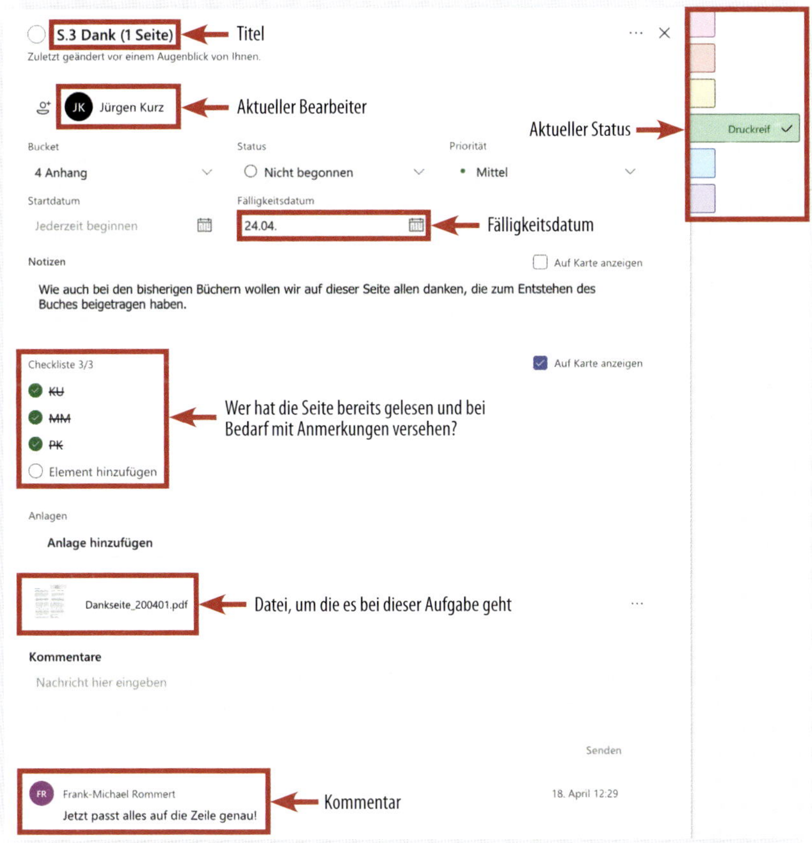

Darauf sollten Sie achten:

Nicht „verzetteln"
- Finden Sie beim Zerlegen des Projekts in seine einzelnen Aufgaben ein gutes Maß. Schließlich soll Ihnen das Werkzeug Zeit sparen; das Verwalten des Projekts darf daher nicht zu viel Aufwand verursachen. Auch wenn die Aufgaben digital angelegt werden, ist es wichtig, sich nicht zu „verzetteln".

Nur nötige Funktionen nutzen
- Der Rat des passenden Maßes gilt auch mit Blick auf die eben skizzierten Möglichkeiten *innerhalb* der Aufgaben. Nutzen Sie nur solche Funktionen, die im Zusammenhang mit Ihrem Vorhaben auch wirklich zur Übersicht und Arbeitserleichterung beitragen. Hier gilt wieder der Leitsatz: *„Keep it simple!"* Stellen Sie sich die Frage: Nach welchen Kriterien wollen wir die Aufgaben filtern und sortieren können, um die Übersicht zu behalten? Sollte zum Beispiel das Fälligkeitsdatum der Aufgaben in Ihrem Zusammenhang gar keine Rolle spielen, weisen Sie auch keins zu.

Am besten starten Sie mit einem kleineren Projekt, bei dem Sie Erfahrungen im Umgang mit dem Planner und den möglichen Funktionen sammeln.

Behalten Sie die Übersicht über das gesamte Projekt

Planner hilft, die Übersicht zu behalten
Sie haben in Ihrem Plan nun mehrere Buckets mit diversen Aufgaben angelegt. Die Bearbeiter sind fleißig dabei, ihre Aufgaben zu erledigen. Nun gilt es, die Übersicht zu behalten. Haben Sie dem Projekt eine sinnvolle Struktur gegeben und die Aufgaben mit den passenden Funktionen angelegt, ist dies kein Problem.

Wer arbeitet an welchen Aufgaben?
Nehmen wir an, Sie möchten sehen, wer an welchen Aufgaben arbeitet. Klicken Sie dazu oben rechts auf „Gruppieren nach Bucket" (1).

Wählen Sie „Zugewiesen zu" aus (2).

Sie sehen Sie nun, wem welche Aufgabe zugeordnet ist:

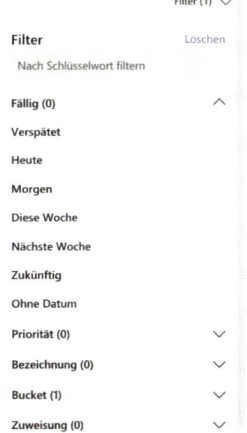

Bearbeiter und ihre Aufgaben

Neben der Gruppierung nach den Bearbeitern können Sie die Darstellung auch nach anderen Kriterien anordnen, etwa nach dem Status (Niedrig, Mittel, Wichtig, Dringend). Das ist natürlich nur dann sinnvoll, wenn Sie das betreffende Kriterium (wie hier den Status einer Aufgabe) auch konsequent nutzen.

Bei Projekten mit sehr vielen Aufgaben wird die Darstellung schnell unübersichtlich. Daher können Sie parallel zur Gruppierung auch Filter nutzen. Filter und Gruppierung lassen sich beliebig kombinieren. So könnten Sie sich alle Aufgaben anzeigen lassen, die diese Woche fällig sind, sich in einem bestimmten Bucket befinden und von Ihnen zu bearbeiten sind.

Sie haben hier vielfältige Möglichkeiten. Nutzen Sie diejenigen, die zu Ihrem speziellen Projekt passen und dem Vorankommen dienen.

Hier noch ein paar praktische Tipps:

Feed ausblenden

- Blenden Sie die Spalte mit dem Feed aus, um den kompletten Platz des Planner-Fensters in Microsoft Teams zu nutzen. Klicken Sie dazu auf den Doppelpfeil am oberen rechten Seitenrand:

Plan im Browserfenster öffnen

- Manchmal ist es nützlich, den Planner gleichzeitig mit einem anderen Bereich von Microsoft Teams auf dem Bildschirm zu sehen, etwa parallel zum Teams-Fenster mit den Beiträgen. Klicken Sie dazu auf die Weltkugel. Dann wird der aktuelle Plan als Website in einem Browserfenster geöffnet.

Aufgaben anderen Bearbeitern zuweisen

- Die Aufgaben können Sie einfach per Drag & Drop anderen Bearbeitern zuordnen. Das funktioniert unter dem Dach von Microsoft Teams wie im Fenster eines Webbrowsers.

Kalendarische Übersicht

- Wenn Sie den Aufgaben ein Start- und/oder Fälligkeitsdatum zuweisen, können Sie eine kalendarische Übersicht der terminierten Aufgaben anzeigen lassen. Im Kalender werden die Aufgaben eingeblendet, deren Start- bzw. Fälligkeitsdatum in den ausgewählten Zeitraum fällt. Ein Klick auf die Aufgabe im Kalender öffnet die zugehörige Aufgabenkarte.

Diagramme zum Projekt

- Ein Klick auf „Diagramme" öffnet Kreis- und Balkendiagramme zum Projekt. Die dargestellten Informationen können für Teamleiter und Projektmanager nützlich sein.

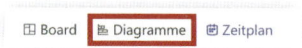

Behalten Sie Ihre eigenen Aufgaben im Blick

Nun sind Sie wahrscheinlich parallel an mehreren Projekten beteiligt. Zudem haben Sie vielleicht auch noch diverse eigene Aufgaben, die Sie mit der Aufgabenliste in Outlook verwalten. Wie behalten Sie da den Überblick? Ständig die verschiedenen Planner-Boards in den unterschiedlichen Kanälen aufzurufen und zudem noch die Outlook-Aufgaben im Blick zu behalten, bedeutet Stress. Das wäre keine gute Lösung.

Viele Aufgaben parallel

Wie Sie Ihre Aufgaben erfassen und mit ihnen umgehen, entscheidet wesentlich mit darüber, wie stark Sie Ihr Alltag anstrengt oder gar belastet. Grundsätzliche Hinweise und konkrete Tipps zum Thema Aufgabenmanagement haben wir für Sie in einem **E-Book** zusammengefasst. Sie finden es als Gratis-Download auf der Website zu diesem Buch: www.buero-kaizen.de/edza. Auf der Website finden Sie zudem **Videos** zum Umgang mit der Aufgabenliste in Outlook.

▶ YouTube

Wir empfehlen folgende Aufteilung:

Persönliche und Projektaufgaben

- *Ihre persönlichen Aufgaben:* Führendes System ist die Aufgabenliste in Outlook.
- *Projektaufgaben:* Führendes System ist der Projektplan in Planner.

Es ist möglich, sich innerhalb von Microsoft Teams sämtliche Projektaufgaben über alle Teams und Kanäle hinweg anzeigen zu lassen. Dazu erweitern Sie das Hauptmenü von Microsoft Teams um den Menüpunkt „Planner".

Alle Projektaufgaben auf einen Blick

Klicken Sie dazu auf die drei Punkte im Hauptmenü und wählen Sie „Planner" aus.

Planner zum Hauptmenü hinzufügen

Den Menüpunkt anheften

Damit der Menüpunkt dauerhaft an dieser Stelle bleibt, klicken Sie nun mit der rechten Maustaste auf das Symbol „Planner" und dann auf „Anheften":

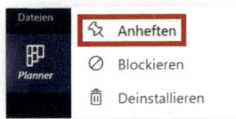

Alle Aufgaben auf einen Blick

Mit diesem Vorgehen haben Sie nun das Menü um den Punkt „Planner" erweitert. Mit einem Klick sehen Sie alle Aufgaben, die Ihnen zugewiesen wurden.

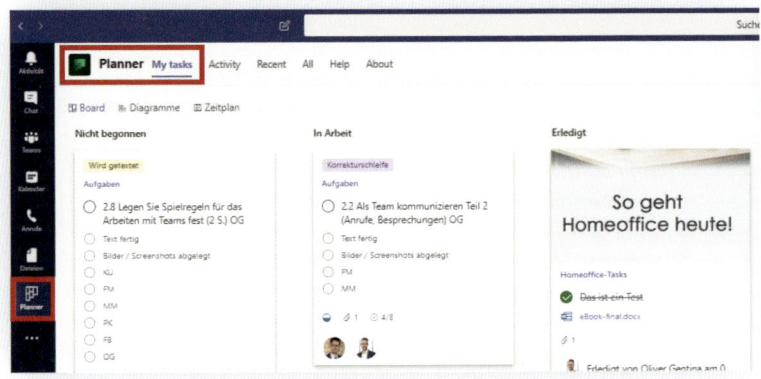

Deutlicher Fortschritt

Dass Sie nun nicht mehr zwischen verschiedenen Kanälen hin und herwechseln müssen, um die zugehörigen Planner-Boards sehen zu können, ist schon ein deutlicher Fortschritt. Doch wenn Sie für Ihre persönlichen Aufgaben mit der Aufgabenliste von Outlook arbeiten, bleibt das Problem bestehen, dass Sie nun noch immer zwei Stellen haben, an denen Sie Ihre Aufgaben in den Blick nehmen.

Alle Aufgaben in einem Tool

Wenn Sie alle Ihre Aufgaben in nur *einem* Tool sehen wollen, empfehlen wir die Verwendung von Microsoft To Do.

Installieren Sie dazu die App „Microsoft To Do" aus Ihrem Microsoft 365-Account oder gehen Sie auf todo.microsoft.com und loggen Sie sich mit Ihren Microsoft 365-Zugangsdaten ein.

Microsoft To Do installieren

Die Applikation führt alle offenen Aufgaben an einem Ort zusammen:

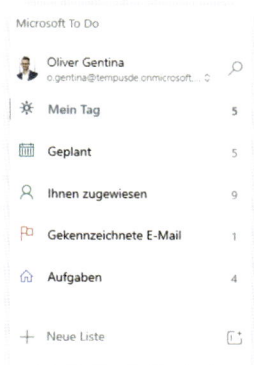

Menü in Microsoft To Do

- *Mein Tag*: Alles, um das Sie sich heute kümmern wollen
- *Geplant*: Nach Fälligkeit sortierte Liste der Aufgaben aus Planner und Outlook, bei denen ein Fälligkeitsdatum eingetragen wurde sowie E-Mails mit Nachverfolgungsdatum
- *Ihnen zugewiesen*: Zugewiesene Aufgaben aus Planner
- *Gekennzeichnete E-Mail*: Alle zur Nachverfolgung gekennzeichneten E-Mails (auch die ohne Fälligkeitsdatum)
- *Aufgaben*: Alle Outlook-Aufgaben (auch die ohne Fälligkeitsdatum)

Inhalte des Menüs

Hinweis: Um Planner-Aufgaben und markierte E-Mails anzuzeigen, müssen Sie diese zuvor in den Einstellungen unter „Verbundene Apps" in Microsoft To Do aktivieren.

Um was wollen Sie sich heute alles kümmern? Wählen Sie aus Aufgaben, E-Mails und offenen Projektaufgaben einfach die für heute relevanten aus. Klicken Sie dazu mit einem Rechtsklick auf einen offenen Punkt. Dieser erscheint dann in Ihrer Liste unter „Mein Tag".

Fokussiert arbeiten Wenn Sie Microsoft To Do nutzen, können Sie alles, was ansteht, an *einem* Ort in den Blick nehmen – wie in einem Cockpit. Das Hin- und Herwechseln zwischen verschiedenen Kanälen innerhalb von Microsoft Teams sowie zwischen Microsoft Teams und Outlook entfällt. Dies fördert das fokussierte Arbeiten.

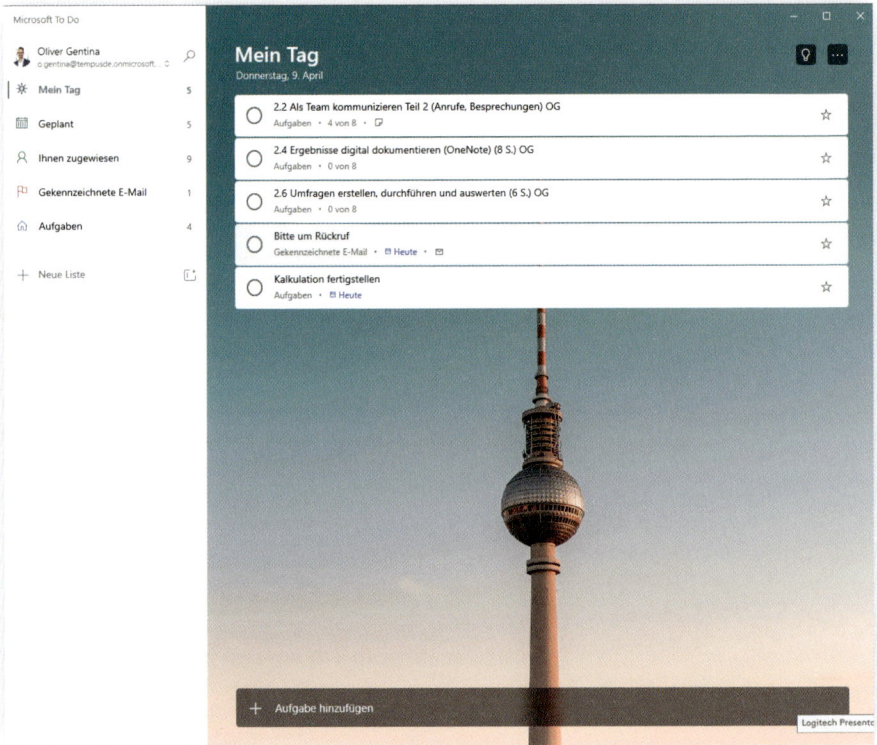

Wir haben ein Tutorial vorbereitet, das zeigt, wie Sie mit Microsoft To Do arbeiten können. Sie finden es auf: www.buero-kaizen.de/edza

2.5 Umfragen erstellen, durchführen und auswerten

Für jedes Unternehmen ist es wichtig, die Wünsche der Kunden zu kennen und nicht nur Vermutungen darüber anzustellen, was sich der Kunde wünschen könnte – oder sogar wünschen sollte. Was liegt also näher, als Kunden direkt zu befragen, die Antworten zu sammeln und aus den Ergebnissen Schlussfolgerungen abzuleiten?

Kundenwünsche erkennen

Hierfür benötigt man heute keine teuren Zusatzwerkzeuge mehr. Mit Microsoft Forms können Sie Kundenumfragen einfach und dennoch professionell erstellen, durchführen und auswerten. Das geht so mühelos, dass Sie digitale Umfragen auch innerhalb des Teams nutzen können, etwa um ein Meinungsbild zu bekommen oder um eine anstehende Frage gemeinsam zu entscheiden – ohne aufwendige Rundmails.

Microsoft Forms

Dieses Kapitel zeigt Ihnen anhand von zwei Beispielen, wie Sie unter dem Dach von Microsoft Teams Umfragen nutzen:
- Einfache Umfrage an das Team
- Komplexe Umfrage über die Teamgrenzen hinaus (auch für Externe)

Zwei Beispiele

Einfache Umfrage innerhalb des Teams
Nehmen wir an, Sie wollen Ihr Team über das nächste Ausflugsziel abstimmen lassen. Sie können diese Abstimmung über das Tool „Forms" erledigen.

Das nächste Ausflugsziel

Das Vorgehen besteht aus fünf Schritten:

- *Schritt 1:* Machen Sie sich Gedanken über die Fragestellung und die möglichen Optionen, die auswählbar sein sollen.
  - Beispiel für die Fragestellung: „Das nächste Teamevent steht an. Wohin soll es gehen?"
  - Beispiel für auswählbare Optionen: Waldwanderung und Einkehr in ein Gasthaus, Draisine-Fahrt, Kletterhalle, Paintball-Schlacht

Fragestellung und mögliche Optionen

„Forms" wählen   ■   *Schritt 2:* Klicken Sie auf die drei Punkte, die Sie unter dem Feld „Neue Unterhaltung" sehen (1) und wählen Sie Forms aus (2).

Umfrage erstellen   ■   *Schritt 3:* Erstellen Sie nun Ihre Umfrage.

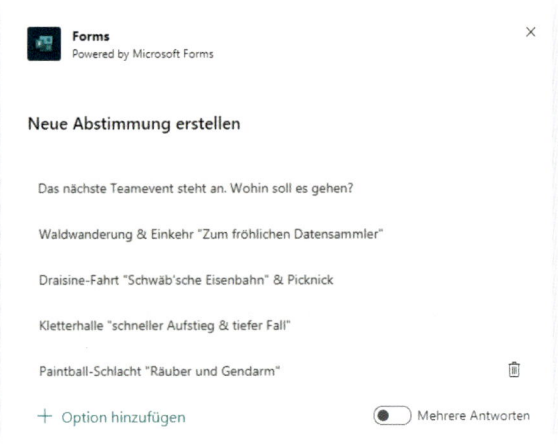

- *Schritt 4:* Klicken Sie auf „Weiter".

Ihre Umfrage wird nun als Vorschau angezeigt. Wenn alles wie gewünscht aussieht, klicken Sie auf Senden.

Umfrage absenden

Die Teilnehmer des Kanals sehen die Umfrage. Per Klick auf die gewünschte Option können Sie jetzt abstimmen.

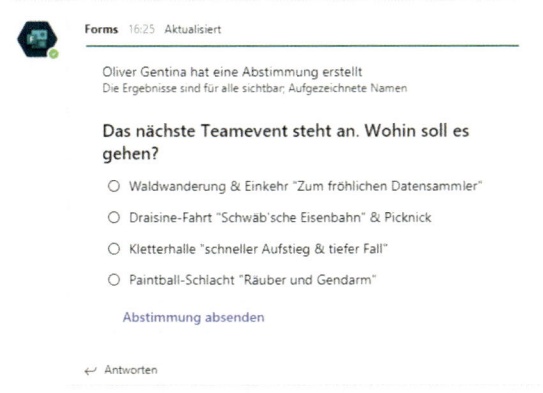

- *Schritt 5:* Das Ergebnis wird im Kanal live angezeigt.

Ergebnis ansehen

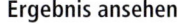

Zwei Vorteile Wenn Sie Microsoft Forms wie hier skizziert nutzen, um mit Ihrem Team eine Abstimmung herbeizuführen, hat dies zwei Vorteile:

1. Sie müssen sich keine Gedanken um den Empfängerkreis machen – die Umfrage richtet sich automatisch an alle Mitglieder des Teams.
2. Sie bekommen eine direkte Rückmeldung der Teammitglieder. Die Ergebnisse müssen nicht erst einzeln zusammengestellt und ausgewertet werden, sondern sie werden automatisch als Balkendiagramm angezeigt.

Wer hat wie abgestimmt? Wer wie abgestimmt hat, ist innerhalb von Microsoft Teams nicht sichtbar. Wenn Sie in das Tool „Microsoft Forms" wechseln, werden Ihnen diese Daten dagegen angezeigt. Bei Bedarf können Sie die Antworten von dort auch zu Excel exportieren.

Komplexe Umfrage über die Teamgrenzen hinaus (auch für Externe)

Auch für komplexere Formulare geeignet Sie können Microsoft Forms auch dazu nutzen, um komplexere Formulare für Personen zu erstellen, die nicht Mitglied in Ihrem Team sind.

Beispiele:

Bewerbungsformular ■ Gemeinsam mit Ihrem Team erstellen und optimieren Sie Bewerbungsformulare, die Sie dann auf der Bewerbungsseite Ihres Unternehmens oder auf Portalen wie XING, LinkedIn oder auf anderen Wegen mit einem einfachen Link zugänglich machen.

Vorab-Abfrage ■ Sie bieten eine Dienstleistung wie zum Beispiel Seminare an und möchten im Vorfeld den Kenntnisstand der Teilnehmer abfragen.

Rückmeldung im Nachgang ■ Oder Sie holen im Nachgang ein Meinungsbild zu Ihrem Seminar ein, um sich und Ihr Produkt mithilfe der gewonnenen Erkenntnisse weiterzuentwickeln.

Umfragen zu nutzen, um immer besser zu werden, passt perfekt zu Büro-Kaizen®. Schließlich bedeutet Kaizen „ständige Verbesserung".

Bereiten Sie die Umfrage vor

Das Vorgehen bei einer komplexeren Umfrage lässt sich in neun Teilschritte zergliedern:

Neun Teilschritte

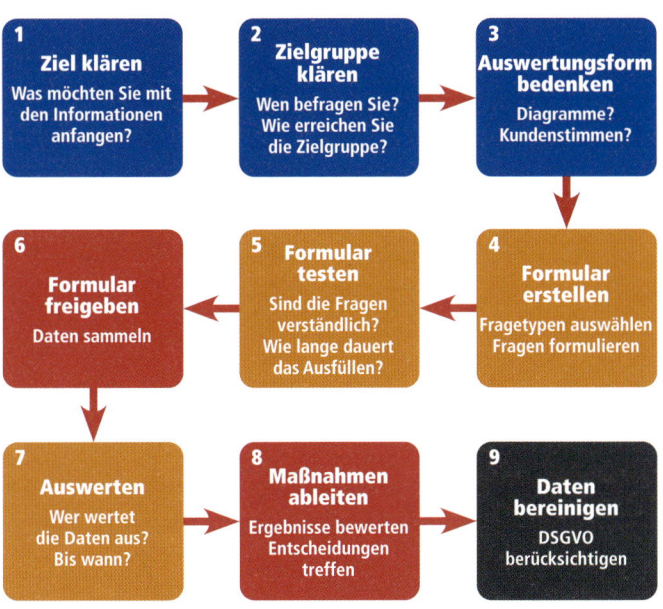

Microsoft Forms stellt Ihnen viele Fragetypen zur Verfügung, Um sich in diesen Möglichkeiten nicht zu verlieren, durchdenken Sie zunächst, warum Sie den Fragebogen erstellen wollen:

Vorab durchdenken

- Wollen Sie ein Bewerbungsformular erstellen?
- Möchten Sie Ihre Leistungen im Vorfeld besser auf den Kunden abstimmen?
- Möchten Sie nach getaner Arbeit eine Rückmeldung zu Ihrer Leistung erhalten?
- Möchten Sie Ideen sammeln?

Bedenken Sie, dass ein Formular schnell zu umfangreich werden kann. Die Perspektive des „fröhlichen Datensammlers" ist meist eine andere als die desjenigen, der das Formular ausfüllt. Wechseln Sie also regelmäßig die Perspektive: Würden Sie das

Perspektive wechseln

Formular selbst ausfüllen wollen? Dauert es Ihnen zu lange? Ist der Aufbau zu kleinteilig?

Auswertung und Nutzung klären

Schon im Vorfeld sollten Sie schließlich auch klären, wie Sie das Formular auswerten und die Ergebnisse nutzen möchten:

- Welche Daten benötigen Sie, um vergleichbare Werte zu erzeugen?
- Wie möchten Sie die Diagramme aufbauen?
- Wer wertet die Daten aus?
- Wie fließen die Erkenntnisse in Entscheidungsprozesse ein?

Formular erstellen

Wenn Sie Fragen wie diese geklärt haben, können Sie sich anschließend an die Erstellung des Formulars begeben. Microsoft Forms bietet hierfür einen durchaus soliden Funktionsumfang. Sie können dabei auch komplexe Formulare direkt unter dem Dach von Microsoft Teams erstellen und vor der Freigabe im Team diskutieren.

Um eine Umfrage zu erstellen, durchzuführen und auszuwerten, sind nur wenige Schritte nötig. Diese zeigen wir Ihnen nun auf.

Erstellen und testen Sie die Umfrage

Neues Formular

Erstellen Sie ein neues Formular als Registerkarte. Klicken Sie dazu im Kanal auf das +Symbol in den Registerkarten, wählen Sie „Forms" aus und erstellen Sie ein neues Formular:

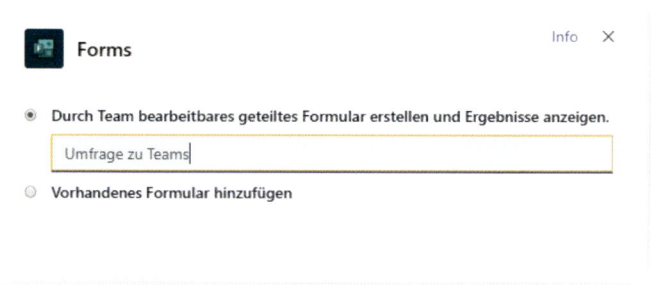

Legen Sie nun die einzelnen Fragen an.

Fragen anlegen

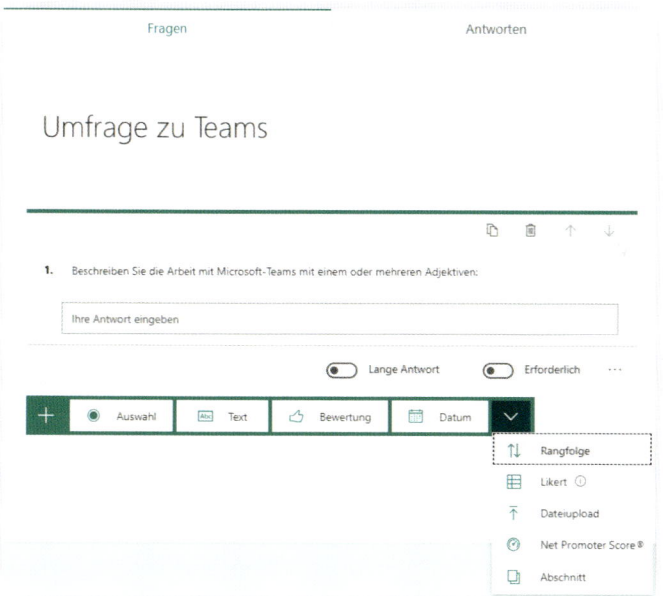

In Microsoft Forms können Sie verschiedene Feldtypen nutzen:

- *Auswahl:* Nutzer müssen aus möglichen Antwortoptionen eine oder mehrere auswählen. Das ist perfekt für Umfragen, bei denen Sie ein Meinungsbild innerhalb eines fest vorgegebenen Rahmens einholen möchten (siehe das Beispiel mit dem Teamevent auf Seite 181).

Auswahl

- *Text:* Hier können Sie freien Text erfragen wie zum Beispiel Namen, Beschreibungen oder ähnliches. Freitextfelder können Sie sehr gut nutzen, um Kundenstimmen und Testimonials zu sammeln. Sie eignen sich jedoch nicht für grafische Auswertungen.

Text

- *Bewertung:* Hiermit können Sie Bewertungsabfragen mit einer Sterne- oder Zahlenskala erstellen. Dieser Feldtyp ist gut dafür geeignet, vergleichbare Auswertungen zu erhalten. Zum Beispiel könnten Sie ihn dafür nutzen, um nach einer Veranstaltung den Seminarraum, die Pausenversorgung, das Mittagessen oder Ähnliches bewerten zu lassen.

Bewertung

Datum ■ *Datum:* Dieser Feldtyp ist sinnvoll, wenn die Teilnehmer der Umfrage ein Datum eingeben und dabei an bestimmte Datumsformate gebunden sein sollen (zum Beispiel 11.12.2020). Man kann dieses Feld zum Beispiel bei Buchungsformularen für Veranstaltungen nutzen oder um einen Wunschtermin bei einem Bewerber abzufragen.

Rangfolge ■ *Rangfolge:* Was ist Ihren Kunden wichtiger: Servicequalität, der Preis oder die Servicegeschwindigkeit? Wenn Sie den Feldtyp „Rangfolge" nutzen, liefern Ihnen die Kunden die Antwort auf Fragen wie diese.

Likert ■ *Likert:* Möchten Sie bei mehreren Merkmalen die gleiche Bewertungsskala nutzen, eignet sich dieser Feldtyp. Er erzeugt einen tabellarischen Aufbau. Ideal ist das Feld für solche Abfragen:

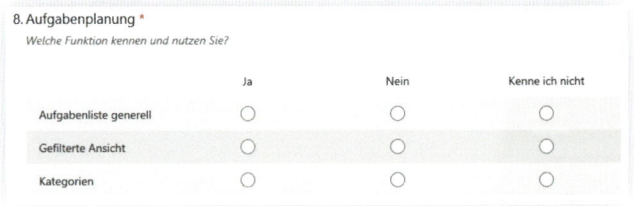

Dateiupload ■ *Dateiupload:* Möchten Sie mit Microsoft Forms ein Bewerbungsformular erstellen, könnten Sie hiermit ein Upload-Feld für Lebensläufe und ähnliche Unterlagen einbinden. Hierfür erzeugt das Formular einen eigenen Dateiordner im SharePoint-Bereich, in dem das Formular abgelegt ist. Dort werden die Dateien abgespeichert. Sie können einige Einschränkungen vornehmen und sollten dies aus Sicherheitsgründen auch tun.

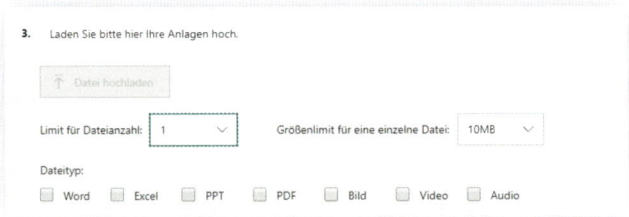

- *Net Promoter Score® (NPS®)*: Sind Ihre Kunden begeisterte Fans und Multiplikatoren für Ihre Dienstleistung oder nur durchschnittlich zufrieden? Mit dem NPS® finden Sie es heraus. Es ist die schnellste und einfachste Art eines „Beziehungsthermometers" zwischen Ihnen und Ihren Kunden.

**Net Promoter Score®
(NPS®)**

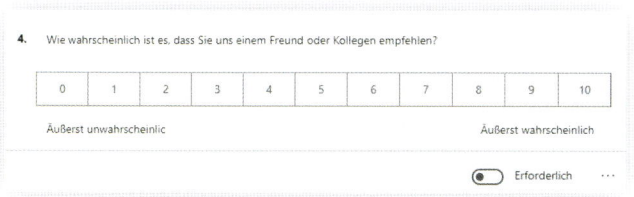

Wenn Sie die Chatfunktion aktivieren, können Sie mit Ihren Kollegen über das Formular diskutieren.

Chat

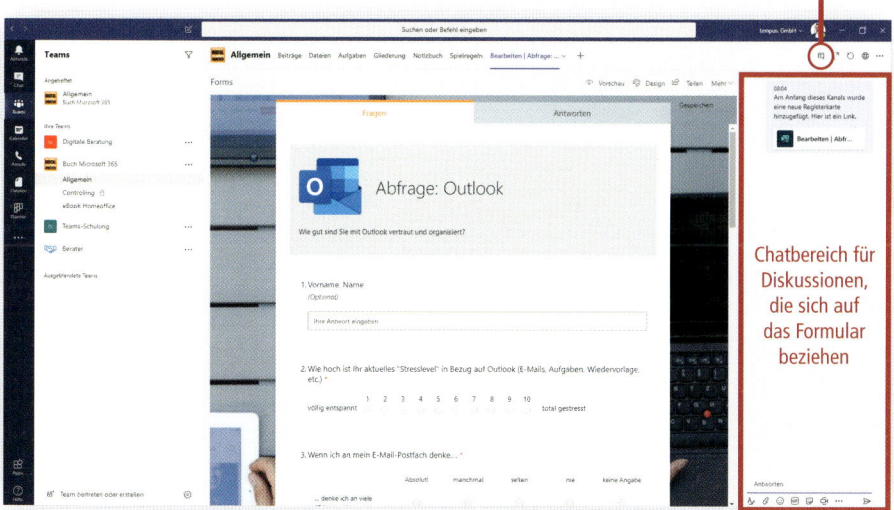

Chatbereich für Diskussionen, die sich auf das Formular beziehen

Bitten Sie zum Beispiel um Einschätzungen zu Fragen wie:

- Ist alles verständlich formuliert?
- Ist die Reihenfolge schlüssig?
- Ist der Umfang angemessen?
- Fehlt noch etwas?

Testen Ist das Formular fertiggestellt, sollten Sie es zunächst testen, bevor sie es tatsächlich freigeben. Sie können das Formular zu diesem Zweck zunächst innerhalb Ihres Teams zugänglich machen und die Teilnehmer des Kanals darum bitten, das Formular auszufüllen und die Antworten zu senden.

 Wie Sie das Formular zunächst intern testen, zeigen wir Ihnen in einer Schritt-für-Schritt-Anleitung. Sie erhalten diese als Gratis-Download auf der Buch-Website unter: www.buero-kaizen.de/edza

Führen Sie die Umfrage durch

Den Link zugänglich machen Ist das Formular nun reif genug, um es für Ihre Zwecke einzusetzen, können Sie es den eigentlichen Empfängern zukommen lassen. Klicken Sie dazu auf „Teilen", kopieren Sie den Textlink und fügen Sie diesen in das Medium ein, mit dem Sie Ihre Empfänger erreichen wollen (Ihre Unternehmenswebsite, Ihren Newsletter etc.). Sie können auch einen QR-Code erzeugen und diesen in einem Printmedium drucken. Smartphones können den Link dann per Kamera aufrufen, ohne dass die Nutzer ihn eingeben müssen. Alle, die den Link kennen, können nun die Umfrage ausfüllen.

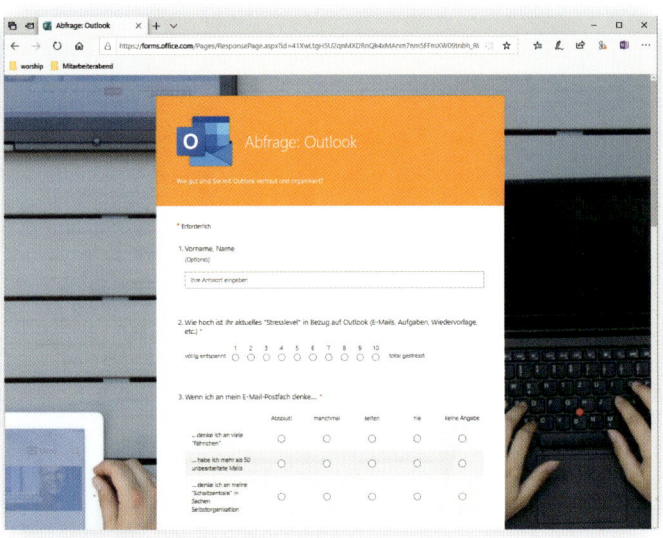

Werten Sie die Umfrageergebnisse aus

Die Auswertung erfolgt bereits im Hintergrund in Echtzeit. Die Ergebnisse werden grafisch dargestellt. Sie müssen also nicht Excel bemühen, um von Hand Diagramme zu erstellen. Hier sparen Sie wertvolle Zeit. Genial und einfach!

Auswertung in Echtzeit

Die Ergebnisse können Sie Ihrem Team zu Verfügung stellen. Klicken Sie hierzu wieder auf das +Symbol im Bereich mit den Registerkarten Ihres Kanals. Fügen Sie erneut Forms hinzu und wählen Sie unter „Vorhandenes Formular hinzufügen" Ihr Formular im Drop-Down-Menü „Ergebnisse anzeigen" aus:

Ergebnisse per Registerkarte

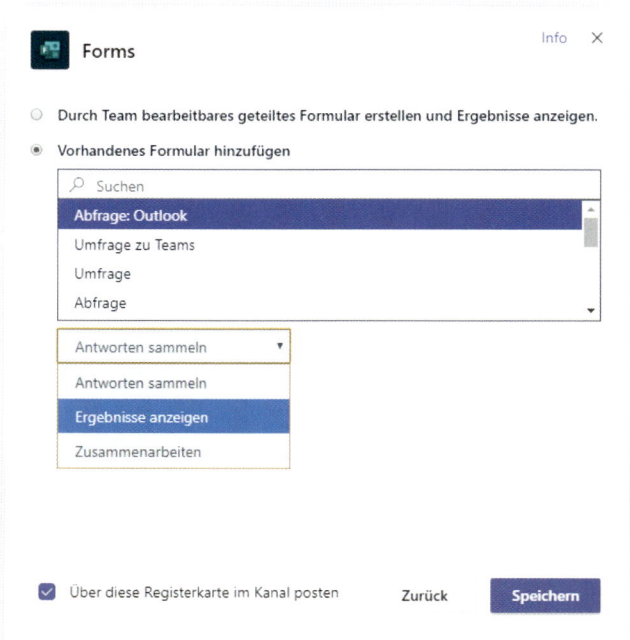

Auch für unser Buchprojekt haben wir Microsoft Forms genutzt. Wir stellten den Lesern unseres Newsletters die Frage, welchen Titel sie dem Buch geben würden. Wir hatten zwei in engerer Wahl und waren gespannt darauf zu erfahren, welche Formulierung bei unseren Newsletter-Empfängern das Rennen

Beispiel: Buchprojekt

machen würde. Zudem fragten wir auch ab, zu welchen Themen aus der Microsoft-Welt Unterstützung gewünscht wird.

Formular zum Buchprojekt

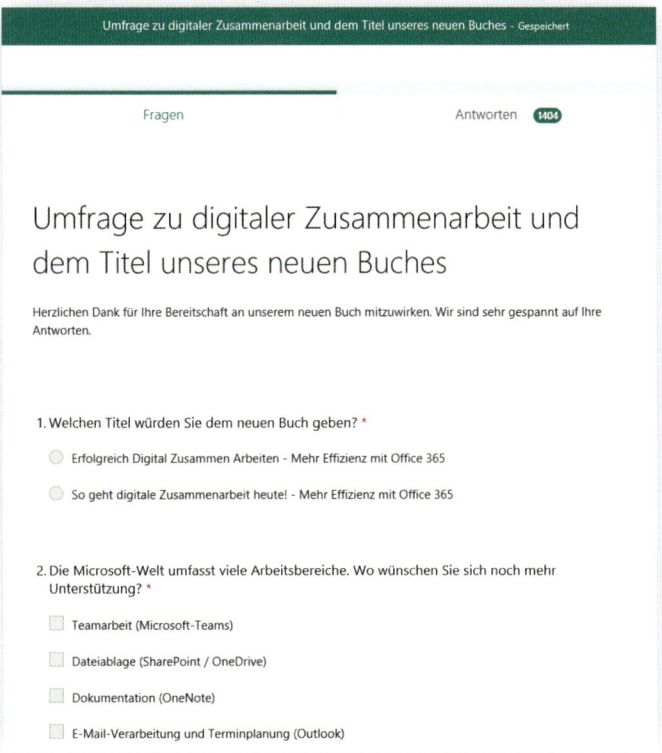

Registerkarte für die Ergebnisse

Auch wir fügten je eine Registerkarte für das Formular und für die Umfrageergebnisse hinzu:

Das Ergebnis, das auf Basis der eintreffenden Antworten automatisch durch Microsoft Forms in Grafiken umgesetzt wurde, konnten wir uns per Klick auf die Registerkarte live ansehen:

Grafiken der Antworten

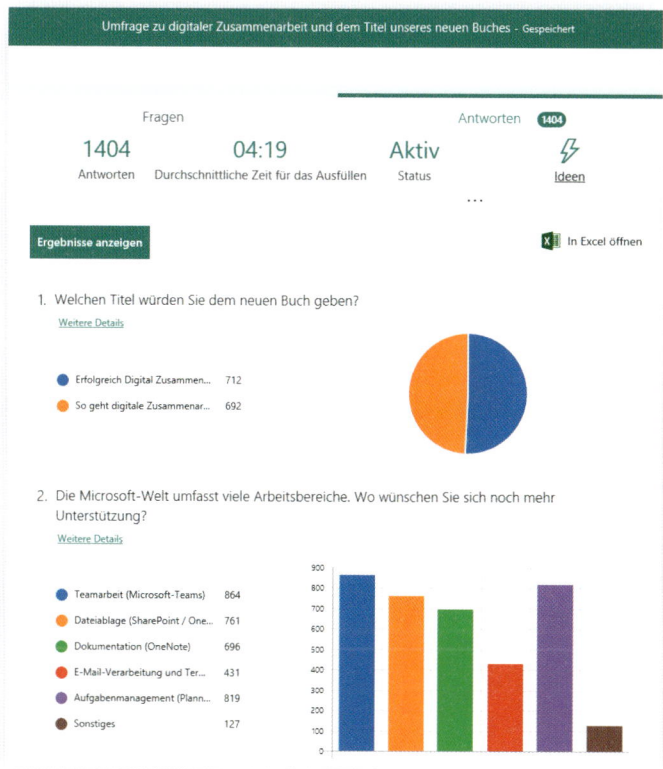

Nie war es einfacher, schnell an Kundenstimmen, Meinungen und Benotungen zu kommen. Aus unserer Sicht ist das ein echter Mehrwert im Sinne von Büro-Kaizen®!

Ein echter Mehrwert

Wir haben ein Tutorial vorbereitet, das Ihnen zeigt, wie Sie mit Microsoft Forms arbeiten können. Dort sehen Sie, wie Sie eine Umfrage anlegen, durchführen und auswerten. Das Video erkärt auch über die hier dargestellten Funktionen hinaus weitere Möglichkeiten. Sie finden es eingebettet auf: www.buero-kaizen.de/edza

▶ **YouTube**

Typische Fragen und Praxisbeispiele zu Microsoft Forms finden Sie auch auf unserer Website unter www.buero-kaizen.de/microsoft-forms

2.6 Tipps und Tricks für die Praxis

Kleine Tipps, großer Vorsprung Manchmal sind es die kleinen Dinge, die einem bei der täglichen Arbeit einen Vorsprung verschaffen. Auf den folgenden Seiten zeigen wir Ihnen einige Effizienztipps für die Arbeit mit Microsoft Teams. Suchen Sie sich das aus, was Ihnen nützt.

Nutzen Sie die erweiterte Darstellung

Volles Fenster nutzen Der Arbeitsbereich in der Desktopversion von Microsoft Teams ist relativ beschränkt. Nutzen Sie die volle Breite Ihres Fensters aus, indem Sie, wann immer es möglich ist, auf das Symbol im oberen rechten Rand klicken „Registerkarte erweitern" und die Team-Übersicht ausblenden:

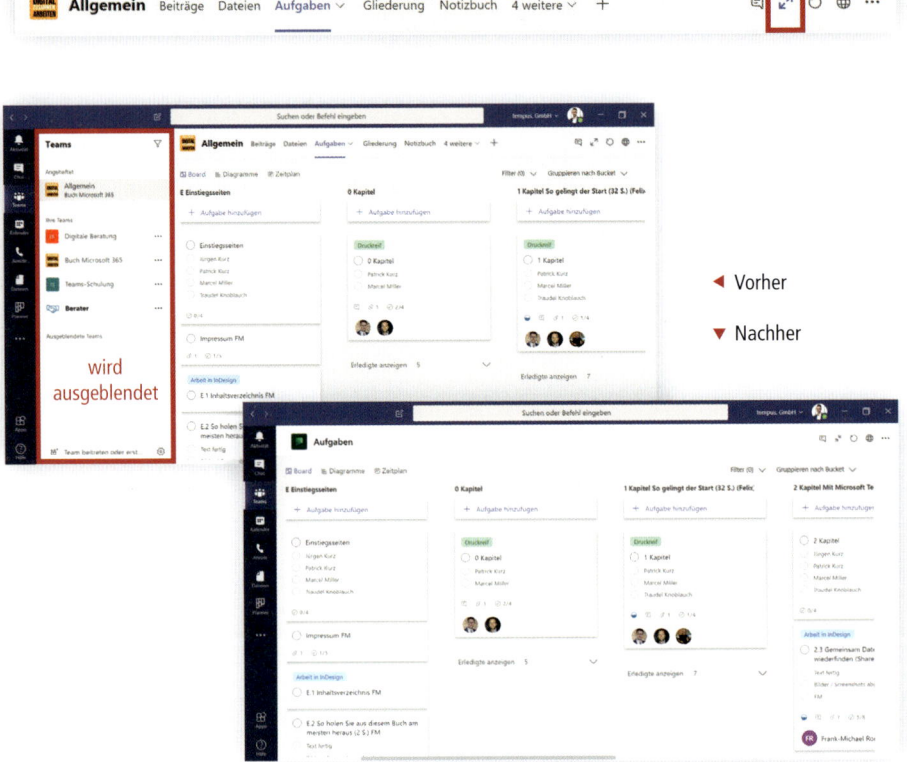

◄ Vorher

▼ Nachher

Nutzen Sie zwei Monitore

Früher benötigten wir eine große Schreibtischplatte, um zum Beispiel eine Kalkulation, ein Angebot, einen zugehörigen Brief sowie Blätter mit Notizen gleichzeitig sehen zu können. Heute haben wir das alles in digitaler Form. Da ist es sinnvoll, wenn wir die Fläche unseres virtuellen Schreibtischs auch entsprechend anpassen. Arbeiten Sie mit mehreren Monitoren, dann vermeiden Sie den ständigen Wechsel zwischen Anwendungen und sparen damit wertvolle Zeit.

Früher und heute

Ein weiterer Vorteil im Vergleich zu *einem* großen Monitor: Teilen Sie Ihren Bildschirm während eines Videomeetings, können Sie wählen, ob Sie ein bestimmtes Fenster oder den kompletten Desktop zeigen möchten. Haben Sie mehrere Monitore, können Sie den zu teilenden Bereich besser abtrennen: Teilen Sie einfach den kompletten Zweitmonitor, während Sie auf dem anderen Gerät Ihre Gesprächspartner weiter sehen.

Vorteil bei Videomeetings

Ein zweiter Monitor ist auch dann sinnvoll, wenn Sie einen Projektplan sehen und dazu etwas in einem Kanal schreiben möchten. Haben Sie zwei Bildschirme, können Sie Microsoft Teams in dem einen öffnen und den Plan im anderen anzeigen lassen.

Projektplan sehen und im Kanal schreiben

Aber wie nutzt man zwei Monitore in Microsoft Teams, wenn das Programm doch immer nur eine Registerkarte anzeigt? Ganz einfach: Sie öffnen eine Registerkarte außerhalb als Website. Klicken Sie hierzu auf die Weltkugel und platzieren Sie das Browserfenster auf dem zweiten Monitor:

Registerkarte als Website öffnen

Um Dateien in einem Browserfenster zu öffnen, können Sie auf „In SharePoint öffnen" klicken:

Dateien als Website öffnen

Nutzen Sie Links

Alles hat einen Link In Microsoft Teams hat alles einen individuellen Link: jede Registerkarte, jede Aufgabenkarte, jede Datei. Diesen Link können Sie in die Zwischenablage kopieren und anschließend als Lesezeichen im Browser oder als Verknüpfung auf dem Desktop speichern. Um auf die gewünschte Registerkarte zu kommen, reicht danach ein Klick.

So viel wie nötig, so wenig wie möglich Lassen Sie sich auch hier vom digitalen Minimalismus leiten: Ziel ist es, schneller und übersichtlicher zu arbeiten – und nicht, den Desktop oder den Browser mit Verknüpfungen zu überfrachten. Von dieser Option sollten Sie daher so viel wie nötig und so wenig wie möglich Gebrauch machen.

Links in Microsoft Teams nutzen Auch unter dem Dach von Microsoft Teams können Sie Links einsetzen. Nutzen Verlinkungen zum Beispiel in den Chats und in den Kanal-Unterhaltungen: Geht es um eine bestimmte Datei oder um eine Planner-Aufgabe, fügen Sie den Link in den Beitrag ein. Das macht es den Adressaten der Mitteilung leichter: Mit einem Klick sind sie in der Datei bzw. in der Aufgabe, um die es geht. Das spart viel Klickerei und vermeidet Suchzeit.

Auch in einem OneNote-Protokoll kann es sinnvoll sein, Links einzusetzen.

Beispiel: Link zu Aufgabe Um den Link zu einer Aufgabe zu kopieren, klicken Sie rechts oben in der Aufgabenkarte auf die drei Punkte (1) und anschließend auf „Link kopieren" (2). Mit Strg + C kopieren Sie den Link in die Zwischenablage. Klicken Sie anschließend in den Beitrag, den Sie gerade verfassen, und fügen Sie den Link per Strg + V ein.

Beim Link zu einer Registerkarte oder einer Datei gehen Sie ähnlich vor.

Der eingefügte Link ist allerdings meist sehr lang:

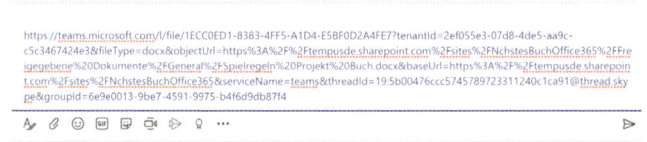

Es geht auch platzsparender und übersichtlicher! Statt Strg + V drücken Sie Strg + K. Es öffnet sich ein Fenster. Hier können Sie eingeben, was als Text im Beitrag angezeigt werden soll (1). Im unteren Feld fügen Sie per Strg + V den eigentlichen Link ein (2). Wenn Sie das Fenster mit Klick auf den „Einfügen"-Button schließen, wird der Link in Ihrem Beitrag viel aufgeräumter angezeigt und farblich hervorgehoben (3).

Übersichtlichere Links

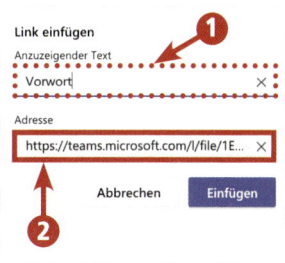

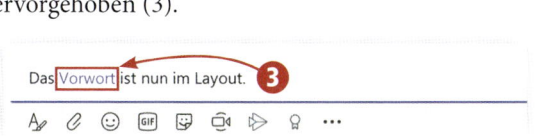

Nutzen Sie Tastaturkürzel

Nicht nur E-Sportler wissen: Mausbewegungen fressen Zeit. Wann immer Sie Mausbewegungen vermeiden können, sollten Sie dies tun. Lernen Sie die gängigsten Tastenkombinationen Ihrer Hauptanwendungen auswendig. Das ist nicht schwer und hat langfristig gesehen einen großen Effekt.

Mausbewegungen vermeiden

Unsere Favoriten:

Unsere Favoriten

- Link einfügen: Strg + K
- Aufruf der Suchfunktion: Strg + E
- Einen neuen Chat starten: Strg + N
- Audioanruf starten (Chats, Anrufe und Kalender): Strg + Shift + C
- Videoanruf starten (Chats, Anrufe und Kalender): Strg + Shift + U
- Hintergrund weichzeichnen (während eines Videoanrufes bzw. einer Videokonferenz): Strg + Shift P
- Weitere Tastenkombinationen anzeigen: Strg + .

So nutzen Sie Microsoft Teams mit mehreren Microsoft-Konten gleichzeitig

Zur gleichen Zeit in zwei Konten Manchmal ist es notwendig, zur gleichen Zeit in zwei Microsoft-Konten eingeloggt zu sein. Beispiel:

- Innerhalb Ihrer eigenen Organisation wollen Sie etwas mit Ihren Kollegen bearbeiten.
- Parallel wollen Sie mit Ihrem Gast-Konto in einer Organisation, die Sie zur Mitarbeit eingeladen hat, etwas erledigen.

Die Lösung:

- Starten Sie Microsoft Teams und arbeiten Sie hier innerhalb Ihrer eigenen Organisation.
- Öffnen Sie zudem Microsoft Teams als Web-App. Geben Sie dazu *teams.microsoft.com* in ein Browserfenster ein. Loggen Sie sich dort mit Ihren Zugangsdaten als Gast ein. Klicken Sie bewusst auf „Stattdessen die Web-App verwenden".

Ein Konto pro Monitor Wenn Sie zwei Monitore nutzen, können Sie das Browserfenster auf dem zweiten Monitor platzieren. Das Ergebnis sieht dann so aus:

Microsoft Teams in der Desktop-App Microsoft Teams in der Browser-App

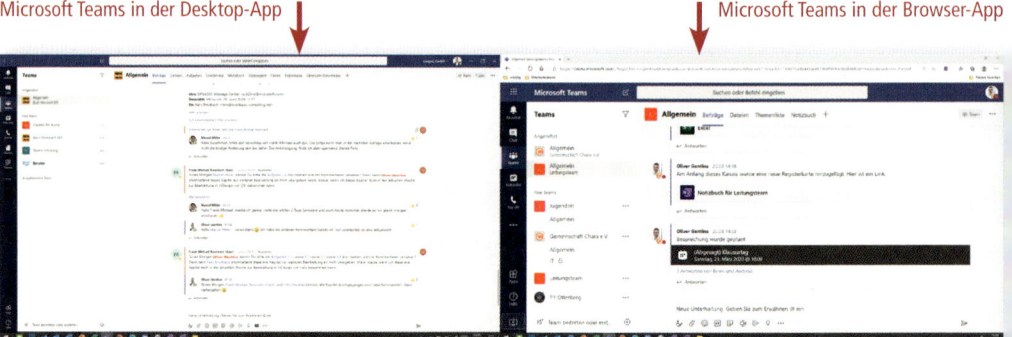

Nutzen Sie die Suchfunktion

Wenn Sie eine ältere Nachricht lesen wollen und sich nicht mehr **Nicht lange suchen**
genau daran erinnern, ob diese nun im Chat oder in einem
Kanal zu finden war, dann sollten Sie nicht lange danach suchen.
Überlassen Sie diese Aufgabe Microsoft Teams und sparen Sie
sich die Zeit. In Microsoft Teams finden Sie die Suchfunktion
im Kopf des Fensters. Dort können Sie einen Begriff, einen
Dateinamen oder einen Namen eingeben.

Die Ergebnisse werden Ihnen in einer Liste auf der linken Seite **Ergebnisse filtern**
angezeigt. Dort können Sie die Ergebnisse danach filtern, wer
Ihnen die Nachricht geschrieben hat und ob nur Mitteilungen
in Chats, in Kanälen oder sämtliche Mitteilungen angezeigt
werden.

Werden noch immer zu viele Treffer aufgelistet, können Sie die **Weiter verfeinern**
Ergebnisse weiter verfeinern. Klicken Sie dazu auf „Weitere
Filter" (1) und geben Sie dann in das sich öffnende Fenster (2)
Kriterien ein, die Sie dem gewünschten Resultat näherbringen.

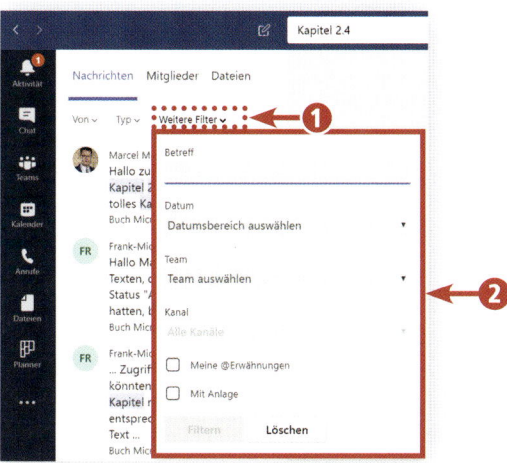

Nutzen Sie den Schnellzugriff auf wichtige Funktionen

Nützliche Befehle Das Feld im Kopf des Fensters lässt sich nicht nur zum Suchen verwenden. Es dient auch als Eingabefeld für eine Reihe nützlicher Befehle.

Top 5 Hier sind unsere Top 5:

1. */erwähnungen* – zeigt, wer noch auf eine Reaktion wartet und listet darunter bereits verarbeitete Erwähnungen auf
2. */ungelesen* – zeigt alle noch ungelesenen Nachrichten an
3. */nicht stören* – ändert Ihren Status entsprechend und lässt Sie konzentriert arbeiten
4. */verfügbar* – ändert den Status wieder zu „Verfügbar"
5. *@Name* – zum Schreiben einer Kurznachricht an die betreffende Person; zum Beispiel, wenn diese versucht, Sie während eines Meetings zu erreichen

Alle Befehle sehen Um alle Funktionen zu sehen, setzen Sie den Mauszeiger per STRG-E in dieses Feld und geben Sie @ bzw. / ein:

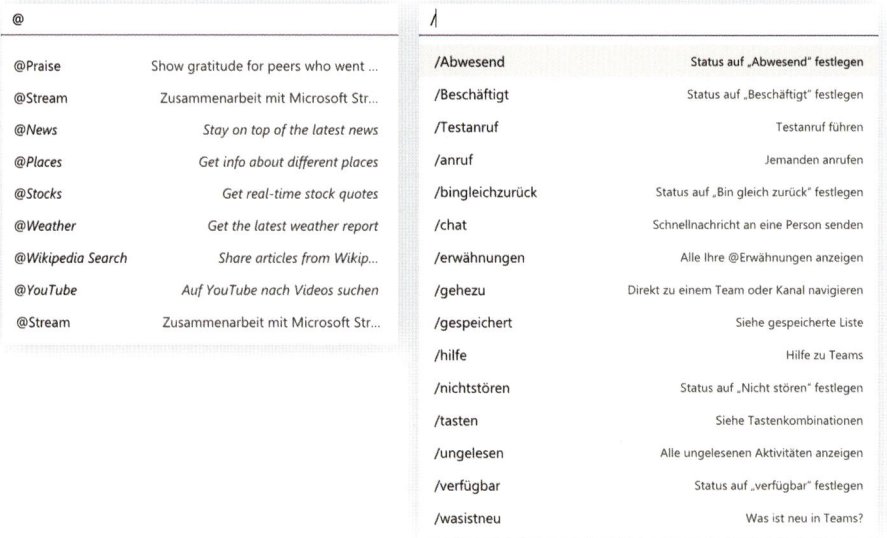

 Weitere Tipps haben wir für Sie in einem Gratis-Download zusammengestellt. Sie finden ihn auf der Website zum Buch unter: www.buero-kaizen.de/edza

2.7 Legen Sie Spielregeln für das Arbeiten mit Microsoft Teams fest

Am Ende von Kapitel 1 haben wir Sie dazu eingeladen, nützliche Festlegungen zum *Setup* von Microsoft Teams in Spielregeln festzuhalten (Seite 108). Nun geht es darum, dieses Dokument um Spielregeln für das *Arbeiten* mit Microsoft Teams zu ergänzen.

Ergänzung der Spielregeln

Warum ist das so wichtig? Eine neue Software im Unternehmen einzuführen und nur die Funktionen zu erläutern, führt noch nicht zu einer Effizienzsteigerung. Ein erfolgreicher Fußballtrainer erläutert den Spielern auch nicht nur, wie ein Lederball aufgebaut ist. Es geht darum, wie die Fähigkeiten der Mannschaft, die Aufstellung und das Equipment so genutzt werden, dass möglichst viele Tore erzielt werden. Neben der Funktionsweise von Microsoft Teams muss daher geklärt werden, *wie* mit den neuen Möglichkeiten umgegangen werden soll.

Es reicht nicht, die Funktionen zu kennen

Wie möchten Sie mit Microsoft Teams in Ihrem Unternehmen arbeiten? Legen Sie gemeinsam fest, wie Sie die Software – angepasst an Ihre Arbeitsweise und Ihre Mitarbeiterschaft – am effektivsten nutzen. Meist gibt es hierbei kein „Richtig oder Falsch". Der Weg führt über einen Konsens der Beteiligten.

Konsens finden

Themen, die beim Arbeiten mit Microsoft Teams eine Rolle spielen, sind:

- *Kommunikation*
  - Für welchen Zweck nutzen wir welchen Kommunikationsweg (Chat, Kanal, Besprechung, Anruf)?
  - Wann werden @Erwähnungen eingesetzt?
  - Reicht es aus, Zustimmung mit dem „Daumen hoch"-Icon zu signalisieren?
  - Innerhalb welcher Zeitspanne wird eine Antwort erwartet (bei Chats, Unterhaltungen in Kanälen, Nachrichten auf dem Anrufbeantworter)?
  - Welche Regeln geben wir uns für Online-Meetings?

- *Umgang mit Aufgaben*
  - Wie schaffen und behalten wir eine Übersicht der schon erledigten und noch zu bewältigenden Aufgaben?
  - Wie gehen wir mit Aufgaben um, die mehrere Bearbeiter haben?
  - Wie häufig schauen sich die Projektbeteiligten den Stand der Dinge an?
  - Auf welche Weise werden persönliche Aufgaben geplant?

- *Dokumentation von Entscheidungen*
  - Wo werden Gesprächsnotizen, Teamprotokolle, Entscheidungen und gemeinsames Wissen für alle sichtbar festgehalten?
  - Welche Informationen soll ein Protokoll enthalten? Und welche sind verzichtbar?
  - Unter welchen Umständen kann auf ein Protokoll vollständig verzichtet werden?

- *Datenablage*
  - Was wird als führendes System genutzt?
  - Mit welchen Unterordnern wird die Ablagestruktur verbessert?
  - Wer legt diese Unterordner an?
  - Ist eine Doppelablage von Dateien an unterschiedlichen Stellen zulässig?
  - Wie konsequent sollen in der Teamkommunikation Links zu Dateien genutzt werden?
  - Was ist beim Benennen von Dateien zu beachten?

- *Abschluss eines Projektes*
  - Woran ist erkennbar, dass ein Projekt abgeschlossen ist?
  - Was passiert mit den Daten eines Projektes, wenn dieses abgeschlossen ist?
  - Wo werden Daten dauerhaft archiviert?
  - Wer ist für das Archivieren verantwortlich?
  - Wann wird der Kanal eines abgeschlossenen Projektes gelöscht?
  - Wer ist für das Löschen des Kanals verantwortlich?

Wie schon bei den Spielregeln zum *Setup* von Microsoft Teams lautet unsere Empfehlung auch bei den Spielregeln für die *Arbeit* mit dem Programm: Halten Sie die Entscheidungen, die Sie getroffen haben, schriftlich fest. Das kann jeweils in wenigen Worten geschehen.

Konsens finden

Wir haben Muster-Spielregeln für Sie aufbereitet, die zeigen, wie solche Formulierungen aussehen können. Da das Muster möglichst viele Fragen abdecken soll, sind die aufgeführten Spielregeln recht umfangreich. Lassen Sie sich davon nicht abschrecken. Die Muster-Spielregeln finden Sie als Gratis-Download auf der Website zum Buch unter: www.buero-kaizen.de/edza

Das Muster ist nicht dazu gedacht, dass Sie es eins zu eins kopieren. Übernehmen Sie nur das, was zu Ihrer Situation passt und lassen Sie alles andere weg. Besser, Sie haben als Team nur wenige Spielregeln und halten diese wirklich ein, als dass Sie viele Regeln haben, die aber im Alltag ignoriert werden.

Nur übernehmen, was passt

Während der Zusammenarbeit kann es vorkommen, dass es im Team knirscht. Das weist dann auf Aspekte hin, für die noch keine bzw. noch keine passgenauen Spielregeln gefunden wurden. Nutzen Sie solche Situationen als Auslöser, um Ihre Spielregeln zu ergänzen und weiterzuentwickeln.

Spielregeln ergänzen und weiterentwickeln

Sorgen Sie dafür, dass die Spielregeln von allen im Team mühelos nachgelesen werden können. Sie sollten an zentraler Stelle zu finden sein. Machen Sie die Spielregeln am besten als eigene Registerkarte in den Kanälen des Teams mit einem Klick erreichbar (auf Seite 144 sehen Sie, wie das geht).

An zentraler Stelle verfügbar machen

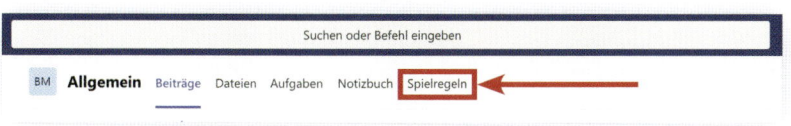

Übrigens: Haben Sie Ihre Spielregeln ausgearbeitet, sollten Sie diese auch an andere Teams zur Nachahmung weiterleiten.

Effiziente Kommunikation ist DAS Mittel zum Zweck.

Patrick Kurz

So funktioniert digitale Teamarbeit in der Praxis

3

Aus unserer Beratungspraxis kennen wir eine Aussage nur allzu gut: *„Ja, das klingt ja alles sehr verständlich und plausibel, was Sie da sagen und ich bin sicher, dass das in anderen Unternehmen auch funktioniert. Aber Sie müssen verstehen, in unserer Branche und in unserem Unternehmen, da ist das einfach anders. Speziell eben. Bei uns wird das so nicht gehen.“*

Warum wir dabei inzwischen ein wenig schmunzeln müssen? Weil es am Ende *doch* funktioniert. Damit wollen wir auf keinen Fall sagen, dass die Arbeitsweise in allen Unternehmen gleich ist und Büro-Kaizen® nach einem „One size fits all"-Konzept arbeitet. Ganz und gar nicht! Aber interessanterweise greifen die Prinzipien, an denen sich unsere Ansätze orientieren, tatsächlich in Unternehmen aller Größen und Branchen – auch wenn die Gestaltung der konkreten Umsetzung natürlich von Unternehmen zu Unternehmen variiert.

Büro-Kaizen® funktioniert

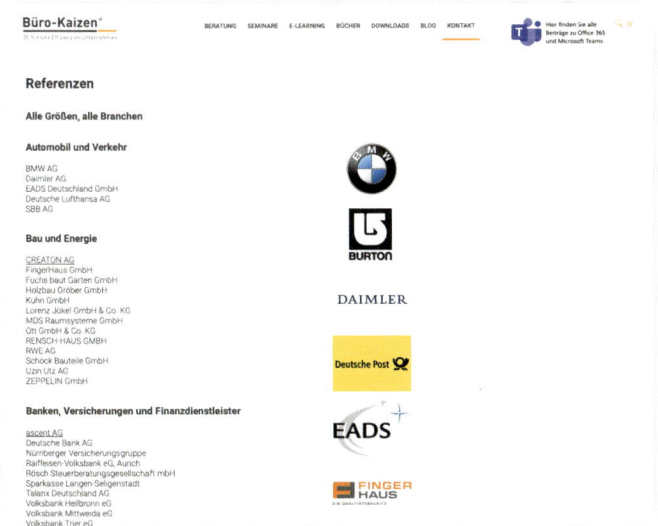

Wenn Sie sehen wollen, für welche Branchen wir schon tätig sein durften, schauen Sie gern nach unter: buero-kaizen.de/referenzen

Besondere Tätigkeit und ihre Herausforderungen

Weil wir wissen, dass bestimmte Tätigkeiten auch besondere Herausforderungen mit sich bringen, geben wir Ihnen auf den nächsten Seiten noch passende Anregungen an die Hand – Ideen, die sich bereits in vielen Kundenprojekten bewährt haben und auch Ihnen in Ihrer Rolle hoffentlich dabei helfen, Microsoft Teams und Co. auch für Ihren Einsatzbereich und die Zusammenarbeit in Ihrem Team optimal zu gestalten.

- *Außendienstler*
  Sie sind Außendienstler – egal ob als Vertriebler, als Inhouse-Consultant oder im Kundenservice? Wir kennen die Herausforderungen des ständigen Unterwegsseins seit vielen Jahren aus eigener Erfahrung. Mobil zu sein bedeutet auch, mobil zu arbeiten und sich unkompliziert mit den Kollegen aus dem Innendienst austauschen zu können. Hierfür sind oft vor allem die mobilen Anwendungen von Microsoft 365 eine große Hilfe.

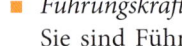

- *Projektmitarbeiter*
  Sie sind Projektmitarbeiter? Dann finden Sie hier bewährte Tipps, um die Zusammenarbeit mit Ihren Kollegen so transparent und übersichtlich zu organisieren, dass jeder zu jeder Zeit einen optimalen Überblick über das Projekt behält. Damit gehören aufwendige Abstimmungen, lästige Rückfragen, unnötige Suchzeiten und überflüssige Doppelarbeiten der Vergangenheit an.

- *Führungskraft*
  Sie sind Führungskraft und führen digital ein möglicherweise sogar dezentrales Team? Wir zeigen, wie sich die Rolle der Führungskraft durch die digitale Zusammenarbeit verändert, worauf es dabei in besonderer Weise ankommt und wie Sie Ihre Führungsrolle dem digitalen Arbeitsstil anpassen können. Schließlich sollen Ihre Mitarbeiter genau die Art von Führung und Unterstützung erfahren, die ihnen dabei hilft, die digitale Zusammenarbeit erfolgreich zu gestalten.

■ *Gast/Externer*
Sie arbeiten als Externer in Teams von Kunden, Partnern oder Lieferanten? Wir zeigen Ihnen, welche Unterschiede für Sie als Gast im Vergleich zur Rolle eines internen Mitarbeiters des jeweiligen Unternehmens entstehen und wie Sie sich effizient in die digitale Zusammenarbeit einbringen können. Wir erklären Ihnen außerdem, worauf Sie bei der Arbeit in mehreren Microsoft-365-Organisationen besonders achten müssen und wie Sie den Überblick über all Ihre Projekte, Infos und Aufgaben behalten.

Bonus: Tipps für das Arbeiten im Homeoffice

Und als Bonusmaterial haben wir Hilfestellungen, Tipps und Erfahrungen für das effiziente dezentrale Arbeiten im Homeoffice zusammengestellt. Mit ihrer Anwendung gelingt die Arbeit auch vom häuslichen Schreibtisch aus genauso erfolgreich, als säßen Sie an Ihrem Arbeitsplatz im Büro. Wir zeigen Ihnen, wie Sie häufig gemachte Fehler bei der Organisation Ihrer Arbeit von zu Hause aus vermeiden und wie der optimale Homeoffice-Tag aussehen kann.

Bevor Sie in *Ihr* passendes Kapitel springen, haben wir zunächst noch sieben Tipps aufbereitet, die für *alle* Arbeitsrollen gelten. Mit diesen Anregungen sind auch Sie gerüstet, um erfolgreich digital zusammen arbeiten zu können.

Sieben allgemeingültige Tipps

3.1 Sieben Tipps, die für alle gelten

Eine Art Checkliste

Bevor wir auf die besonderen Herausforderungen der verschiedenen Tätigkeitsbereiche eingehen, haben wir Ihnen sieben Tipps zusammengestellt, die für alle gelten. Betrachten Sie diese gerne als eine Art Checkliste, mit der Sie Ihre digitale Arbeit und die Zusammenarbeit in Ihrem Team auf Optimierungspotenziale überprüfen können.

Tipp 1: Planen Sie – denn eine gute Planung sorgt für Fokus

Wenn eine funktionierende Planung fehlt

Der typische Arbeitsalltag sieht für viele Menschen so aus: Wir beginnen morgens mit den Aufgaben, die Spaß machen. Dann folgen die, die einfach sind. Danach kommen die, die schnell gehen. Und die, die eigentlich wichtig wären, bleiben oft unerledigt und werden auf den nächsten Tag verschoben. Was fehlt, ist eine funktionierende Planung.

▸ **Empfehlung:** Jede Planung ist besser als keine Planung! Die eigene Tagesplanung sollte ein festes Ritual sein – etwa kurz vor Feierabend für den Folgetag oder spätestens morgens, bevor der Tag so richtig startet. Priorisieren Sie Ihre Aufgaben nach Relevanz. Daraus ergibt sich die Abfolge, in der Sie sie erledigen möchten. Arbeiten Sie Ihre Aufgabenliste dann konsequent von oben nach unten ab. Das sorgt für Fokus! Konnte etwas nicht erledigt werden und muss verschoben werden, sind das die Aufgaben mit der geringsten Relevanz.

Tipp 2: Arbeiten Sie blockweise und proaktiv

Fleißig – ohne etwas zu schaffen

In manchen Unternehmen beobachten wir, dass die Mitarbeiter wie Getriebene arbeiten. Bei jedem Anruf, bei jeder Bitte eines Kollegen wird alles stehen und liegen gelassen, um die eben eingetroffene Aufgabe sofort zu erledigen. Das Ergebnis ist dann oft, dass viele Tätigkeiten angegangen werden, ohne die Aufgaben aber auch wirklich abzuschließen, weil oft schon die nächste Aufgabe eintrifft, bevor die vorherige erledigt werden konnte. Dieses reaktive Arbeiten löst dann das Gefühl aus, den ganzen Tag sehr fleißig gewesen zu sein – ohne wirklich etwas geschafft zu haben. „Deep Work" ist hier unbekannt.

▶ **Empfehlung:** Geben Sie regelmäßig wiederkehrenden Tätigkeiten feste Zeiten – zum Beispiel der Verarbeitung Ihrer eingegangenen Nachrichten. Bündeln Sie außerdem gleiche Tätigkeiten und verarbeiten Sie diese blockweise. Dadurch arbeiten Sie nun proaktiv, statt reaktiv. Außerdem reduzieren Sie so die Anzahl der Wechsel zwischen verschiedenen Tätigkeiten. Das sorgt für mehr konzentrierte Arbeitszeit.

Tipp 3: Vermeiden Sie Unterbrechungen

Die wachsende Zahl an Unterbrechungen zählt zu den größten Herausforderungen des digitalen Arbeitens. Sie kann verheerende Auswirkungen auf unsere Produktivität haben. Lassen wir uns in unserer täglichen Arbeit von allen eingehenden Nachrichten durch die verschiedenen Benachrichtigungen unterrichten, sorgen diese Unterbrechungen für einen extremen Verlust an konzentrierter und damit produktiver Arbeitszeit.

Unterbrechungen führen zu Verlusten

▶ **Empfehlung:** Schriftliche Nachrichten sollten niemals dringend sein. Für dringende Angelegenheiten nutzen Sie ein Telefonat oder ein persönliches Gespräch. Daher müssen Sie sich von schriftlichen Nachrichten auch nicht stören lassen. Schalten Sie für alle schriftlichen Nachrichteneingänge sämtliche Benachrichtigungen ab. Das gilt sowohl für Ihre E-Mails als auch für Chat- und Kanalnachrichten in Microsoft Teams. Der Rat bezieht sich selbstverständlich auf alle Geräte. Achten Sie also darauf, dass die Benachrichtigungen sowohl am Notebook als auch an Ihren Mobilgeräten deaktiviert sind. Damit das in der Zusammenarbeit auch funktioniert, sind gemeinsam im Team Spielregeln zu vereinbaren, in denen die Reaktionszeiten festgelegt werden.

Tipp 4: Schaffen Sie Transparenz

Gerade in der digitalen Zusammenarbeit spielt die Transparenz eine entscheidende Rolle. Es braucht hilfreiche Antworten auf Fragen wie: Sind alle Teammitglieder auf dem gleichen Stand? Kann jeder sehen, wer gerade an welcher Aufgabe arbeitet und wie der Stand im Projektverlauf ist? Bekommt jeder rechtzeitig die Infos, die er braucht, um weitermachen zu können?

Hilfreiche Antworten sind gefragt

▶ **Empfehlung:** Achten Sie darauf, dass Sie und alle im Team regelmäßig Updates an alle Beteiligten geben, aus denen klar wird, woran gerade gearbeitet wird, was als Nächstes ansteht, wo es gerade Verzögerungen gibt etc. Das sorgt für eine effiziente Zusammenarbeit. Legen Sie am besten gemeinsam in den Spielregeln Ihrer Zusammenarbeit fest, welche Infos regelmäßig an alle kommuniziert werden und welche Infos nur an direkt beteiligte Personen gehen. So werden die einzelnen Teilnehmer des Teams nicht mit zu vielen Infos überflutet.

Tipp 5: Messen Sie die Arbeit anhand der Ergebnisse – nicht anhand der abgesessenen Zeit

Wer ist morgens der Erste, abends der Letzte?

Die digitale und damit oft auch dezentrale Zusammenarbeit erfordert in vielen Bereichen ein Umdenken. So fällt in vielen Projektteams auf, dass oft noch die abgesessene Zeit der einzelnen Personen der Maßstab für die geleistete Arbeit ist. Wer ist morgens der Erste, der in Microsoft Teams aktiv ist und wer schreibt zu später Stunde noch Nachrichten?

▶ **Empfehlung:** Die digitale Zusammenarbeit ermöglicht es uns, auch die Arbeitszeit viel flexibler zu gestalten. Manch einer arbeitet lieber morgens, ein anderer lieber abends. Um diese Möglichkeit als Chance zu nutzen, ist es wichtig, dass die geleistete Arbeit in Ergebnissen gemessen wird und nicht in der Zeit, die die einzelnen Teammitglieder am Bildschirm verbringen. Abhilfe kann ein gemeinsam und digital geführtes Aufgabenboard in Kombination mit regelmäßigen Updates schaffen, in denen die erledigten und als Nächstes anstehenden Aufgaben besprochen werden.

Tipp 6: Halten Sie Ihren Workflow so einfach wie möglich

Klarheit ergibt sich aus Reife

Wie ich, Jürgen Kurz, zu sagen pflege: *„Klarheit ist das Resultat von Reife."* Und Einfachheit ist das Resultat von Klarheit. Auch ein durchdachter Workflow – bestehend aus dem richtigen Tool-Setting – kann daher sehr einfach gehalten werden und dennoch hocheffizient sein. Ganz nach dem Prinzip des digitalen Minimalismus ist der Workflow im Team so einfach und übersichtlich wie möglich zu gestalten.

▶ **Empfehlung:** Unser Microsoft 365-Workflow (siehe S. 23f.) ist das Resultat der Reife aus unseren unzähligen Beratungen und Coachings erfolgreicher Unternehmen und Führungskräfte. Orientieren Sie sich in Ihrer Zusammenarbeit an dieser Tool-Kombination. Es sind nur wenige Tools nötig, um effizient zu arbeiten. Genießen Sie diese Klarheit und Einfachheit in der Zusammenarbeit zwischen Ihnen und Ihren Kollegen.

Nur wenige Tools nötig

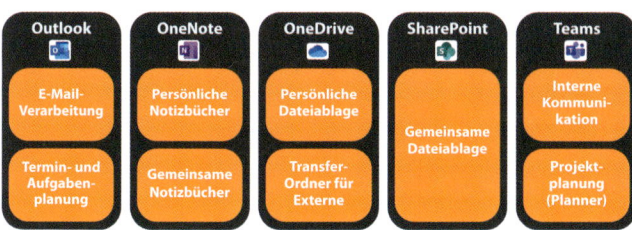

Tipp 7: Vereinbaren Sie Spielregeln

Treten während der digitalen Zusammenarbeit Unklarheiten und Missverständnisse auf, können sich Ergebnisse verzögern und im schlimmsten Fall entsteht zudem Unmut im Team. Wenn so etwas passiert, dann liegt das heute nur noch selten an der eingesetzten Technik. Viel häufiger besteht die Ursache in fehlenden Spielregeln, die genau für diejenigen Bereiche ein einheitliches Verständnis schaffen, bei denen die einzelnen Teilnehmer des Teams verschiedene Auffassungen haben können.

Technik ist nicht das Problem, sondern fehlende Spielregeln

▶ **Empfehlung:** Wir können gar nicht oft genug darauf hinweisen, dass der Erfolg der digitalen Zusammenarbeit stark von den Spielregeln in einem Team abhängt (siehe S. 108f. und S. 199f.). Definieren Sie daher für Bereiche wie die Wahl der jeweiligen Kommunikationswege, für Reaktionszeiten, Zuständigkeiten und dergleichen einen gemeinsamen Nenner im Team. Nur dann können alle Teammitglieder kraftvoll an einem Strang ziehen und die Projekte voranbringen. Durch Spielregeln wird die Zusammenarbeit nicht nur effizient, sondern sie macht obendrein auch deutlich mehr Freude!

3.2 Tipps für Außendienstler

Von Geschwindigkeit geprägt

Der Tagesablauf im Außendienst ist vor allem von Geschwindigkeit geprägt. Zwischen den einzelnen Kundenterminen bleibt oft nur wenig Zeit für Vor- und Nachbereitung, Dokumentation und die Abstimmung mit dem Innendienst. Um diese Zeit effektiv nutzen zu können, sind zwei Aspekte wichtig:
1. Das passende Setting
2. Eine gute Vor- und Nachbereitung

Hier zeigen wir Ihnen, wie Sie im Außendienst mit Microsoft 365 Ihre Abläufe effizienter gestalten können.

Das passende Setting

Enorme Chancen

Gerade für das Arbeiten von unterwegs ist es essenziell, durch das Nutzen der richtigen Tools jederzeit voll einsatzfähig zu sein. Hier bietet die digitale Organisation enorme Chancen.

Notizen gleich digital erfassen

Statt Gesprächsnotizen beim Kundenbesuch auf Papier zu notieren und später im Auto digital abzutippen, um die Informationen im richtigen System zu dokumentieren und an den Innendienst zu übermitteln, können solche Informationen mit Microsoft 365 direkt digital erfasst und in Echtzeit mit dem Innendienst synchronisiert werden. Das spart jede Menge Zeit.

Auch für die Kommunikation mit den Kollegen hat sich der Einsatz von Microsoft Teams bewährt, da die Nachrichten in den Chats und Kanälen schneller geschrieben sind, als das noch bei E-Mails der Fall war. Unter Verzicht von aufwendigen Begrüßungs- und Grußformeln kommt eine Chatnachricht in Microsoft Teams direkt auf den Punkt.

Schnelle Kommunikation

Mobile Apps

Da im Außendienst oft mit Mobilgeräten wie Smartphones und Tablets gearbeitet wird, ist es wichtig, auf diesen Geräten mit den richtigen Tools ausgestattet zu sein. Damit sind in diesem Fall die mobilen Apps von Microsoft 365 gemeint.

Die richtigen Tools

Folgende Apps von Microsoft 365 setzen wir ein:

- *Outlook* für die E-Mail-Verarbeitung und die Terminplanung mit dem Kalender
- *OneNote* für Dokumentationen etwa von Gesprächsnotizen und zur digitalen Terminvorbereitung
- *OneDrive* für den mobilen Zugriff auf Dateien aus dem persönlichen OneDrive-Speicher sowie aus SharePoint (obwohl es auch eine SharePoint-App gibt, ist die OneDrive-App für die Dateiverwaltung über den App-Bereich „Bibliotheken" besser geeignet)
- *Teams* für die Kommunikation mit den Kollegen aus dem Innendienst
- *Planner* für den Zugriff auf die gemeinsamen Aufgabenlisten der (Kunden-)Projekte
- *To Do* für die persönliche Aufgabenliste und als führendes System für die eigene Tagesplanung
- *Office* zum schnellen Bearbeiten von Word-, Excel- und PowerPoint-Dateien
- *Office Lens* zum Digitalisieren von Papierunterlagen

Mit diesen Apps sind Sie auch von unterwegs sehr produktiv, da Sie mit Ihren Mobilgeräten auf alle Informationen zugreifen, alle Dokumente bearbeiten und mit Ihren Kollegen kommunizieren können. Die mobilen Apps von Microsoft 365 gibt es kostenlos im jeweiligen App-Store zum Downloaden.

Auch unterwegs sehr produktiv

Offline-Zugriff

Daten auch ohne Internetverbindung nutzen

Um auch von unterwegs aus auf Informationen zugreifen zu können, müssen Sie unabhängig von einer ausreichend stabilen Internetverbindung sein – etwa, wenn Sie mit einem Notebook ohne eigene SIM-Karte arbeiten. Hier hilft die lokale Synchronisation bestimmter Bereiche von OneDrive und SharePoint mit der Festplatte Ihres Notebooks. So können Sie diese Dateien und Ordner auch ohne bestehende Internetverbindung nutzen.

Synchronisieren

Um die Dateien und Ordner aus einem Teams-Kanal mit Ihrer lokalen Festplatte am Notebook zu synchronisieren, klicken Sie in der Registerkarte „Dateien" im entsprechenden Teams-Kanal auf den Button „Synchronisieren". Anschließend können Sie über den Dateiexplorer auf die Dateien und Ordner dieses Kanals zugreifen (siehe auch Seite 149f.):

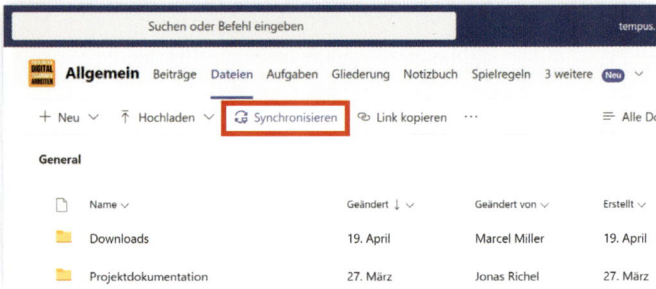

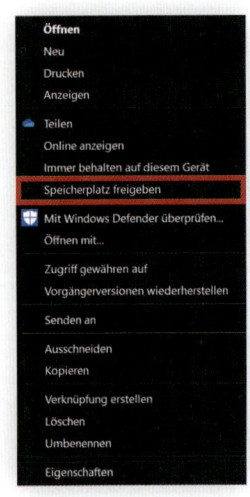

Um auf einzelne Dateien oder Ordner dauerhaft ohne Internetverbindung zugreifen zu können, klicken Sie diese in Ihrem Dateiexplorer mit der rechten Maustaste an und wählen Sie anschließend die Option „Immer behalten auf diesem Gerät" aus.

Über die Option „Speicherplatz freigeben" können Sie Dateien und Ordner, die Sie nicht mehr für den Offlinezugriff benötigen, wieder freigeben. Diese Dokumente stehen Ihnen nach wie vor bei bestehender Internetverbindung zur Verfügung.

Auch über die OneDrive-App können Sie Dateien und Ordner für den Offlinezugriff Ihres Mobilgeräts synchronisieren.

Eine gute Vor- und Nachbereitung

Neben dem Vorhandensein der richtigen Tools hängt die Produktivität eines Tages im Außendienst stark von einer guten Vor- und Nachbereitung ab. Wichtig für das effiziente Arbeiten ist dabei die Entscheidung, welche Tätigkeiten der Vor- und Nachbereitung am besten am Arbeitsplatz ausgeführt werden und was von unterwegs aus erledigt werden kann. Eine vorbereitende Planung verhindert, dass manche Tätigkeiten doppelt „angefasst" werden müssen, da sie von unterwegs nur zum Teil bearbeitet werden konnten.

Vorbereitende Planung

Hier ist der Einsatz von Checklisten sehr hilfreich. Mit Checklisten lassen sich alle Tätigkeiten, die in gleicher oder ähnlicher Weise wiederkehren, optimal durchführen. Das trifft auch auf die Vor- und Nachbereitung der Termine im Außendienst zu. Um bei wiederkehrenden Vorgängen an alles Notwendige zu denken, nutzen wir für unsere Checklisten Microsoft OneNote. Einer der großen Vorteile von OneNote besteht darin, dass das gesamte Programm auch offline und damit unabhängig von einer bestehenden Internetverbindung genutzt werden kann.

Hilfreich: Checklisten

In der Praxis kann das so aussehen:

- Sie legen sich in OneNote ein Notizbuch „Termine" an. Jeder Kundentermin wird dort als Abschnitt angelegt.

Notizbuch in OneNote

- Im OneNote-Notizbuch können Sie Checklisten für die Terminvorbereitung, die Durchführung des Termins vor Ort sowie die Terminnachbereitung anlegen. Nutzen Sie Seitenvorlagen oder einen Muster-Abschnitt, damit Sie die Checklisten für jeden neuen Termin duplizieren können.

Abschnitt im Notizbuch

- Legen Sie sich für die Vor- und Nachbereitung der einzelnen Termine Aufgaben an, etwa in Microsoft To Do. Darüber erfolgt dann die tägliche Planung.

Aufgaben in To Do

Nun können Sie Ihren Arbeitstag in drei Phasen einteilen:

Drei Phasen

1. *Vorbereitung* der anstehenden Termine morgens am Arbeitsplatz
2. *Durchführung* der Termine vor Ort
3. *Nachbereitung* abends am Arbeitsplatz bzw. im Hotel

213

Zwei Vorteile von Checklisten

Die Checklisten werden dafür sorgen, dass Sie bei den einzelnen Schritten der drei Phasen nichts vergessen. Außerdem geben Checklisten Ihrem Tag mehr Struktur, indem Sie gleiche Tätigkeiten bündeln und diese in Blöcken abarbeiten – das betrifft zum Beispiel die Verarbeitung Ihrer Nachrichten oder auch das Führen der Telefonate mit Kunden und Kollegen.

Beispiel: Vorab-Telefonat

Wie eine solche Checkliste in der Praxis aussehen kann, sehen Sie hier am Beispiel der Checkliste für ein Vorab-Telefonat mit einem Kunden:

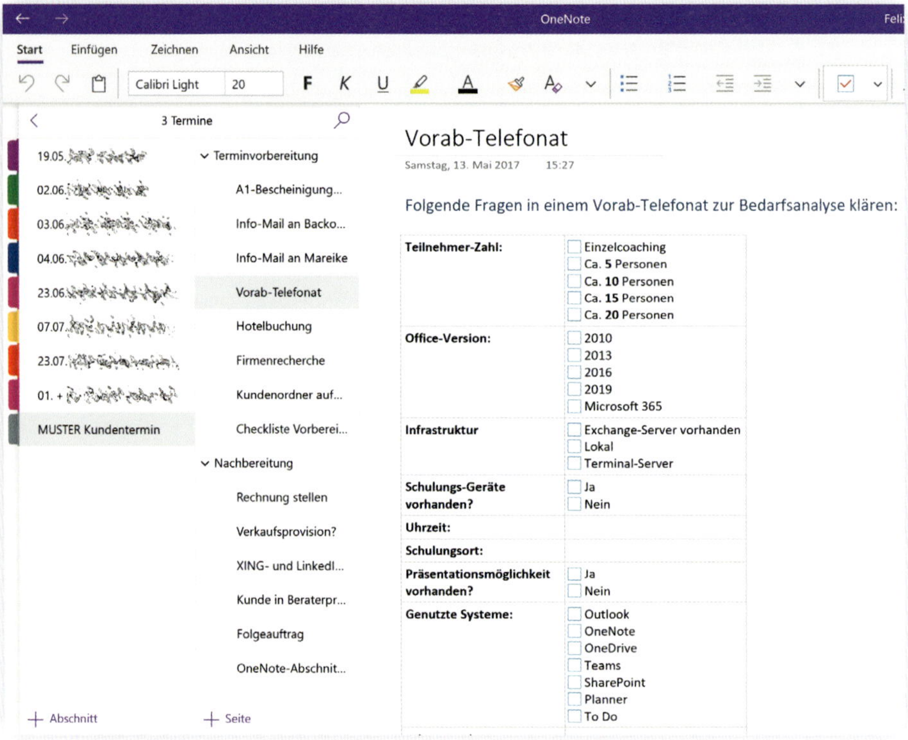

			OneNote	Feli
← →				

Start   Einfügen   Zeichnen   Ansicht   Hilfe

Calibri Light   20   **F** *K* U

3 Termine			**Vorab-Telefonat**

Samstag, 13. Mai 2017   15:27

Folgende Fragen in einem Vorab-Telefonat zur Bedarfsanalyse klären:

19.05.	∨ Terminvorbereitung		
02.06.	A1-Bescheinigung…	**Teilnehmer-Zahl:**	☐ Einzelcoaching
03.06.	Info-Mail an Backo…		☐ Ca. **5** Personen
04.06.	Info-Mail an Mareike		☐ Ca. **10** Personen
23.06.	Vorab-Telefonat		☐ Ca. **15** Personen
07.07.	Hotelbuchung		☐ Ca. **20** Personen
23.07.	Firmenrecherche	**Office-Version:**	☐ 2010
01. +	Kundenordner auf…		☐ 2013
MUSTER Kundentermin	Checkliste Vorberei…		☐ 2016
	∨ Nachbereitung		☐ 2019
			☐ Microsoft 365
	Rechnung stellen	**Infrastruktur**	☐ Exchange-Server vorhanden
	Verkaufsprovision?		☐ Lokal
	XING- und LinkedI…		☐ Terminal-Server
	Kunde in Beraterpr…	**Schulungs-Geräte vorhanden?**	☐ Ja
	Folgeauftrag		☐ Nein
	OneNote-Abschnit…	**Uhrzeit:**	
		Schulungsort:	
+ Abschnitt	+ Seite	**Präsentationsmöglichkeit vorhanden?**	☐ Ja
			☐ Nein
		Genutzte Systeme:	☐ Outlook
			☐ OneNote
			☐ OneDrive
			☐ Teams
			☐ SharePoint
			☐ Planner
			☐ To Do

Sie möchten genauer sehen, wie ein solches Notizbuch mit Checklisten bei uns aussieht? Wir zeigen es Ihnen in einem Gratis-Download. Diesen erhalten Sie auf der Website zum Buch unter: www.buero-kaizen.de/edza

Videokonferenzen als Alternative zu Vor-Ort-Terminen

Videokonferenzlösungen sind längst salonfähig geworden. In vielen Fällen sind sie heute eine gleichwertige Alternative zu den klassischen Vor-Ort-Terminen. Dies kann die Arbeit im Außendienst nachhaltig verändern. Dass Termine auch anders gehen, haben nicht zuletzt die Auswirkungen der Coronavirus-Pandemie gezeigt.

Gleichwertige Alternative

Prüfen Sie, welche Ihrer Termine wirklich noch mit Präsenz bei Ihren Kunden stattfinden müssen und welche Sie zum Beispiel über Microsoft Teams durchführen können. Denken Sie nur daran, wie viel Zeit Sie durch die wegfallenden Reisen sparen können, um sie sinnvoll für andere Aufgaben und Projekte einzusetzen.

Vor Ort oder besser per Microsoft Teams?

Gedanken zum Abschluss

Durch die Umsetzung dieser Tipps nutzen Sie die vielfältigen Möglichkeiten von Microsoft 365, um auch von unterwegs aus effizient zu arbeiten. Die mobilen Apps von Microsoft 365 sind dabei der perfekte Begleiter für unterwegs und ermöglichen die mobile (Zusammen-)Arbeit mit nahezu jedem Gerät. Mit der Offline-Synchronisierung haben Sie außerdem zu jeder Zeit alle wichtigen Dokumente im Zugriff – auch ohne mit dem Internet verbunden zu sein.

Perfekte Begleiter

In unserer Beratungspraxis beobachten wir viel zu oft, dass der vorbereitenden Planung der Termine im Außendienst nicht genügend Aufmerksamkeit geschenkt wird. Dies sorgt dann häufig dafür, dass aufwendige Nacharbeiten notwendig sind oder zwischen den Terminen unnötige Hektik entsteht. Gerade für den Einsatz im Außendienst sollten Sie daher immer daran denken: *„Erfolg entsteht durch Konzentration, nicht durch Verzettelung!"* (Jürgen Kurz)

Hektik ist nicht nötig

3.3 Tipps für Projektmitarbeiter

Teamwork, das wir meinen Es ist ein enormer Unterschied, ob Kolleginnen und Kollegen an einem Projekt nur *gemeinsam arbeiten* oder ob sie wirklich *zusammenarbeiten*. Mit einer echten Zusammenarbeit ist die Form von Teamwork gemeint, in der Synergien entstehen, hohe Suchzeiten und überflüssige Doppelarbeiten der Vergangenheit angehören und aufwendige Abstimmungs- und Korrekturschleifen nicht notwendig sind.

Hier zeigen wir Ihnen, wie Sie sich als Projektmitarbeiter in der digitalen Zusammenarbeit optimal in das Team einbringen und worauf Sie achten sollten, damit auch Ihr Team erfolgreich digital zusammenarbeitet.

Bearbeiten Sie Projekte blockweise

Planung ist für jeden wichtig Beginnen wir mit der richtigen Vorbereitung. Vermutlich arbeiten Sie nicht nur an einem Projekt, sondern an mehreren gleichzeitig. Und dazu kommen tägliche Routineaufgaben wie die Verarbeitung der Nachrichten in Microsoft Teams und Ihrer E-Mails. Jetzt ist die richtige Planung entscheidend. In unseren Beratungsprojekten beobachten wir oft, dass Projektmitarbeiter der eigenen Planung zu wenig Beachtung schenken und meinen, dies sei nur ein Thema für den Projektleiter. Das Ergebnis

heißt oft Verzettelung – am Abend gehen viele dann mit dem
unguten Gefühl nach Hause, den ganzen Tag gearbeitet zu haben, ohne wirklich etwas zu schaffen. Das muss nicht sein!

Planen Sie Ihre Arbeit an den verschiedenen Projekten bewusst. **Drei Hilfen**
Folgendes hilft:

- Bündeln Sie die Arbeiten pro Projekt zu einem
  größeren Block am Tag. Das reduziert unnötige
  Themenwechsel, die jeweils Zeit kosten.
- Für Routineaufgaben wie die Verarbeitung Ihrer
  Nachrichten eignen sich die Zeiten direkt nach
  der Mittagspause sowie vor dem Feierabend.
  Das sorgt am Tagesende für leere Posteingänge.
- Auch die Planung des Folgetages hat am Tages-
  ende einen festen Block.

Eine vorbereitende Planung hilft auch dabei, für die
Arbeit an den einzelnen Projekten genügend Zeit
freizuhalten. Wenn der Tag nur voller Meetings
und Abstimmungstelefonate ist, bleibt keine Zeit
für die produktive Arbeit an den Projekten.

Unsere Empfehlung lautet hier: Verplanen Sie niemals Ihren **Zeitliche Puffer lassen**
gesamten Arbeitstag, sondern lassen Sie stets noch zeitliche
Puffer für spontane und unvorhergesehene Aufgaben. Ein Richt-
wert aus unserer Beratungserfahrung lautet: Verplanen Sie etwa
zwei Drittel der verfügbaren Zeit proaktiv und lassen Sie ein
Drittel Pufferzeit für Unvorhergesehenes frei.

Achten Sie während der Arbeit an einem Projekt auch auf den **Nur nötige Fenster
auf dem Bildschirm**
nötigen Fokus. Lassen Sie daher während der Arbeit an einem
Projekt auch nur diejenigen Fenster am Bildschirm geöffnet,
die Sie für die Bearbeitung des aktuellen Vorgangs benötigen.
Das ist dasselbe Prinzip wie noch zu Zeiten der papierbasierten
Arbeit, als auch immer nur diejenigen Akten auf dem Schreibtisch liegen sollten, die für den aktuellen Arbeitsschritt benötigt
wurden. Das verhindert unnötige Ablenkungen.

Achten Sie auf Ihren Status

Status „Nicht stören" Nutzen Sie den Status in Microsoft Teams bewusst, um sich für die Arbeit an Ihren Projekten genügend ungestörte Arbeitszeit zu verschaffen. Setzen Sie Ihren Status dafür zum Beispiel temporär auf „Nicht stören". Am schnellsten geht das über die Befehlsleiste mit der Eingabe „/n". Danach wird Ihnen die Option „Nicht stören" schon vorgeschlagen:

Solange der Status nicht missbraucht wird und den ganzen Tag auf „Nicht stören" gesetzt bleibt, ist das eine völlig legitime Maßnahme, um dem Team zu signalisieren, dass Sie gerade nur in wirklich dringenden Fällen gestört werden möchten. Es empfiehlt sich außerdem, dies als gemeinsame Team-Spielregel festzuhalten.

Status „Verfügbar" Um den Status wieder auf „Verfügbar" zu stellen, geben Sie in der Befehlszeile „/v" ein und drücken auf die Entertaste.

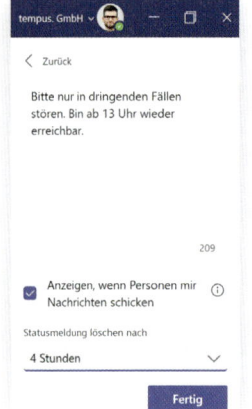

Ihre Erreichbarkeit können Sie zusätzlich in einer schriftlichen Mitteilung für die Kollegen sichtbar machen. Wie das aussehen kann, sehen Sie in der Marginalspalte.

Achten Sie außerdem darauf, dass Sie während der Bearbeitung Ihrer Projekte nicht von eingehenden schriftlichen Nachrichten gestört werden. Das gilt auch für die Mobilgeräte, die häufig mit auf dem Schreibtisch liegen und bei eingehenden Nachrichten für unnötige Störungen sorgen würden.

Geben Sie aktiv Rückmeldung zu erledigten Aufgaben

Ein wichtiges Kriterium für den Erfolg digitaler Zusammenarbeit ist die Transparenz innerhalb des gesamten Projektteams. Geben Sie daher aktiv Rückmeldungen zum Stand Ihrer bearbeiteten Aufgaben zum Beispiel dann, wenn wieder eine Teilaufgabe des Projekts erledigt ist. Das sind oft wichtige Signale für alle Beteiligten. Das gilt besonders in den Fällen, in denen die Erledigung Ihrer Aufgaben das Bearbeiten der nächsten Teilaufgaben durch Kollegen nach sich zieht.

Schreiben Sie dafür aktiv neue Nachrichten im gemeinsamen Unterhaltungsverlauf im projekteigenen Kanal oder nutzen Sie regelmäßig stattfindende Check-in- und Check-out-Meetings mit den Teammitgliedern (siehe S. 243). Wenn Sie nur die Aufgaben im gemeinsamen Planner als erledigt markieren, geht das oft unter oder wird von den Kollegen erst spät bemerkt.

Aktiv kommunizieren

Kommunizieren Sie aktiv auf diesen Wegen auch aufgetretene Probleme oder entstandene Verzögerungen. Das gibt dem Team die Möglichkeit, agil zu handeln und passende Lösungen zu finden. Zum Beispiel kann es sein, dass Ihnen ein Kollege hilft, der gerade Zeit hat. Oder dass sich das gesamte Team dazu entscheidet, durch eine Reorganisation der Prioritäten andere Aufgaben vorzuziehen. Das verhindert Leerzeiten. Proaktives Verhalten ist auch hier wichtig. Werden Verzögerungen frühzeitig bekannt, findet das Team in aller Regel Wege, die gesetzten Ziele dennoch zu erreichen.

Auch Probleme und Verzögerungen aktiv ansprechen

Nutzen Sie bewusst Kollaborationsmöglichkeiten

Die Software-Landschaft von Microsoft 365 ist für Echtzeit-Kollaboration geschaffen worden. Nutzen Sie daher die Ihnen zur Verfügung stehenden Möglichkeiten auch tatsächlich. Dazu gehört etwa die Möglichkeit, dass mehrere Personen zur selben Zeit mit verschiedenen Geräten am selben Dokument arbeiten. Das bietet sich zum Beispiel für gemeinsame Korrekturläufe an (so haben wir es bei der Arbeit an diesem Buch gemacht).

Gleichzeitig am selben Dokument arbeiten

Auch das aktive Erbitten von Unterstützung und das gegenseitige Angebot, als Sparringspartner zur Verfügung zu stehen, sind wertvolle Eigenschaften einer agilen Zusammenarbeit, die durch Microsoft 365 wunderbar unterstützt werden. Gerade dann, wenn wir selbst uns mit der Bearbeitung einer Aufgabe schwertun, können Impulse von anderen Mitgliedern des

Um Unterstützung bitten

Teams die Arbeit beflügeln. Da ist es hilfreich, dass sie sich unkompliziert in ein Dokument einklinken können. Parallel können Sie sich mit der entsprechenden Person per Videokonferenz austauschen.

Machen Sie sich die Freiheit von Microsoft 365 zunutze

Einer der großen Vorteile der Nutzung von Microsoft 365 ist die Möglichkeit, ortsunabhängig zu arbeiten. Nutzen Sie diese Vorteile auch. Konkret kann das bedeuten, dass Sie auch mal das Großraumbüro verlassen und sich in einen ruhigeren Bereich im Unternehmen zurückziehen, wenn Sie konzentriert an einer Aufgabe arbeiten möchten und die Gespräche und Telefonate der benachbarten Kollegen stören würden. Das können die verschiedensten Orte sein: Ein freies Besprechungszimmer, ein Loungebereich oder die Unternehmenscafeteria kommen infrage. Alles, was Sie brauchen, ist ein ruhiger Platz mit Internetverbindung.

Ins Homeoffice gehen Gerade für Aufgaben, an denen eine längere Zeit konzentriert am Stück gearbeitet werden muss, hat es sich für uns auch bewährt, dafür punktuell ins Homeoffice zu gehen, um dadurch bewusst den klassischen Ablenkungen des Büroalltags zu entfliehen. Vielleicht ist das ja auch eine Option für Sie?

Stärken Sie die Agilität Ihres Teams

Microsoft 365 stärkt Agilität Ein Thema, das auch in Zukunft noch eine große Rolle spielen wird, ist das agile Arbeiten. Die technischen Möglichkeiten von Microsoft 365 begünstigen diese Form der Zusammenarbeit.

Agilität braucht Werte und Mindset Allerdings wird die Projektarbeit allein durch die Technik noch lange nicht agil. Agilität entsteht vielmehr durch die richtigen Werte und das dazugehörige Mindset aller Teammitglieder. Dazu zählt auch das Verständnis, dass alle Projektmitarbeiter einen gleichwertigen Beitrag zum gemeinsamen Erfolg leisten. Das funktioniert, wenn sich alle Teammitglieder aktiv in die Zusammenarbeit einbringen und sich gegenseitig unterstützen, statt sich zurückzulehnen und auf Anweisungen eines zentralen Projektleiters zu warten.

Stellen Sie bei der Arbeit den Erfolg des Projekts in den Mittelpunkt und denken Sie daran, dass Teamarbeit mehr bedeutet als nur die Einzelleistungen der jeweiligen Projektmitarbeiter. Das ist wie im Fußball: Zu großen Erfolgen ist nur eine harmonierende Mannschaft fähig, in der sich jeder für den anderen einsetzt. Elf einzelne Superstars garantieren noch lange keine Hochleistungen.

Wie beim Fußball

Gedanken zum Abschluss

In unseren Beratungsprojekten dürfen wir dazu beitragen, die Zusammenarbeit in Projektteams effizienter zu gestalten. Dabei fällt uns oft auf, dass die einzelnen Projektmitarbeiter großartige Experten in ihrem Aufgabenfeld sind. Dort kommt es lediglich darauf an zu ermöglichen, dass diese Gruppen von Experten auch wie ein echtes Team agieren.

Von der Expertengruppe zum Team

In der Praxis hat es sich unter anderem bewährt, dass sich alle Beteiligten eines Projekts zu Beginn der Zusammenarbeit treffen und das Projekt mit einem gemeinsamen Kick-off starten. Hier sollte dann nicht nur besprochen werden, wer für was zuständig ist, was die Projektziele sind und mit welchen führenden Systemen das Projekt organisiert wird. Genauso wichtig sind auch die Absprachen über die Art und Weise der Zusammenarbeit, also Vereinbarungen dazu, mit welchen Grundsätzen und Werten alle Teammitglieder agieren.

Gemeinsames Kick-off

Solche Grundsätze sind zum Beispiel:

- Wir kommunizieren offen und transparent.
- Wir respektieren die Arbeit und Leistung aller Mitglieder des Teams.
- Wir bieten jedem Teammitglied Unterstützung an und dürfen diese bei Bedarf auch einfordern.
- Wir entscheiden gemeinsam. Jede und jeder hat dasselbe Stimmrecht.

Grundsätze

Wenn alle die gleiche Sprache sprechen und nach den gleichen Grundsätzen handeln, dann wird aus den einzelnen Experten auch schnell ein echtes Team.

Schnell ein echtes Team

3.4 Tipps für Führungskräfte

Ort- und zeit-unabhängig arbeiten

Die Digitalisierung macht es möglich, ort- und zeitunabhängig miteinander zu arbeiten. Daher ist es bei vielen Projekten inzwischen normal, dass ein Projektteam aus unterschiedlichen Personengruppen besteht.

Zu einem Projektteam gehören zum Beispiel:
- Unternehmensinterne Mitarbeiter verschiedener Standorte
- Mitarbeiter im Homeoffice
- Unternehmensexterne Partner und Dienstleister
- Kunden

Heterogener als früher

Im Vergleich zu vordigitalen Zeiten ist das Arbeitsumfeld damit weiter und auch komplexer geworden. Verschiedene Personen, Kommunikations- und Arbeitsgewohnheiten, Soft- und Hardwareausstattungen kommen zusammen. Die Führung von solchen Teams ist schon allein mit Blick auf diese Heterogenität eine besondere Herausforderung.

Kernauftrag bleibt gleich

Der Kernauftrag der Führungskraft hat sich allerdings nicht geändert: Es geht noch immer darum, mittels gut gesteuerter Team- und Einzelaufgaben motivierende Teamziele zu erreichen – auch über räumliche Entfernungen hinweg.

Und auch wenn die räumliche Trennung nicht im Vordergrund steht: Alle Beteiligten sind stärker als früher gefordert, selbstständig zu arbeiten. Sie müssen ihre Ziele und ihre Aufgaben klar vor Augen haben und in der Lage sein, ihren Beitrag zu liefern. Jedem Teammitglied kommt Verantwortung für die Zielerreichung des Teams zu. Führungsaufgabe ist es also auch, die Selbstständigkeit der Mitarbeiter zu ermöglichen und zu fördern, Engpässe zu beseitigen und Ergebnisse einzufordern.

Selbstständigkeit wächst

Die Frage lautet nun: Braucht ein digitales Team eine besondere Art der Führung? Und wie kann Microsoft 365 *Digital Leadership* unterstützen?

Microsoft 365 und Digital Leadership

Die Herausforderungen von Führungskräften im digitalen Zeitalter lassen sich in vier Bereiche einteilen:
1. Klare Kommunikation
2. Strukturierte Datenablage
3. Zielführende Aufgabensteuerung
4. Stärken des Teamzusammenhalts

Vier Herausforderungen

Für Führungskräfte kommt es darauf an, diese vier Herausforderungen zu beherrschen. Wo dies nicht der Fall ist, drohen Chaos und Konflikte. Wo es dagegen gelingt, wird die digitale Zusammenarbeit zum Effizienzbooster. Schauen wir diese vier Herausforderungen daher etwas genauer an.

Chaos oder Effizienz?

Herausforderung 1: Klare Kommunikation

Gute Kommunikation Als Führungskraft eines digital arbeitenden Teams ist es Ihre Aufgabe, Ihre Kommunikation klar, regelmäßig und mit wenig Raum für Spekulation zu gestalten. Dazu ist es wichtig für Sie zu wissen:

- Wie sind die Umstände, unter denen die Mitglieder Ihres Teams jeweils arbeiten?
- Wer ist wann über welchen Kanal am besten erreichbar?
- Welcher Mitarbeiter braucht etwas Unterstützung und erhöhte Kommunikation, um am Ball zu bleiben?
- Wer arbeitet gerade an welcher Aufgabe?

Möglichkeiten von Microsoft Teams Nutzen Sie für Ihre Kommunikation jeweils die Möglichkeiten, die Ihnen Microsoft Teams zur Verfügung stellt:

	Vorteile	Nachteile	Wann/wie einzusetzen
Chat	– Schnell, kurz – Zeitversetzt – Fokussiert – Einzelne sind informiert	– Missverständlich, da Mimik, Gestik und Tonalität fehlen – Kann zu „militärischem" Führungsstil verleiten – Nährboden für Gerüchte	– Täglich – Kurz – Möglichst mit jedem aus dem Team
Unterhaltung im Kanal, @Erwähnung	– Schnell – Zeitversetzt – Alle sind informiert	– Zu viele uninteressante Informationen, wenn keine @Erwähnungen genutzt werden – Wichtiges kann übersehen werden – Nährboden für Gerüchte	– Dosiert einsetzen, wenn alle informiert werden müssen. – NICHT bei emotional belasteten Themen wie Strukturwechsel, Kündigungen etc.
Video-, Audiocall	– Zeitgleich – Fragen können für alle geklärt werden – Es gibt Raum für Rückfragen – Teamgefühl wird verstärkt – Komplexe Diskussionen sind einfacher und schneller zu klären als schriftlich	– Kostet Zeit – Funktioniert nur zeitgleich	– Selten (zum Beispiel 1 bis 2 Mal pro Woche) mit dem kompletten Team oder einer Teilgruppe einsetzen

Viele Chefs fürchten sich vor dem Kontrollverlust, wenn sie ihre Mitarbeiter nicht sehen können. Aber diese Befürchtung gilt auch umgekehrt: Die Mitarbeiter sehen auch ihre Chefs nicht und die spontanen, kurzen Gespräche und Rückmeldungen an der Kaffeemaschine oder über den Schreibtisch hinweg fehlen. Manch einer fühlt sich vielleicht alleingelassen oder kommt „ins Schwimmen", was einzelne Aufgaben angeht.

Doppelseitige Befürchtungen

Diese Tipps können helfen:

- *Regelmäßige Abstimmungen*
  Führen Sie mit Ihren Teammitgliedern regelmäßig persönliche (Video)meetings durch, in denen jeder Mitarbeiter kurz zu Wort kommt und dem Team mitteilt, woran er oder sie gerade arbeitet und als Nächstes arbeiten wird bzw. was seit dem letzten Meeting alles erreicht und abgeschlossen wurde. So wird geleistete Arbeit für alle transparent. Zudem sind diese Meetings eine Gelegenheit, bei Bedarf Aufgaben im Team flexibel an geänderte Situationen anzupassen.

(Video)meetings

- *Seien Sie verfügbar*
  Richten Sie eine virtuelle „offene Tür" ein: Definieren und kommunizieren Sie Zeitfenster, in denen Sie für Ihre Mitarbeiter ansprechbar und für Rückfragen verfügbar sind. Nutzen Sie die Statusmeldung in Microsoft Teams (siehe auch Seite 198 sowie Seite 218). Eine zeitliche Begrenzung bewahrt Sie vor der Gefahr, vor lauter Teamkommunikation selbst nicht mehr zum Arbeiten zu kommen.

- *Behalten Sie alle Teammitglieder im Blick*
  Achten Sie darauf, dass nicht einzelne Mitarbeiter aufgrund eines zurückhaltenderen Persönlichkeitstyps untergehen oder sich alleingelassen fühlen. Sprechen Sie solche Mitglieder Ihres Teams immer mal wieder proaktiv an.

Alle im Blick

- *Beseitigen Sie Engpässe*
  Damit alle im Team auf digitalen Wegen kommunizieren können, muss jeder über die technischen Voraussetzungen verfügen. Fragen Sie nach, ob dies der Fall ist. Sorgen Sie bei

Technische Voraussetzungen schaffen

Bedarf für eine passende Ausstattung (Laptop, Headset, Maus, Microsoft Teams-Account). *Erfahrung:* Bei uns bekommen Auszubildende schon an ihrem ersten Tag einen eigenen Laptop. Sie sollen von Anfang an lernen, mit digitalen Mitteln zur Wertschöpfung unseres Unternehmens beizutragen. Damit verbunden ist auch ein Motivationsaspekt: Man spürt förmlich, wie stolz sie das macht.

Fragen stellen

■ *Stellen Sie Fragen und lassen Sie Fragen zu*
Fragen Sie danach, ob Ihre Mitarbeiter mit der digitalen Art des Arbeitens zurechtkommen. Seien Sie mutig: Fragen Sie auch Ihren Führungsstil ab. Geben Sie Raum für Anmerkungen und Verbesserungsvorschläge.

Spielregeln schreiben

■ *Dokumentieren Sie wichtige Grundsätze*
Klären Sie zu Beginn der Zusammenarbeit, wie das kommunikative Miteinander aussehen wird: Welche Kommunikationswege werden für welchen Zweck genutzt? Welche Antwortzeiten werden erwartet? Halten Sie die Absprachen in den Spielregeln des Teams fest.

Herausforderung 2: Strukturierte Datenablage

Was wir im Kapitel 2.2 „Gemeinsam Dateien ablegen und wiederfinden" geschrieben haben, sollten Sie als Führungskraft gelesen und verstanden haben. Sie finden dort die wichtigsten Ratschläge, die dabei helfen, gemeinsam mit Ihrem Team eine strukturierte Datenablage zu schaffen.

Klärung herbeiführen

Führen Sie auf Basis dieses Wissens eine Klärung herbei, wo und wie Daten erstellt, gespeichert, ausgetauscht und benannt werden:

■ Wer erstellt welche Daten an welcher Stelle?
■ Wie ist der Workflow (was passiert durch wen und wann)?
■ Was passiert mit finalen Daten?
■ Wer räumt nach einem Projekt die Dateien wieder auf?

Spielregeln ergänzen

Halten Sie auch diese Klärungen schriftlich fest. Ergänzen Sie dazu die Spielregeln des Teams.

Herausforderung 3: Zielführende Aufgabensteuerung

Der Chef, der einen jeden einzelnen Mitarbeiter mittels Mikro-management kontrolliert, ist schon länger ein Auslaufmodell. Ein bewährtes Führungsinstrument sind heute Zielvereinba-rungen. Diese lassen sich unkompliziert in einem digitalen Projektplan zusammenfassen – Microsoft Planner macht es möglich. In einem solchen Plan werden für alle nachvollziehbar die Ziele des Teams in Meilensteine und Teilaufgaben herunter-gebrochen und gesammelt dargestellt.

Zielvereinbarungen statt Mikromanagement

Aus unserer Sicht ist Planner das Herz der digitalen Projekt-arbeit. Die (überschaubare) Mühe, einen Plan in Planner zu erstellen, wird sich auszahlen:

Herz der Projektarbeit

- Per Klick bekommt jeder im Team den Überblick, wer ge-rade an welcher Aufgabe arbeitet.
- Hat jemand seine Aufgabe erledigt, hakt er seinen Punkt in der Checkliste innerhalb der Aufgabenkarte ab oder ändert – je nach Vereinbarung – den Status bzw. den Signalreiter.
- Alle sehen auf diese Weise in Echtzeit, wie das Projekt läuft.
- Es wird erkennbar, wo Engpässe drohen.

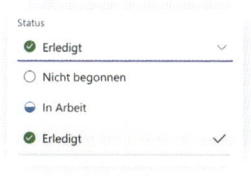

Wichtig ist dabei, dass Sie im Team besprechen, wer bis wann an welchem Thema bzw. Dokument arbeitet. Legen Sie für jede Aufgabe zumindest das Fälligkeitsdatum fest, liefert Planner den Herzschlag für Ihre digitale Zusammenarbeit. Die Termine bilden dann für die Mitglieder des Teams die Grundlage ihrer persönlichen Planung.

Planner liefert den Herzschlag

Halten Sie auch die Vereinbarungen zur Aufgabensteuerung schriftlich fest. Ergänzen Sie dazu wieder die Spielregeln des Teams.

Spielregeln ergänzen

Wenn Sie nicht mehr über kontrollierte Anwesenheit führen, sondern mithilfe von Zielvereinbarungen, dann muss Ihnen klar sein, dass sich hier ein Spannungsfeld auftut: Es entsteht eine Spannung zwischen der persönlichen Freiheit und dem Druck, Ergebnisse zu bringen. Es gilt, diese Spannung aus-zuhalten und bei Bedarf offen anzusprechen.

Zwischen Freiheit und Druck

Eine Faustregel Der Knackpunkt ist dabei die Fähigkeit, selbstständig zu arbeiten und die vereinbarten Ergebnisse zu erzielen. Diese Fähigkeit variiert von Mitarbeiter zu Mitarbeiter. Es gilt die Faustregel: Je fitter die Mitarbeiter sind, je selbstständiger diese ihre Ergebnisse erzielen, desto höher kann der Freiheitsgrad sein, den Sie gewähren. Spätestens hier sehen Sie: Das Arbeiten mit Microsoft Teams ist nur zu einem geringen Teil eine IT-Frage.

Beispiel: Mittagspause Ein Beispiel: Ein Mitarbeiter arbeitet im Homeoffice und „überzieht" die Mittagspause um zwei Stunden, weil seine Kinder beschäftigt werden wollen. Am Abend arbeitet er diese Zeit nach. Ein anderer Mitarbeiter gönnt sich gar keine Pause. Er arbeitet durch und isst nebenbei eine Kleinigkeit am Schreibtisch – schlichtweg aus Angst, Kollegen könnten seine Abwesenheit in Microsoft Teams bemerken.

Kernzeit und Pausen Als Führungskraft haben Sie sicherzustellen, dass die Freiheit des zuerst genannten Mitarbeiters nicht zu Schwierigkeiten führt, wenn es darum geht, ihn zu erreichen. Das ließe sich in diesem Fall lösen, indem Sie innerhalb des Teams Kernarbeitszeiten festlegen, zu denen jeder am Schreibtisch sitzt. Im Fall des zweiten Mitarbeiters haben Sie die Verantwortung, das Verhalten zu bemerken und darauf aufmerksam zu machen, dass während der Mittagspause wirklich Abstand von der Arbeit zu nehmen ist. Sie könnten anregen, dass bei größeren Pausen ein kurzes An- und Abmelden stattfindet. So sorgen Sie dafür, dass die Freiheit nicht ausgenutzt wird oder zu Überarbeitung führt.

Das richtige Maß finden Sie merken: Es ist ein Kulturwandel, den wir hier ansprechen. Es geht nicht nur um digitale Werkzeuge. Es geht um eine neue Art des Arbeitens. Es geht darum, Selbstständigkeit, Freiheit und Kontrolle in das richtige Maß zu bringen und dieses richtige Maß im jeweiligen Team zu finden. Ein Mitarbeiter, der hier zu sehr von einer Führungskraft abhängig ist, wird sich mit dieser Art zu arbeiten schwertun.

Wirkliche Exzellenz erzielt Ihr Team erst dann, wenn Werkzeuge, Führungskultur und Selbstmanagement der Mitarbeiter zueinander passen. Die Mitarbeiter in digitalen Teams müssen mehr denn je ihren Tag planen, organisieren, auf Abweichungen reagieren und dennoch das (Tages-)ziel erreichen. Die Mitarbeiter hierzu zu befähigen und in diesen Kompetenzen zu stärken, ist Führungsaufgabe. Eine mangelnde Fähigkeit zur Selbstorganisation werden auch die Tools nicht lösen.

Microsoft Teams ist in der Lage, die zu erledigende Arbeit aus ihren räumlichen und zeitlichen Beschränkungen zu befreien. Die Kunst besteht darin, den Überblick zu behalten und den angemessenen Freiraum zu gewähren. Wenn es Ihnen als Führungskraft gelingt, das Team gut zu führen und die nötigen Leitplanken aufzustellen, werden gleichzeitig drei Vorteile entstehen:

Drei Vorteile gut geführter Teams

1. Die Abläufe werden beschleunigt.
2. Die Kosten sinken.
3. Die Zufriedenheit der Mitarbeiter wächst.

Zugleich gilt: Schlecht gemanagte Team(s)arbeit führt aufgrund der Komplexitätssteigerung der Arbeit zu dramatisch schlechteren Ergebnissen. Klingt zu extrem? Ist aber leider so. Denken Sie beispielsweise allein an die Suchzeiten in Unternehmen. Bisher lagen Daten mehr oder weniger zentral und strukturiert auf den Servern des Unternehmens. In Microsoft Teams entstehen Dateien dezentral. Wenn die Datenablage nicht klar organisiert ist, dann werden die bisher schon vorhandenen Suchzeiten sehr schnell deutlich länger.

Probleme schlecht gemanagter Teams

Herausforderung 4: Stärken des Teamzusammenhalts

Beim Führen eines Teams reicht der Fokus auf die produktive Leistung nicht aus. Sie müssen auch die emotionale Verbundenheit des Teams im Blick haben. Weltmeister wird man nicht, in dem man als Coach nur das Ziel vorgibt und die Mannschaft drillt. Weltmeister wird man, indem die Führungskraft aus einzelnen Stars eine Mannschaft formt und ein Team aufbaut, das emotional verbunden ist – ein Team, das an einem Strang zieht, sich gegenseitig motiviert, anfeuert und unterstützt.

Teamspirit erhalten und stärken

In Teams, die rein digital arbeiten, ist es nicht ganz so einfach, den Teamspirit zu erhalten und zu stärken, aber es ist machbar. Hier sind einige Ideen:

- *Das digitale Feierabendbier*

  Treffen Sie sich mit Ihrem Team vor der Videokamera zu einem Feierabendbier (es darf auch eine Tasse Tee sein). Diese Idee ist besonders dann geeignet, wenn in Ihrem Team mehrere Externe sowie Mitarbeiter im Homeoffice mitwirken. Machen Sie es sich bequem und führen Sie Gespräche wie im Restaurant. Das klappt nicht in großen Runden, ist aber mit bis zu sieben bis neun Teilnehmern machbar. Wichtig ist, dass sich alle sehen können. Ich, Patrick Kurz, sage ja gerne: „Arbeit ist wie ein kühles Bier – gemeinsam läufts besser." Hier kommt nun beides zusammen.

- *Gemeinsam Essen*

  Warum nicht den Lieferservice bemühen und gemeinsam eine Pizza essen und Erfolge feiern? Bestellen Sie sich alle etwas Leckeres und machen Sie eine gemeinsame Mittagspause. Das muss natürlich nicht vor laufender Kamera sein – schon die Organisation und der Austausch über das Mittagessen stärken das Team.

- *Casual Friday*

  Viele Firmen kennen den Casual Friday, an dem auch der Chef Pulli und Sneakers trägt statt Anzug und weißem Hemd. Planen Sie so etwas in virtueller Form und rufen Sie zu einem speziellen Outfit auf. Wir haben bei unseren Teammeetings gute Erfahrungen gemacht mit Wettbewerben (witzigstes Outfit, coolste Kopfbedeckung, kreativste Tasse).

- *Der gemeinsame Soundtrack*

  Bei manchen Menschen gehört Musik als Motivationsschub dazu – etwa im „Schnitzelkoma" nach der Mittagspause. Erstellen Sie eine Musikliste bei Spotify, YouTube oder einem anderen Anbieter, die gemeinsam gepflegt wird. So kann jeder – egal wo er arbeitet – die gleiche Musik hören.

Vereinbaren und nutzen Sie Spielregeln

Spielregeln haben wir in diesem Buch mehrfach angesprochen, denn ohne Spielregeln führen die digitalen Möglichkeiten nicht zu einer Erleichterung, sondern zu Chaos:

Erleichterung oder Chaos?

- Ein Team braucht Kommunikationsregeln, damit nicht vor lauter Kommunikation die eigentliche Arbeit liegen bleibt.
- Ein Team braucht Klarheit über die genutzten Ablagestrukturen, damit die Suchzeiten schwinden und nicht wachsen.
- Ein Team muss wissen, wie es um den Stand des Projektes bestellt ist und welche Aufgaben als Nächstes anstehen.

Klären Sie solche Aspekte zum Beginn der Zusammenarbeit. Sorgen Sie dafür, dass sie festgehalten und allen zugänglich gemacht werden. Es hat sich dabei bewährt, die Spielregeln als eigene Registerkarte in den Kanälen des Teams mit einem Klick erreichbar zu machen (wie das geht, sehen Sie auf Seite 144).

Mit einem Klick erreichbar machen

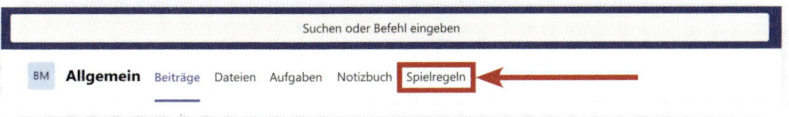

Als Führungskraft sollten Sie die Spielregeln natürlich auch selbst einhalten. Ob Sie es wollen oder nicht – die Mitglieder des Teams orientieren sich an Ihnen.

Selbst einhalten

Fordern Sie die Einhaltung der Spielregeln ein. Das ist besonders wichtig, wenn externe Projektmitarbeiter in Ihr Team eingebunden sind, denen die „digitale Kultur" des Teams bisher noch nicht geläufig ist. Wurde zum Beispiel vereinbart, dass der Austausch im Team ausschließlich in den Unterhaltungen des Kanals stattfindet, dann kann bereits ein Einzelner, der weiter per E-Mail kommuniziert, das ganze System stören und einen deutlichen Mehraufwand in der Kommunikation verursachen.

Einhaltung einfordern

Zeigen Sie in diesem Fall auf, wie das Miteinander aussehen soll. Machen Sie klar, dass bei Nichteinhaltung die Effizienz des Teams leidet und der Teamerfolg in Gefahr gerät.

Konsequenzen aufzeigen

3.5 Tipps für die unternehmensexterne Mitarbeit als Gast

Berechtigungen und Einschränkungen

Werden Sie als externe Person dazu eingeladen, für eine andere Organisation mit Microsoft Teams zu arbeiten, nehmen Sie dort automatisch die Rolle des Gastes an. Diese Rolle ist mit bestimmten Berechtigungen und Einschränkungen verbunden.

Unterschiede zur gewohnten Arbeit

Die technischen Möglichkeiten in Microsoft Teams unterscheiden sich von der gewohnten Arbeit mit dem Programm in Ihrer eigenen Organisation. Darüber hinaus gibt es weitere Besonderheiten. Auf den nächsten Seiten zeigen wir Ihnen, worauf es in der Zusammenarbeit als Gast ankommt und wie Sie mit den veränderten Gegebenheiten am besten umgehen.

Zugriff auf ein Gast-Team

Kein separater Account nötig

Um als Gast in einem Team einer fremden Organisation mitarbeiten zu können, ist kein separater Microsoft 365-Account nötig. Sie können mit Ihrem normalen Microsoft 365-Konto in ein organisationsfremdes Team eingeladen werden. Einzige Voraussetzung dafür ist, dass der Gastzugriff in den Administrationseinstellungen aktiviert ist. Fragen Sie gegebenenfalls bei der Stelle, die Ihr Konto eingerichtet hat, nach, ob die externe Mitarbeit als Gast in einer anderen Organisation bei Ihnen erlaubt und technisch möglich ist.

Sobald Sie als Gast in ein Team eingeladen werden, erhalten Sie eine E-Mail mit einem Teilnahme-Link:

Einladung in ein neues Team

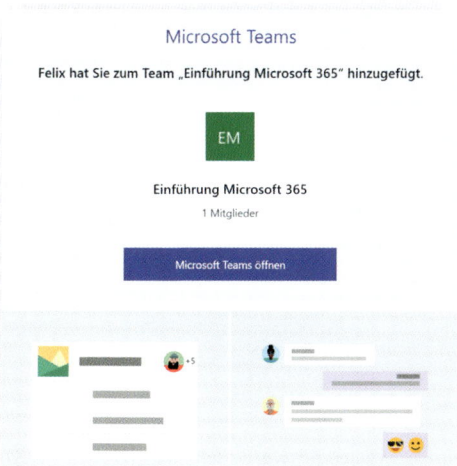

▶ YouTube

Wie ein Gast zu einem Team hinzugefügt wird und welche Einstellungen es rund um Gäste gibt, zeigen wir Ihnen per Video. Sie finden es auf unserer Website zum Buch auf: www.buero-kaizen.de/edza

Ein Klick auf diesen Link öffnet das neue Team zunächst im Browser, wo Sie sich einmalig mit Ihren Microsoft 365-Anmeldedaten verifizieren müssen. Im Anschluss haben Sie Zugriff auf das neue Team: In Ihrer Microsoft Teams-Oberfläche können Sie direkt damit arbeiten.

Einmalig verifizieren

Die Teams, zu denen Sie als Gast eingeladen worden sind, finden Sie in Microsoft Teams rechts oben. Dort sehen Sie von nun an neben Ihrem Microsoft 365-Profil einen Wechselschalter, mit dem Sie zwischen Ihrer und den Gast-Organisationen hin- und herwechseln können:

Zwischen den Organisationen wechseln

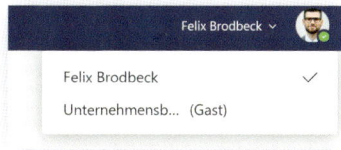

Für die Mitarbeit in einem Gast-Team müssen Sie sich also weder aus Microsoft Teams ab- und mit anderen Anmeldedaten neu anmelden noch auf die Web-App im Browser ausweichen.

Kein Ab- und Anmelden notwendig

Unterschiede der Funktionsbereiche

Nur vier Bereiche verfügbar
Als Gast stehen Ihnen in Microsoft Teams nicht alle Funktionsbereiche zur Verfügung, die Sie aus Ihrer Arbeit in den eigenen Teams gewohnt sind. So sind in der Funktionsleiste am linken Bildschirmrand nur die folgenden vier Bereiche verfügbar:

- Aktivität
- Chat
- Teams
- Dateien

„Kalender" und „Anrufe" fehlen
Die Funktionsbereiche „Kalender" und „Anrufe" fehlen hier. Da der Kalender immer an ein Microsoft 365-Postfach gebunden ist, können Sie auf Ihre Termine nur innerhalb der eigenen Organisation zugreifen.

Anrufe sind trotzdem möglich
Die Anruf-Funktion können Sie dagegen auch als Gast nutzen, selbst wenn dieser Funktionsbereich in der Leiste nicht aufgeführt ist. So können Sie weiterhin aus bestehenden Chats Anrufe mit den Kommunikationspartnern starten, indem Sie auf die Icons für „Videoanruf" oder „Audioanruf" klicken:

Keine eigenen Teams erstellbar
Außerdem können Sie als Gast lediglich in denjenigen Teams mitwirken, in die Sie von Mitarbeitern der Gast-Organisation eingeladen wurden. Es ist Ihnen nicht möglich, innerhalb der Gast-Organisation eigene Teams zu erstellen.

Benachrichtigungen über relevante Neuigkeiten

Für Ihre Mitarbeit als Gast ist es wichtig, dass Sie keine Informationen aus den Chats und Teams der Gast-Organisation verpassen, die für Sie relevant sind. Allerdings werden Ihnen die dazugehörigen Benachrichtigungen nicht in Ihrem gewohnten Aktivitäten-Bereich Ihrer *eigenen* Organisation angezeigt. Denn im Aktivitäten-Bereich von Microsoft Teams sehen Sie immer nur die Benachrichtigungen des Accounts bzw. der Organisation, in der Sie gerade aktiv sind. Mit den folgenden Funktionen werden Sie trotzdem informiert:

Man sieht nur die jeweiligen Aktivitäten

- *Benachrichtigungs-Symbol am Wechselschalter der Organisationen*
  Der Wechselschalter, über den Sie in die Gast-Teams gelangen, ist nicht nur Ihre Eingangstür für die Mitarbeit in diesen Teams. Er zeigt Ihnen obendrein auch an, ob es für Sie relevante Neuigkeiten in den Gast-Organisationen gibt. Ist dies der Fall, wird Ihnen am Wechselschalter das bekannte Symbol angezeigt und mit einem Klick auf den Wechselschalter sehen Sie auch direkt, in welcher Gast-Organisation Neuigkeiten auf Sie warten:

Wechselschalter zeigt Neuigkeiten an

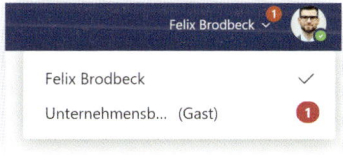

- *Benachrichtigungs-Einstellungen*
  In einer Gast-Organisation stehen Ihnen auch wieder neu die Einstellungsmöglichkeiten für die verschiedenen Benachrichtigungsarten zur Verfügung. Passen Sie hier ebenfalls die Benachrichtigungs-Einstellungen an, damit Sie während Ihrer Arbeit in den Gast-Teams von den Bannern und E-Mail-Benachrichtigungen nicht unnötig gestört werden. Unsere Empfehlungen zu den Benachrichtigungs-Einstellungen finden Sie im Abschnitt „Verringern Sie unerwünschte Störungen" auf den Seiten 103ff.

Benachrichtigungsarten einstellen

Aufgabenmanagement als Gast

Umgang mit zugewiesenen Aufgaben

Auch bei der Mitarbeit an gemeinsamen Projekten ergeben sich Unterschiede zur Arbeit in Ihrer eigenen Organisation. Ein wichtiger Punkt ist dabei der Umgang mit Ihnen zugewiesenen Aufgaben.

Wahl des führenden Systems

Entscheidend für eine erfolgreiche Aufgabenverwaltung ist die Wahl eines führenden Systems. Innerhalb Ihrer eigenen Organisation ist dafür die App „Microsoft To Do" eine hervorragende Möglichkeit. Sie zeigt sowohl die Aufgaben und gekennzeichneten E-Mails aus Outlook als auch die Ihnen zugewiesenen Aufgaben aus den verschiedenen Planner-Hubs gebündelt an.

Keine Anzeige für den Gast

Die Ihnen zugewiesenen Aufgaben in einem gemeinsamen Planner-Hub eines Gast-Teams gehören zu einer *fremden* Organisation. Daher werden Ihnen diese Aufgaben auch nicht in Ihrer gewohnten To-Do-Übersicht angezeigt. Auch die Ansicht „Meine Aufgaben" des Planners, die in der eigenen Organisation alle Ihnen zugewiesenen Aufgaben aus den Planner-Hubs anzeigt, steht Ihnen als Gast nicht zur Verfügung.

Die Aufgaben dennoch sehen

Um die Ihnen zugewiesenen Aufgaben in einer Übersicht zu sehen, rufen Sie den Plan des jeweiligen Projekts auf. Dort können Sie bei „Gruppieren nach" (1) „Zugewiesen zu" auswählen (2). Damit werden alle Ihnen zugewiesenen Aufgaben in einer Spalte dargestellt (3):

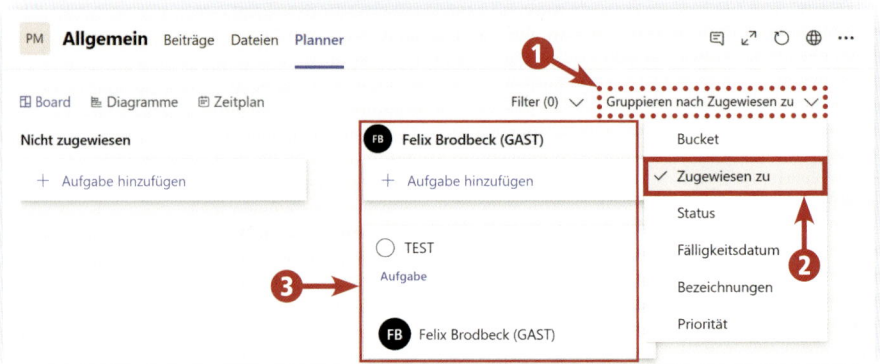

Es ist ein bekanntes Problem, dass das bewusste Planen der Aufgaben vernachlässigt wird und die Aufgaben in der Folge gar nicht oder erst zu spät erledigt werden. Um dies zu vermeiden, empfiehlt es sich, die Aufgaben aus der Gast-Organisation auf Ihre führende Aufgabenliste – zum Beispiel in Microsoft To Do – zu übertragen. Das bedeutet zwar im ersten Moment zusätzliche Handarbeit, verhindert aber, dass die Aufgaben durch die ansonsten mangelnde Präsenz unbeachtet bleiben.

Aufgaben ins eigene System übertragen

Wie das geht, zeigen wir Ihnen in einem Video. Sie finden es eingebettet auf der Website zum Buch unter: www.buero-kaizen.de/edza

▶ YouTube

Terminplanung als Gast

Im Gegensatz zur *Aufgaben*planung, die zwangsläufig im Team der Gast-Organisation stattfindet, kann die *Termin*planung weiter über Ihren gewohnten Outlook-Kalender stattfinden. So werden alle Besprechungsanfragen – etwa zu gemeinsamen Videokonferenzen mit den Teammitgliedern der Gast-Organisation – an Ihre normale E-Mail-Adresse gesandt. Auch geplante Videokonferenzen, die über einen Teams-Kanal veröffentlicht werden, werden in Ihrem gewohnten Kalender angezeigt.

Terminplanung per Outlook

Wie Sie sich als Gast verhalten

Wirken Sie als Gast in einer fremden Organisation mit, tragen Sie dort zum Erfolg bei. Zwar unterscheiden sich die technischen Funktionen hier und da von der Umgebung der eigenen Benutzeroberfläche in Microsoft Teams. Dies ändert jedoch nichts an der Art der Zusammenarbeit. Wichtig: Benehmen Sie sich in der virtuellen Welt so wie in der realen Welt. Bemühen Sie sich darum, die Kultur des Gastgebers zu berücksichtigen.

Die Art der Zusammenarbeit ändert sich nicht

Tauschen Sie sich zu Beginn der Zusammenarbeit über die vereinbarten Spielregeln aus. Sind sie noch ungeklärt, dürfen Sie auch als Gast das Vereinbaren gemeinsamer Spielregeln anregen.

Spielregeln klären

Worauf es als Mitarbeiter in einem Gast-Team dann innerhalb eines gemeinsamen Projekts ankommt, lesen Sie im Kapitel 3.3 Projektmitarbeiter ab Seite 216.

Worauf es sonst noch ankommt

Bonus: Sieben Tipps für das effektive und effiziente Arbeiten im Homeoffice

Immer populärer Das Arbeiten im Homeoffice ist in den vergangenen Jahren immer populärer geworden. In vielen Unternehmen wurde es zu einem wertvollen Benefit für ihre Mitarbeiter, die durch die Möglichkeit der Arbeit im Homeoffice an Flexibilität gewinnen und das Privatleben besser mit dem Berufsleben koordinieren können. Im Zuge der Coronakrise bekam das Homeoffice selbst dort einen starken Schub, wo diese Arbeitsform zuvor für unmöglich gehalten wurde.

Wir nutzen es ebenfalls Wir selbst nutzen schon seit Jahren immer wieder einzelne Homeofficetage und genießen dabei auch persönlich die vielen kleinen und großen Vorteile – etwa Zeit mit den Kindern zu verbringen und dann lieber am Abend die letzten Nachrichten zu verarbeiten.

Top-7-Tipps Das Arbeiten im Homeoffice kann hervorragend funktionieren – vorausgesetzt, die richtigen Rahmenbedingungen sind geschaffen. In diesem Bonuskapitel teilen wir mit Ihnen unsere Top-7-Tipps für die dezentrale Arbeit aus dem Homeoffice. Wir zeigen Ihnen, worauf es ankommt und was sich für die Arbeit von zu Hause aus bewährt hat.

Tipp 1: Gestalten Sie Ihren idealen Ort

Sie nennen ein Arbeitszimmer Ihr Eigen? Herzlichen Glückwunsch! Sie können diesen Abschnitt getrost überspringen.

Der ideale Ort zum Arbeiten sieht für jeden Menschen anders aus – doch gibt es Voraussetzungen, die erfüllt sein sollten:

Einige Voraussetzungen

- *Möglichst ablenkungsfrei*
  Suchen Sie sich einen ruhigen, ablenkungsfreien Ort mit einem Tisch, Stuhl, ausreichend Licht und angenehmer Temperatur. Ein niedriger Couchtisch im Wohnzimmer, an dem Sie nur gekrümmt und umgeben von lärmenden Geräten und Familienmitgliedern arbeiten sollen, ist nicht ideal. Ein Küchentisch ist da – zumindest temporär – schon besser. Schaffen Sie nun Arbeitsatmosphäre: Alle nicht benötigten Gegenstände sollten Sie anderweitig verstauen oder zumindest auf die Seite räumen.

  Arbeitsatmosphäre schaffen

- *Störungsfreie Zeiten*
  Falls Sie nicht allein sind: Definieren Sie störungsfreie Zeiten mit Ihrer Familie. Klären Sie, wann dieser Raum möglichst Ihnen allein zur Verfügung steht. Ist das nicht möglich: Gute Kopfhörer mit Geräuschunterdrückung wirken Wunder.

  Raum möglichst für Sie allein

- *Strom*
  Laden Sie jeweils über Nacht die Akkus Ihrer Geräte wie Laptop und Smartphone auf oder sorgen Sie für ausreichend Stromanschlüsse.

  Stromversorgung sichern

- *Internet*
  Haben Sie am Tisch einen ausreichenden WLAN-Empfang? Ist die Internetverbindung stabil? Falls Sie unsicher sind, machen Sie einen Test mit www.speedmeter.de. Zwei Mbit/s im Downstream und ein Mbit/s im Upstream sind zum Beispiel für Videokonferenzen meist ausreichend – vorausgesetzt, es schauen nicht parallel vier Familienmitglieder Onlinevideos auf Netflix & Co. In diesem Fall kommen Sie nicht darum herum, die Internetzeiten aufzuteilen.

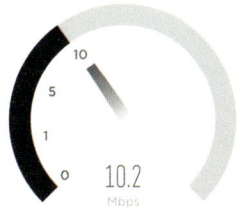

Tipp 2: Besorgen Sie die Hardware-Grundausstattung

Oftmals sind es nur Kleinigkeiten, die den Unterschied zwischen „beschäftigt" und „produktiv" ausmachen.

■ *Laptop statt Tablet*

Wichtig: Tastatur
Ein Laptop mit Tastatur ist einem Tablet immer vorzuziehen. Sicher ist das iPad ein nützlicher Begleiter, aber einen ganzen Arbeitstag nur damit zu gestalten, ist wohl weniger produktiv. Nutzen Sie ein Tablet, dann mit Bluetooth-Tastatur.

■ *Maus statt Trackpad*

Hilfreich: Maus
Ein Laptop mit Trackpad ist okay; aber besser ist es, eine externe Maus zu verwenden.

■ *Headset bzw. Kopfhörer*

Nützlich: Headset
Wer im Homeoffice viel telefoniert, kommt um ein Headset oder einen Bluetooth-Kopfhörer mit eingebautem Mikrofon nicht herum. Komfortabel sind AirPods (Apple) oder andere Bluetooth-Headsets wie die von Jabra. Vorteil: Sie haben beide Hände frei und können während des Online-Meetings viel effektiver arbeiten. Außerdem ist es für Ihr Umfeld deutlich entspannter, wenn nicht die ganze Familie die stundenlange Telefonkonferenz mit anhören und sich dabei noch mucksmäuschenstill verhalten muss.

■ *Webcam & Mikrofon*

Webcam reicht meist
In aktuelle PCs ist meist bereits eine Webcam eingebaut. Die Bildqualität ist bei ausreichender Beleuchtung des Raumes oft auch gut genug. Steht nur das Mikrofon des Laptops zur Verfügung, ist bei Video- und Audiokonferenzen vielfach das Tippen der Tastatur als störendes Nebengeräusch für Ihr Gegenüber wahrzunehmen. Gerade bei längeren Telefonaten mit mehreren Teilnehmern sollten Sie ein externes Mikrofon benutzen. Hier können die mitgelieferten Kopfhörer des Smartphones eine gute Lösung sein, da diese meist auch ein eingebautes Mikrofon besitzen, das sich bauartbedingt näher am Mund befindet. Ansonsten sind USB-Headsets für PCs bereits für wenig Geld zu bekommen.

- *Telefon & Smartphone*

Bei Gesprächen mit mehr als einem Teilnehmer bietet es sich an, über das Internet zu telefonieren. Doch auch ein Festnetztelefon sowie Ihr Smartphone leisten gute Dienste. Letzteres ist meist sogar praktischer, da Sie bequem per Headset telefonieren können. Hierfür liegt das Smartphone einfach auf dem Tisch und Sie arbeiten wie gewohnt am Laptop weiter.

Mit dem Smartphone telefonieren

Falls Sie mal nicht mit Microsoft Teams, sondern mit Ihrem Smartphone telefonieren und eine weitere Person dazuholen wollen: Unter Android und iOS können Sie ein Telefonat mit mehreren Anrufern gleichzeitig führen. Beim iPhone tippen Sie dazu während eines Telefonats auf „Anruf hinzufügen" (1), stellen Sie die Verbindung mit dem weiteren Gesprächspartner her und tippen anschließend auf Konferenz (2).

Einfach machbar: Telefonkonferenz

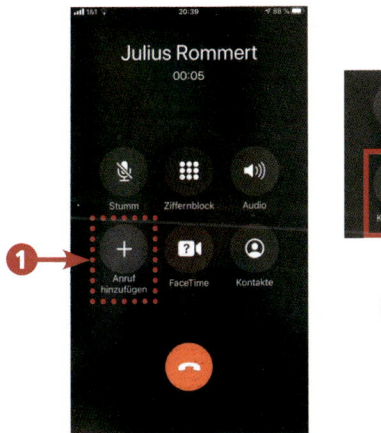

Tipp 3: Unterstützen Sie sich selbst durch klare Strukturen

Selbstmotivation und klare Strukturen sind im Homeoffice das A und O. Denn im Gegensatz zum gewohnten Büroumfeld fehlen die Faktoren, die ein produktives Arbeiten fördern. Immerhin ist im Büro die Umgebung so gestaltet, dass die Arbeit im Fokus stehen kann. Der Arbeitsplatz, die Kollegen, der Chef, die Visualisierung von Arbeitsfortschritt und Zielerreichung – das alles sorgt dafür, dass wir wie von selbst Leistung erbringen.

Büroumfeld fördert Leistung

Gefahren im Homeoffice

Da sieht es im Homeoffice schon ganz anders aus. Da läuft man Gefahr, den Spiegel im Bad zu putzen, die Spülmaschine einzuräumen oder Wäsche zusammenzulegen.

Schlüsssel zum Erfolg

So befürchten viele Führungskräfte, sie müssten ihre Mitarbeiter im Homeoffice kontrollieren, damit diese dort auch wie erwartet ihre Arbeiten erledigen. Der Schlüssel zum Erfolg heißt hier aber nicht Kontrolle, sondern Selbstmotivation und Fokussierung. Denn das Homeoffice kann mit der richtigen Einstellung sehr produktivitätssteigernd sein, da Störfaktoren des normalen Büroalltags wie Unterbrechungen durch Kollegen, langwierige Meetings etc. wegfallen. Doch wie können Sie Ihr Homeoffice-Umfeld so gestalten, dass Sie nicht der Versuchung unterliegen, Ihre Zeit anderen Aufgaben zu widmen?

■ *Fokus*

Störungen vermeiden

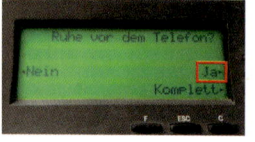

Vermeiden Sie unbedingt alle unnötigen Störfaktoren. Das private Telefon muss warten und wird im besten Fall temporär ausgeschaltet. Die Türe bleibt geschlossen, sofern andere Personen oder der Hund in der Wohnung sind. Sie checken nicht minütlich E-Mails und andere Kommunikationswege, sondern verarbeiten die Informationen in zeitlich gesonderten Blöcken. Sie visualisieren Ihre To-Do-Liste für den heutigen Tag, damit Sie klar vor Augen haben, was Sie heute noch alles schaffen wollen.

■ *Selbstmotivation*

Sich selbst belohnen

Belohnen Sie sich für erreichte Ziele. Die nächste Pause? Ja, sobald das Angebot erstellt und verschickt wurde. Zeit für einen Kaffee? Gerne, wenn die Präsentation ausgearbeitet ist. Der Ausblick spornt zu Leistung an.

■ *Feste Zeiten und Routinen*

In den Arbeitsmodus kommen

Planen Sie feste Pausenzeiten ein und halten Sie diese auch ein. Was vielen hilft: Versuchen Sie, die Atmosphäre ähnlich produktiv zu gestalten wie im Büro. Stehen Sie pünktlich auf und kleiden Sie sich so, als würden Sie ins Büro gehen. Das hilft dabei, sich in den Arbeitsmodus zu versetzen.

Tipp 4: Erhöhen Sie die digitale Effizienz durch Spielregeln

Legen Sie in Ihrem Team so früh wie möglich gemeinsame Spielregeln für die dezentrale Zusammenarbeit aus dem Homeoffice fest. Einheitliche Regelungen helfen Ihnen dabei, das Miteinander effizient zu organisieren:

Spielregeln festlegen

- *Kernarbeitszeiten:* Zu welchen Zeitblöcken sollten alle Teammitglieder erreichbar sein? Innerhalb welcher Zeitblöcke können virtuelle Meetings angesetzt werden?
- *An- und Abmelden:* Wie signalisiert jeder dem Team, ab wann er erreichbar bzw. nicht mehr erreichbar ist? Das lässt sich zum Beispiel über den Status in Microsoft Teams regeln (siehe Tipp 5).
- *Check-in- und Check-out-Meetings:* Führen Sie regelmäßig Check-in- und Check-out-Meetings durch, in denen jeder Mitarbeiter kurz zu Wort kommt und dem Team mitteilt, woran er oder sie gerade arbeitet und als Nächstes arbeiten wird (Check-in) bzw. was seit dem letzten Check-in alles erreicht und abgeschlossen wurde (Check-out). So wird geleistete Arbeit für alle transparent. Zudem bieten diese Meetings eine gute Gelegenheit dazu, bei Bedarf Aufgaben im Team auch kurzfristig neu zu priorisieren und dadurch anfallende Arbeit flexibel an geänderte Situationen anzupassen.
- *Aufgabenstatus:* Legen Sie fest, auf welche Weise Arbeitsergebnisse an das Team kommuniziert werden. Das kann zum Beispiel auf sehr einfachem Wege über gemeinsame Aufgabensteuerungstools wie Planner geschehen.
- *Kommunikation:* Zudem ist es sinnvoll, Spielregeln für die Kommunikation mit E-Mails, Chat-Nachrichten & Co. festzulegen (siehe auch Seite 199ff.).

Tipp 5: Vereinbaren Sie Kernarbeitszeiten

Einer der großen Vorteile des Homeoffice ist, dass sich die Arbeit deutlich besser den persönlichen Vorlieben anpassen lässt, als das im Büro möglich wäre. Die einen arbeiten lieber in den frühen Morgenstunden, für die anderen darf es gerne auch mal später werden. Mancher genießt auch eine längere Siesta. Das Homeoffice bietet für all das zeitliche Flexibilität. Aber wenn nun alle zu verschiedenen Zeiten arbeiten, kann das für die Zu-

Zeitliche Flexibilität

sammenarbeit herausfordernd sein – vor allem, wenn man nicht sieht, wer gerade ebenfalls arbeitet und wer im Moment offline ist.

Benachrichtigungen zum Status

Microsoft Teams kann hier helfen! Sie können die Verfügbarkeit der Teammitglieder sehen (siehe S. 133). Sollte das nicht ausreichen, können Sie in den Benachrichtigungseinstellungen Statusbenachrichtigungen Ihrer Teamkollegen abonnieren. Sie erhalten dann eine Benachrichtigung, sobald sie als verfügbar oder offline angezeigt werden. Tragen Sie dazu die Kollegen unter „Benachrichtigungen verwalten" im Bereich „Status" ganz am Ende der Benachrichtigungseinstellungen ein:

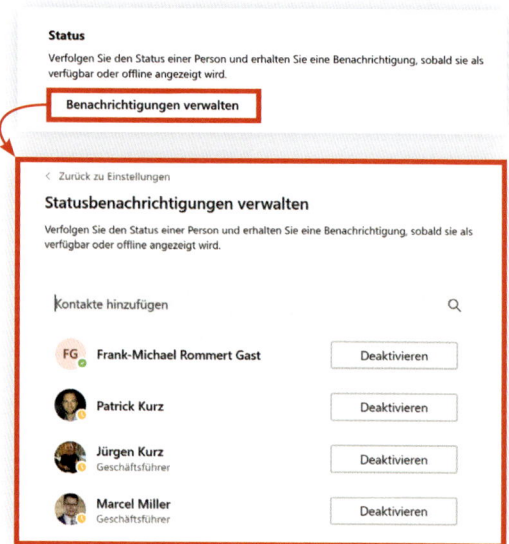

Kernarbeitszeiten

Damit die Zusammenarbeit nicht ausschließlich zeitverzögert stattfindet und jedes Teammitglied zu einer anderen Tages- oder Nachtzeit arbeitet, empfehlen wir, sich innerhalb eines Teams auf Kernarbeitszeiten zu einigen. Beispielsweise könnte die Vereinbarung lauten, dass vormittags von 9 bis 11 Uhr und nachmittags von 14 bis 16 Uhr alle arbeiten, ansonsten aber zeitliche Flexibilität gilt. Arbeiten Sie zu festen Zeiten, dann fällt es Ihnen zudem auch leichter, Ablenkungen zu reduzieren.

Tipp 6: Führen Sie eine Aufgabenliste

Gerade im Homeoffice ist es wichtig, sich vor Augen zu führen, was man heute alles geleistet hat und was liegengeblieben ist. Eine einfache Methode ist das Führen einer Aufgabenliste. Eine solche Liste unterstützt Sie dabei, sich nicht zu verzetteln. Es ist ein tolles Gefühl, wenn Sie abends einen Blick auf all die erledigten To-Do-Punkte werfen können.

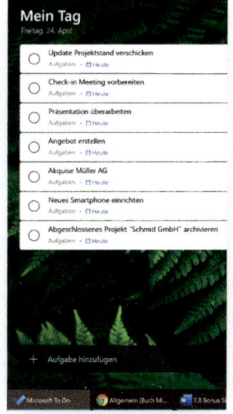

Wichtig hierbei ist, dass Sie nur *eine* Liste haben und nicht mehrere Listen parallel führen. Nutzen Sie hierfür am besten die Ansicht „Mein Tag" in der App „Microsoft To Do" (siehe auch Seite 177f.). Hier ist der perfekte Ort, um all Ihre persönlichen Aufgaben zu bündeln und die Aufgaben für den aktuellen Tag in den Blick zu nehmen.

Tipp 7: Vermeiden Sie Konflikte zwischen dem Berufs- und Privatleben

Wenn *Home* und *Office* zu einem Ort verschmelzen, ist es wichtig, dass keiner der beiden Bereiche unter dem anderen leidet. Sonst wird die Arbeit im Homeoffice nicht funktionieren.

Kein Bereich darf unter dem anderen leiden

Ähnlich wie bei der Zusammenarbeit im Projektteam helfen Spielregeln auch innerhalb der Familie, um Klarheit für alle zu gewinnen und Missverständnissen und Unzufriedenheiten vorzubeugen. So ist es sowohl für Sie als auch für Ihre Familienmitglieder wichtig zu wissen, zu welchen Zeiten gearbeitet wird und welche Zeiten der Familie gehören.

Spielregeln auch innerhalb der Familie

Vereinbaren Sie daher feste Zeiten für:

Zeiten vereinbaren

- Arbeitsbeginn
- Arbeitsende
- die Pausen dazwischen

Das hilft Ihnen dabei, die Arbeitszeiten unterbrechungsfrei zu nutzen und verhindert zugleich, dass die Arbeit überhandnimmt und zu wenig private Zeit verbleibt.

Hilfreich: Türschild Klare Hinweise wie ein „Bitte nicht stören"-Schild an der Tür können eine gute Hilfe sein.

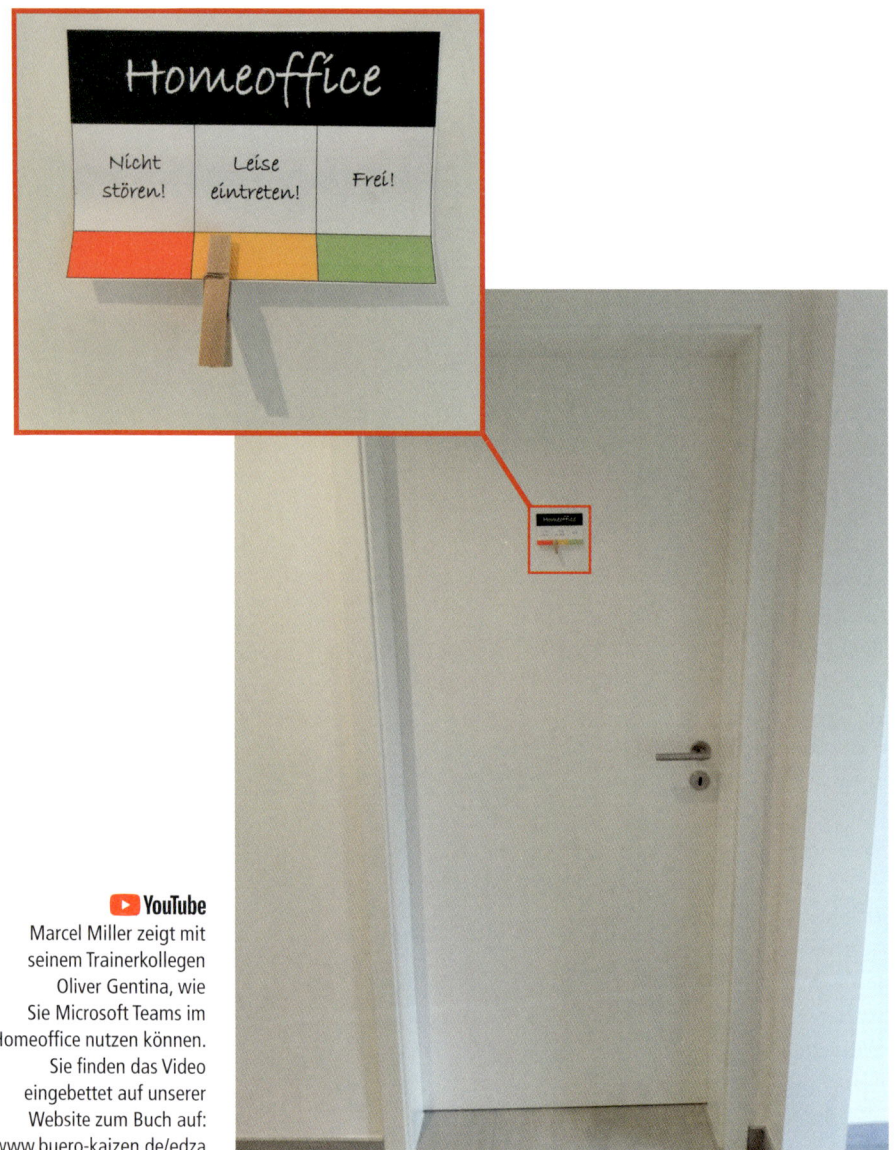

▶ YouTube
Marcel Miller zeigt mit seinem Trainerkollegen Oliver Gentina, wie Sie Microsoft Teams im Homeoffice nutzen können. Sie finden das Video eingebettet auf unserer Website zum Buch auf: www.buero-kaizen.de/edza

Zum Abschluss eines Tages empfehlen wir, die Arbeit mit einem kleinen Ritual zu beenden. Das kann ein Spaziergang um den Block sein oder das Schreiben eines Tagebuches. Ein solches Ritual schließt den Arbeitstag ab. Es verhindert, dass Sie die letzten Gedanken der eben noch bearbeiteten Aufgabe mit in Ihr Privatleben nehmen und Sie innerlich noch immer im Arbeitsmodus sind. Schalten Sie außerdem Ihr Notebook in den Ruhezustand und lassen Sie auch das Smartphone für eine Weile liegen. Damit laufen Sie auch nicht Gefahr, „nur mal eben kurz" etwas erledigen zu wollen.

Tag mit Ritual abschließen

Sollten Sie allerdings immer noch merken, dass Sie selbst am Abend auf dem Sofa Ihre E-Mails bearbeiten oder zumindest den Wunsch verspüren, dies zu tun, dann sollten Sie gegensteuern und bewusst mit sich selbst Zeiten vereinbaren, in denen Sie auf Laptop und Smartphone verzichten. Denn Menschen, die nicht mehr „off" sein können, sind Burn-out-gefährdet. Auch hier helfen wieder Spielregeln wie zum Beispiel, dass Sie zum Feierabend das Handy auf Flugmodus oder stumm schalten und den Laptop in die Tasche packen und damit aus dem Sichtfeld nehmen.

Wirklich „off" sein

Nicht nur mit Blick auf den Arbeitstag besteht die Gefahr, kein Ende zu finden – es wird auch dann, wenn Sie konzentriert bei Ihren To-do-Punkten waren, am Ende der Woche noch immer etwas zu erledigen geben. Die Versuchung ist groß, sich auch noch am Wochenende an den Computer zu setzen.

Versuchung am Wochenende

Wir empfehlen, zumindest den Sonntag wirklich von Arbeit frei zu halten und am besten den Computer gar nicht erst einzuschalten. So wie das Arbeitsjahr eine Pause mit Urlaub und dem damit verbundenen Abstand haben sollte und so wie auch jeder Arbeitstag eine Pause hat durch den Schlaf in der Nacht, so hat auch die Woche ihre wertvolle und nötige Pause am Wochenende. Schon im Alten Testament ist davon die Rede, einen Tag in der Woche zu ruhen. Es steckt viel Weisheit darin und der Schutz dieses besonderen Tages hat sogar seinen Weg bis in das Grundgesetz gefunden. Genießen Sie den Sonntag!

Den Sonntag freihalten

Tipps zum Weiterlesen

■ Jürgen Kurz und Marcel Miller: *So geht Büro heute! Erfolgreich arbeiten im digitalen Zeitalter* 3. Aufl., GABAL 2019 ▸ Die Autoren erklären am Beispiel von Outlook und OneNote, wie Sie die fünf großen Handlungsfelder E-Mails, Terminplanung, Aufgabenmanagement, offene Vorgänge und Dateiablage zu einem hocheffizienten Workflow verbinden. Dabei ist es egal, ob Sie und Ihr Team komplett papierlos oder einfach nur ein Stückchen digitaler werden möchten.

■ Jürgen Kurz: *Für immer aufgeräumt – auch digital. So meistern Sie E-Mail-Flut und Datenchaos.* 5. Aufl., GABAL 2018 ▸ Hier finden Sie praxiserprobte Anleitungen für digitales Arbeiten. Das Buch unterstützt Sie dabei, Ihr Tagwerk mit Computer, Tablet und Co. gelassen zu meistern.

■ Jürgen Kurz: *Für immer aufgeräumt. Zwanzig Prozent mehr Effizienz im Büro.* 8. Aufl., GABAL 2015 ▸ Das Buch liefert Tipps, wie Sie Ordnung schaffen, Ihre Büroorganisation standardisieren, Arbeitsprozesse optimieren und mit Zielen und Kennzahlen arbeiten.

■ *www.büro-kaizen.de* ▸ Hier finden Sie Informationen zu unseren Beratungs- und Seminarangeboten, Gratis-Downloads, eine Kontaktseite, Referenzen, Medienresonanz sowie Beispiele von Umsetzungsbegleitungen in Unternehmen.

Jürgen Kurz, Patrick Kurz und Marcel Miller vermitteln ihre Praxiserfahrung zudem durch aktuelle Blogbeiträge sowie kompakte eBooks (gratis). Monatlich ist die Zahl der Besucher sechsstellig. Auf der Website können Sie unseren kostenlosen Newsletter mit Kurz-Tipps für Ihren Erfolg abonnieren.

■ *Büro-Kaizen®-Akademie* ▸ Auf der Website *akademie.buero-kaizen.de/buerokaizenakademie* finden Sie unsere eLearning-Plattform für digitales Arbeiten. Innerhalb der Akademie bieten wir Ihnen zahlreiche Onlinekurse, Praxistipps für einen effizienten und digitalen Workflow sowie unsere Büro-Kaizen®-Community.

■ YouTube Kanal: *„Büro-Kaizen digital"* ▸ Hier bekommen Sie wöchentlich gratis neuen Input, um Ihren digitalen Workflow auf das nächste Level zu bringen. Es wird jeweils auf einen Bereich des digitalen Arbeitens eingegangen und Sie finden konkrete Schritte, um das Gelernte sofort umzusetzen.

■ *Social Media* ▸ Hier versorgen wir Sie mit aktuellen Infos, Tipps und Neuigkeiten aus unserer Beratungspraxis und der Microsoft-Welt. Folgen Sie uns auf:
twitter.com/kaizen_digital
linkedin.com/company/buero-kaizen/
facebook.com/kurzjuergen
instagram.com/juergen__kurz

Danke!

Gemeinsam mit anderen Großes zu erreichen, ist ein Hochgenuss. Das haben wir im Buch geschrieben (S. 58). Großartige Menschen halfen uns dabei, einen solchen Hochgenuss beim Erschaffen dieses Buches zu erleben. Mit ihnen zu arbeiten, ist uns ein Privileg – ihnen zu danken eine Herzensangelegenheit.

- *Unseren Kunden:* Viele Tipps sind durch Ihre Fragen und Diskussionen mit Ihnen entstanden. Danke für Ihr Feedback und die Umsetzung der Tipps in der Praxis.

- *Oliver Gentina und Felix Brodbeck:* Für unser Dreamteam wart ihr die absolut erste Wahl. Fachlich top, menschlich super, in der Zusammenarbeit unbezahlbar. In dieser besonderen Zeit, in diesem Tempo – eine unfassbare Leistung.

- *Frank-Michael Rommert:* Eigentlich wollten wir dieses Buch ca. ein Jahr später schreiben. Du hast alle deine Pläne umgebaut, um dieses Buch möglich zu machen. Danke, dass du trotz dieses enormen Zeitdrucks immer über 100 Prozent gibst, bis alles so ist, wie du bist und wie du es haben möchtest: perfekt!

- *Traudel Knoblauch:* Danke für deine Flexibilität beim Korrekturlesen. Du hast eine beeindruckende Gabe, Tippfehler sogar im Kleingedruckten zu finden.

- *Unserem Team:* Danke für eure Unterstützung. Wie immer habt ihr fleißig und unermüdlich die Zuarbeiten geleistet, ohne die ein solches Buch nicht möglich wäre.

- *Ihnen:* Vielen Dank, dass Sie dieses Buch gekauft haben. Das ist ein erster großer Schritt. Wir freuen uns, wenn auch Ihnen dieses Buch dabei hilft, im Team großartige Dinge zu erreichen.

Liebe Leserinnen und Leser,

unser Leitgedanke heißt *Kaizen,* das heißt schrittweise immer besser zu werden. Das gilt auch für uns und unser Buch: Wenn Sie Tipps und Anregungen haben, freuen wir uns riesig. Gleiches gilt für Ihre Fragen – immer her damit.

Über 2,5 Millionen Menschen jährlich besuchen uns auf www.büro-kaizen.de. Dort finden Sie laufend neue Blogbeiträge. Und wenn es etwas gibt, das Sie dort nicht finden, dann freuen wir uns über Ihre Nachricht per Telefon oder Mail.

Mit *herzlichen* Grüßen
Jürgen Kurz, Patrick Kurz und Marcel Miller
j.kurz@buero-kaizen.de
p.kurz@buero-kaizen.de
m.miller@buero-kaizen.de

Stichwortverzeichnis